Ein neues Leseerlebnis

Lesen Sie Ihr Buch online im Browser – geräteunabhängig und ohne Download!

Und so einfach geht's:

- Gehen Sie auf **https://mybookplus.de**, registrieren Sie sich und geben Sie Ihren Buchcode ein, um auf die Online-Version Ihres Buches zugreifen zu können
- **Ihren individuellen Buchcode finden Sie am Buchende**

Wir wünschen Ihnen viel Spaß mit myBook+!

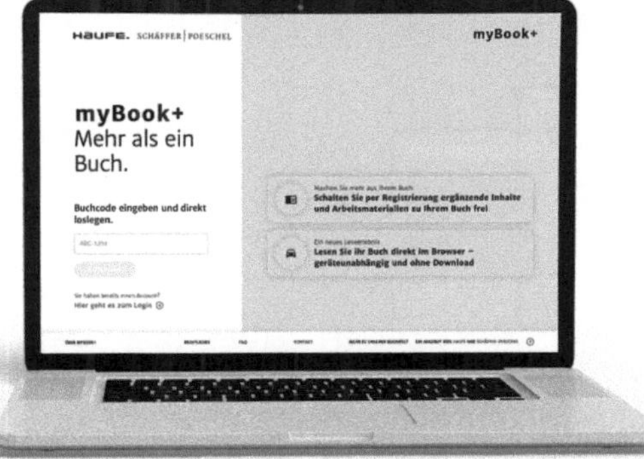

Sustainability als Innovationstreiber

Helena Most

Sustainability als Innovationstreiber

Roadmap zur Gestaltung nachhaltiger und zirkulärer Geschäftsmodellinnovationen

1. Auflage

Haufe Group
Freiburg · München · Stuttgart

Bibliografische Information der Deutschen Nationalbibliothek

Die Deutsche Nationalbibliothek verzeichnet diese Publikation in der Deutschen Nationalbibliografie; detaillierte bibliografische Daten sind im Internet über http://dnb.dnb.de/ abrufbar.

Print: ISBN 978-3-648-17409-8 Bestell-Nr. 10981-0001
ePub: ISBN 978-3-648-17410-4 Bestell-Nr. 10981-0100
ePDF: ISBN 978-3-648-17411-1 Bestell-Nr. 10981-0150

Helena Most
Sustainability als Innovationstreiber
1. Auflage, März 2024

www.haufe.de
info@haufe.de

Bildnachweis (Cover): © LeoPatrizi, iStock

Produktmanagement: Dipl.-Kfm. Kathrin Menzel-Salpietro
Lektorat: Helmut Haunreiter

Inhaltsverzeichnis

Im Gespräch mit

Abbildungsverzeichnis

Abkürzungsverzeichnis

BMC	Business Model Canvas
BMI	Business Model Innovation
CSO	Chief Sustainability Officer
CSRD	Corporate Sustainability Reporting Directive
ESG	Environmental, Social, Governance
LCA	Ökobilanz/Life Cycle Assessment
LCM	Life Cycle Management
NbS	Naturbasierte Lösungen/Nature Based Solutions
PRI	Purpose Readiness Index
ROSI	Return on Sustainability Investment
SDG	Sustainable Development Goal
SFDR	Sustainable Finance Disclosure Regulation

Danksagung

Meine tiefste Dankbarkeit möchte ich an dieser Stelle Ian aussprechen, der mich bereits seit über 11 Jahren darin bestärkt, »meinen« Weg zu gehen, mir täglich neue Perspektiven aufzeigt und mir stets den Rücken freihält, damit meine Träume zu Zielen und meine Ziele Wirklichkeit werden.

Meiner Familie möchte ich von Herzen danken, insbesondere meinen Eltern, Andrea und Werner, da sie mir früh beigebracht haben, was es heißt, für Werte einzustehen und für Ziele hart zu arbeiten. Eure bedingungslose Unterstützung hat mir immer wieder gezeigt, wie wichtig es ist, die »richtigen« Menschen um mich herum zu haben.

Sabrina, ohne dich würde es das Buch so nicht geben. Deine Unterstützung ist unbeschreiblich. Ich bin dir zutiefst dankbar für unsere Freundschaft und für die unzähligen Stunden, die du mich unterstützt hast.

Danken möchte ich meinen engsten Freunden, die mich mit Kehrpaketen, Remote-Unterstützung und Motivations-Anrufen gepusht habt. Unzählige dieser Momente haben mich sehr berührt und mich mit tiefster Dankbarkeit erfüllt.

Ein besonderer Dank gilt ebenso meinen Kunden und Gesprächspartner:innen. Das Vertrauen, die Offenheit und Zeit, die mir entgegengebracht wurde, schätze ich ganz besonders.

Weiterhin möchte ich meinem Lektor sowie dem gesamten Haufe-Team herzlich für die großartige Zusammenarbeit danken.

Danke – an all die Personen darüber hinaus, die mich auf meinem Weg bereits geprägt haben, deren Erfahrung und Wissen mit mir teilen und mich weiter prägen werden.

Es sind die Menschen, die einen wahren Unterschied machen.

1 Warum jetzt

Wir haben 10 Jahre, die Zukunft der Menschheit zu transformieren.
Inkrementelle Veränderung ist keine Option. Was wir brauchen, ist Innovation.
Johan Rockström

1.1 Warum wir jetzt nachhaltige Innovationen brauchen

Es gibt keinen PLANeten B.
55 und 100 Milliarden Tonnen – diese beiden Zahlen müssen wir heute kennen. 55 Milliarden Tonnen ist die Zahl der Treibhausgasemissionen, inklusive Kohlenstoffdioxid, Methan und Lachgas, die jährlich in die Atmosphäre gelangen. Tendenz steigend. Ziel sollte es sein, dass keine Treibhausgase in die Atmosphäre gelangen (vgl. Ritchie et al., 2020). 100 Milliarden Tonnen ist die Zahl der Rohstoffe, die von unserer globalen, linearen Wirtschaft jährlich genutzt werden. Gerade einmal 8,6 Prozent werden laut dem Circularity Gap Report 2022 zurückgewonnen. Tendenz sinkend *(vgl. What is the circular economy?, o. D.).*

Über einen Zeitraum von über 10.000 Jahren schwankte die globale Durchschnittstemperatur der Erde gerade einmal zwischen +/- 1 Grad Celsius. Während dieser Epoche, die als Holozän und Zeitalter der Stabilität benannt wurde, entstand die moderne Welt, wie wir sie kennen. Die stabilen Temperaturen bescherten uns einen ausgewogenen Planeten, der die menschliche Zivilisation ermöglichte und das Leben vieler Menschen und damit unserer Gesellschaft verbesserte.

Spätestens seit der industriellen Revolution wird die Welt von Manufacturing- und Massenproduktion dominiert. Weltweit ist die Industrie für circa 32 Prozent der Emissionen verantwortlich (vgl. Pachauri & Meyer, 2015, S. 47), vorwiegend durch die Verbrennung fossiler Brennstoffe zur Energieerzeugung (Elektrizität und Wärme) und die industrielle Produktion von Materialien wie Zement (vgl. Ritchie et al., 2020). Gewöhnlich werden 11 Prozent der von der Industrie zu verantwortenden Emissionen durch die Energieerzeugung verursacht. Sie werden daher als indirekte Emissionen dem Energiesektor zugeordnet. Abbildung 1 zeigt die Emissionen nach Branchen.

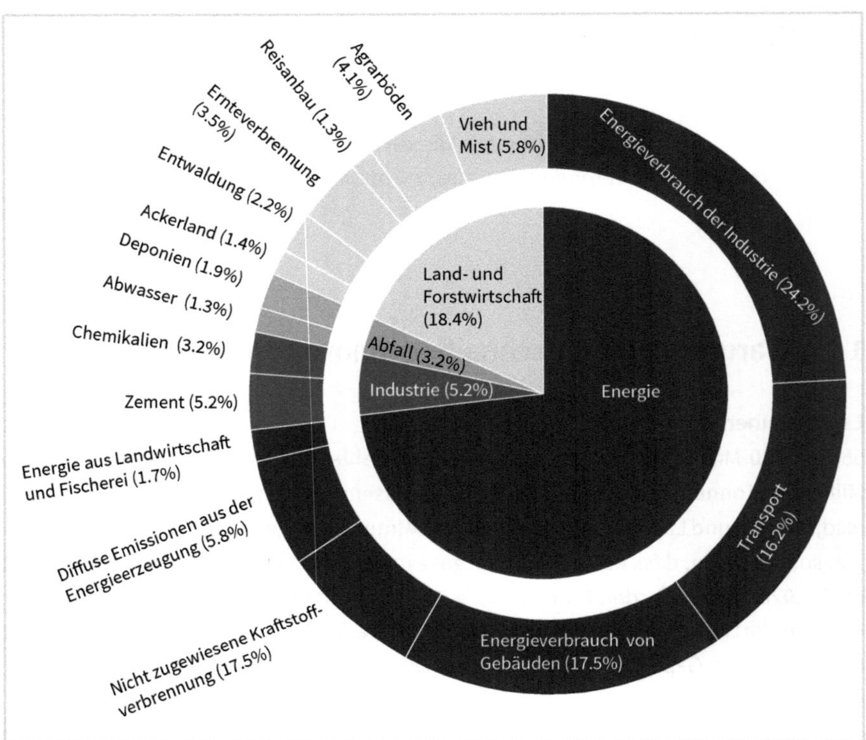

Abb. 1: Emissionen nach Sektoren (Quelle: eigene Darstellung, in Anlehnung an Ritchie et al., 2020)

Spätestens seit dem Bericht des International Panel on Climate Change (IPCC) wissen wir, dass menschliche Aktivitäten zunehmend das Klima der Erde und die Ökosysteme beeinflussen (vgl. Rockström et al., 2009). Während alle Organismen ihre Umwelt bis zu einem gewissen Grad beeinflussen, haben wir Menschen in gerade einmal 50 Jahren mit unseren Denk- und Verhaltensmustern unseren Planeten ins Ungleichgewicht gebracht und einen Zustand verlassen, in dem sich die Erde seit über 10.000 Jahren befand. Der exponentielle Anstieg des menschlichen Drucks auf die Erde hat ein Niveau erreicht, auf dem wir eine neue geologische Epoche geschaffen haben, das »Anthropozän«, oder auch das »Zeitalter des Menschen«, weil die Menschheit Treiber dieser dramatischen Veränderung im Erdsystem ist (vgl. Rockström et al., 2009). Das exponentielle Wachstum menschlicher Aktivitäten gibt Anlass zur Sorge, dass weiterer Druck auf das Erdsystem wichtige biophysikalische Systeme destabilisieren und abrupte oder sogar irreversible Umweltveränderungen auslösen könnte, die schädlich oder sogar katastrophal für das menschliche Wohlergehen wären (vgl. Rockström et al., 2009).

Die planetaren Grenzen sind die nicht verhandelbaren Voraussetzungen unseres Planeten, welche die Menschheit respektieren muss, um das Risiko schädlicher oder sogar katastrophaler Umweltveränderungen auf kontinentaler bis globaler Ebene zu vermeiden (s. Abbildung 2). Mehrere dieser Grenzen wurden aufgrund menschlicher Verhaltensmuster bereits überschritten (vgl. Rockström et al., 2009).

In der Europäischen Union (EU) leben weniger als 10 Prozent der Weltbevölkerung, doch ihre verbrauchsbedingten Auswirkungen in Bezug auf Klimawandel, Feinstaub, Landnutzung und Bodenschätze liegen nahe an den planetaren Grenzen oder überschreiten diese. Im April 2022 ergab eine Neubewertung der planetaren Grenze für Süßwasser, dass diese inzwischen überschritten wurde. Diese Schlussfolgerung ist auf die erstmalige Einbeziehung von »grünem Wasser« – dem den Pflanzen zur Verfügung stehenden Wasser – in die Grenzbewertung zurückzuführen.

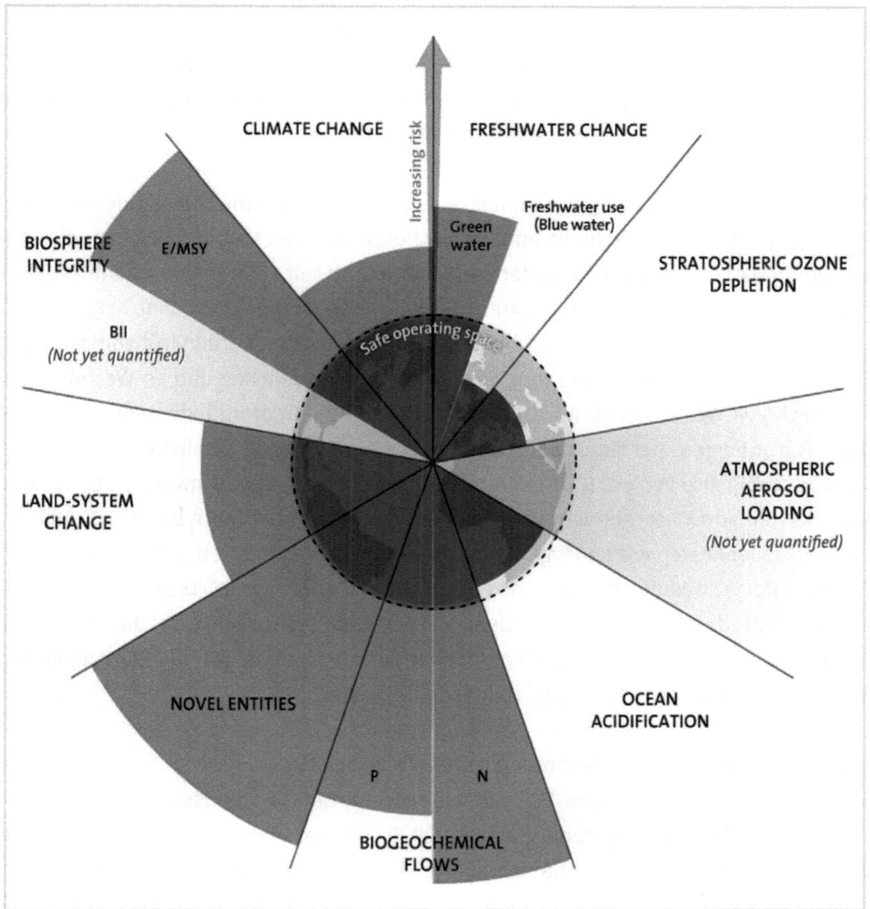

Abb. 2: Planetare Grenzen (Quelle: eigene Darstellung, in Anlehnung an Planetary boundaries, o. D.)

Veränderung des Klimas sind gepaart mit Herausforderungen für die Menschheit
Zum ersten Mal hat ein Team von mehr als fünfzig Wissenschaftlern aus der ganzen Welt nicht nur bewertet und quantifiziert, was ein sicherer, sondern auch festgelegt,

was ein gerechter Handlungsraum für die Menschheit ist. Sie definieren Gerechtigkeit als die Vermeidung erheblichen Schadens für Menschen auf der ganzen Welt, jetzt und in der Zukunft, beziehen aber auch andere Bereiche, wie Klima, Artenvielfalt, Süßwasser und verschiedene Arten der Verschmutzung von Luft, Boden und Wasser in ihre Analyse ein. »Innerhalb der fünf analysierten Bereiche werden bereits mehrere Grenzen auf globaler und lokaler Ebene überschritten. Das bedeutet, dass irreversible Wendepunkte und weitreichende Auswirkungen auf das menschliche Wohlergehen höchstwahrscheinlich unvermeidbar sein werden, wenn es nicht zu einer rechtzeitigen Transformation kommt. Die Vermeidung dieses Szenarios ist von entscheidender Bedeutung, wenn wir eine sichere und gerechte Zukunft für heutige und künftige Generationen gewährleisten wollen«, sagt Johan Rockström, einer der Hauptautoren der Studie »Safe and just Earth system boundaries«. Rockström ist Klimaforscher, Direktor des Potsdam-Instituts für Klimafolgenforschung, Co-Vorsitzender der Earth Commission und Mitbegründer des Stockholm Resilience Center. Er wurde vom Time Magazin 2023 zu den 100 einflussreichsten Menschen ernannt.

Die Folgen der Veränderung des Klimas und die damit zusammenhängenden Herausforderungen für die Menschheit sind bereits heute weltweit spürbar. Flächen, die von extremen Hitzeereignissen betroffen sind, haben sich seit 1950 verzehnfacht (vgl. Komarnicki et al., 2021). Extreme Starkregenereignisse treten 30 Prozent häufiger auf (vgl. Luca et al., 2020, S. 127 ff.). Weltweit sterben Menschen bereits frühzeitig an den Folgen des Klimawandels, wie zum Beispiel an Unterernährung und an Wetterextremen (vgl. Van Wesemael et al., 2019). Der Klimawandel bedroht jedoch nicht nur die Lebensgrundlage vieler Menschen. Der jährliche Global Supply Chain Report 2020 des Carbon Disclosure Project (CDP) kommt zu dem Schluss, dass Umweltrisiken für die Lieferketten von Unternehmen innerhalb der nächsten fünf Jahre bis zu 120 Milliarden US-Dollar kosten werden (vgl. Transparency to Transformation, o. D.). Einer neuen Studie zufolge, beauftragt durch das Bundesministerium für Wirtschaft und Klimaschutz, zeigt, dass je nach Ausmaß der Erderwärmung bis zur Mitte des Jahrhunderts mit kumulierten volkswirtschaftlichen Schäden in Höhe von 280 bis 900 Milliarden Euro gerechnet werden muss (vgl. Klimaschutz, 2023).

Hoffnungsträger Mensch, Technologie und Wissenschaft

Wie schnell sich jedoch eine Verhaltensänderung auf den Emissionsausstoß auswirken kann, haben wir gesehen: Im Jahr 2020 reduzierten sich die CO_2-Emissionen aufgrund der geringen wirtschaftlichen Aktivitäten durch COVID-19 um 5,4 Prozent. Leider mussten Forscher im Zuge einer Studie unter der Leitung des California Institute of Technology jedoch anhand von Satellitenbildern der NASA feststellen, dass die CO_2-Menge in der Atmosphäre trotz des geringeren Ausstoßes weiterhin in etwa dem gleichen Tempo anstieg wie in den Vorjahren (https://www.jpl.nasa.gov/, o. D.).

Die Satellitenbilder der NASA zeigen, dass Treibhausgase viel länger in der Atmosphäre gespeichert werden und eine kurzfristige, reaktive Reduzierung des Ausstoßes nicht ausreicht, um Emissionen in der Atmosphäre zu senken. Weiterhin zeigt diese Reduktion von gerade einmal 5,4 Prozent, dass es nicht einfach ist, 55 Milliarden Tonnen Treibhausgase einzusparen. Um Treibhausgasmissionen dauerhaft in der Atmosphäre zu reduzieren, ist der Übergang zu Geschäftsmodellen und Technologien, die langfristig für geringen oder gar keinen CO_2-Ausstoß sorgen, erforderlich.

Können wir den Planeten also noch retten?
Ja. Wissenschaftler und Pioniere weltweit arbeiten bereits an Lösungen zur Dekarbonisierung und Aufrechterhaltung der Biodiversität. Je deutlicher das Ausmaß der weltweiten systemischen Herausforderungen wird – die Themen reichen von Klimawandel über Armut und Einkommensungleichheit, Wasser- und Ernährungssicherheit bis hin zur Gesundheitsversorgung, Bildung und darüber hinaus –, desto stärker wächst das Bedürfnis von Innovatoren und Unternehmer: innen, die drängendsten sozialen und ökologischen Probleme der Welt zu lösen und die Zukunft aktiv mitzugestalten (vgl. Christensen et al., 2019, S. 4).

Wir können die Probleme lösen, mit denen wir jetzt konfrontiert sind, indem wir diese Realität ernst nehmen. Wenn wir uns um die Natur kümmern, kümmert sich die Natur auch um uns. Wir haben das Klima schon einmal verändert, und zwar im Hinblick auf das Ozonloch. In den frühen 1980er-Jahren zeigten sich erstmals Ozonlöcher, die durch Chemikalien, wie sie beispielsweise in Klimaanlagen oder Shampoos verwendet wurden, verursacht wurden. Die Wissenschaft erkannte das Loch. Die Antwort darauf war das multilaterale Abkommen des Montrealer-Protokolls und die Industrie konzentrierte sich darauf, Innovationen zu kreieren, die skalierbar waren. Das Ergebnis: Die Ozonschicht ist derzeit auf gutem Weg, sich innerhalb der kommenden Jahrzehnte zu erholen (vgl. TIME, 2023).

Warum ist also jetzt der richtige Zeitpunkt, Geschäftsmodelle zu innovieren?
Weil uns angesichts der beschriebenen Entwicklungen keine Zeit mehr bleibt. Weil wir in einer besonderen Zeit der Geschichte der Menschheit leben. Das Gute daran ist: Wir leben in einer Zeit, in der wir Zugriff auf vorher nicht dagewesenes Wissen, Werkzeuge und Technologien haben (vgl. Oxman, 2015). Computerdesign ermöglicht Designern das Entwerfen komplexer Formen mit einfachem Code. Künstliche Intelligenz ermöglicht visuelle Geräusch-, Sprach-, Objekt- und Zustandserkennung. Additive Fertigungsverfahren (3-D-Druck) lassen uns Komponenten in Echtzeit fertigen, an dem Ort, an dem sie benötigt werden, indem Materialien hinzugefügt werden, anstatt sie auszuschneiden, wodurch keine Abfälle entstehen. Fortschritte im Bereich der Werkstofftechnik ermöglichen, das Verhalten von Materialien in hoher Auflösung für Materialeinsparungen zu erforschen und synthetische Biologie ermöglicht den

Entwurf neuer biologischer Funktionen durch die Bearbeitung von DNA und Substitution von kritischen und knappen Ressourcen.

1.2 Wie sieht die Zukunft aus?

Im Jahr 2019 sagte Johan Rockström, dass wir noch 10 Jahre haben, um die Zukunft der Menschheit zu transformieren. Inkrementelle Veränderung sei keine Option. Was wir benötigen, sind Innovationen. Diese Aussage stammt aus Rockströms Ted Talk 2019. Im Jahr 2024 haben wir nur noch 5 Jahre. In den nächsten Jahren müssen wir also alles dafür tun, CO_2-Emissionen einzusparen sowie für Biodiversität und eine sichere sowie gerechte Welt sorgen.

Wir leben in einer Zeit, in der wir durch Wissenschaft, Technologie und neue Geschäftsmodelle neue Innovationen kreieren können, die die Welt positiv verändern und gleichzeitig für Wohlstand sorgen. Wie Larry Fink, Gründer, CEO und Chairman von BlackRock, dem weltweit größte Vermögenverwalter 2021, in seinem Brief an CEOs schrieb: »Ich glaube, dass die nächsten 1.000 Einhörner – Unternehmen mit einer Marktbewertung von über einer Milliarde Dollar – keine Suchmaschine, kein Medienunternehmen sein werden, sondern Unternehmen, die grünen Wasserstoff, grüne Landwirtschaft und grünen Stahl sowie grünen Zement entwickeln werden.«

Erneuerbare Energie
Die wohl dringendste Veränderung ist die Energiewende zum Ausstieg aus fossilen Brennstoffen und damit einhergehend die Reduzierung der Emissionen um die Hälfte alle zehn Jahre sowie das Erreichen einer Netto-Null-Weltwirtschaft bis 2050 (vgl. Gates, 2021). Erneuerbare Energiequellen wie Solar, Wind und Wasserkraft sorgen für regenerative Energie und weniger CO_2-Ausstoß. Wärmepumpen und Eisspeicher sorgen für regenerative Wärmeenergie und Batterie- bzw. Energiespeicher sorgen dafür, die Energienachfrage und -versorgung zu balancieren. Hier sind Unternehmen aufgefordert. auf alternative Energie- und Wärmequellen umzusteigen.

Nahrungsmittelindustrie
Weiterhin ist es essenziell, das Nahrungsmittelsystem umzustellen, ohne es aber auf die 50 Prozent der verbleibenden und intakten Landflächen auszuweiten. Nahrungsmittel müssen produziert werden, ohne Luft und Umwelt zu verschmutzen, ohne Wasser zu verunreinigen oder zu verknappen und ohne weiter CO_2 aufzubauen.

Laut Dr. Clemens Scheer vom Karlsruher Institut für Technologie (KIT) lassen sich die Emissionen verringern, indem die Überschüsse an Stickstoff in der Produktion von Nahrungsmitteln abgebaut werden (vgl. Deutschlandfunk, 2021, 8. Dezember). Hauptsächlich geht es dabei darum, die Emissionen von Lachgas aus den Böden zu vermeiden. Lachgas ist laut Dr. Scheer 300-mal so klimaschädlich wie CO_2 und wird vorwiegend bei mikrobiellen Umsetzungen von Stickstoffdünger im Boden generiert und in die Atmosphäre ausgestoßen. Weiterhin müssten laut Dr. Scheer die Böden verbessert werden, damit sie u.a. CO_2 aus der Luft speichern können. Erreicht werden kann das u.a. durch organische Düngung, indem man z.B. wieder mit Mist düngt oder Ernterückstände erneut in den Boden einbringt. Ein weiterer wichtiger Aspekt ist die Renaturierung von Moorböden. Gerade in Deutschland ist dies derzeit mit einem enormen Einsparungspotenzial von Treibhausgasen verbunden (vgl. Deutschlandfunk, 2021, 8. Dezember).

Als Verbraucher können wir durch eine fleischarme Ernährung ebenso unseren Beitrag zum Klimaschutz leisten. Die Politik greift an dieser Stelle bislang kaum ein. Tatsächlich ist jedoch der Pro-Kopf-Verzehr von Fleisch 2020 so tief gesunken wie noch nie. Die Vermeidung von Lebensmittelverschwendung führt ebenso zu einer Reduktion der Treibhausgase. Zwischen 25 und 30 Prozent der für Lebensmittel verwendeten Ernte wird nämlich gar nicht erst gegessen (vgl. Deutschlandfunk, 2021, 8. Dezember).

Doch auch in der Landwirtschaft spielen neue Technologien eine Rolle. Manche dieser Technologien, wie die Gentechnik beispielsweise, werden in Deutschland jedoch noch immer sehr kritisch gesehen. Die Technologie hat große Potenziale, da sie eine Resistenz gegen Schädlinge und Krankheiten bewirkt, den Anbau unter schwierigen Bedingungen erleichtert und die Haltbarkeit erhöht (vgl. Deutschlandfunk, 2021, 8. Dezember), was in Bezug auf die Nahrungsmittelknappheit positiv ist. Der Einsatz von Gentechnik kann jedoch auch negative Auswirkungen haben, etwa die Gefährdung der Artenvielfalt bei übermäßigem Einsatz. Außerdem ist es immens wichtig, die Gesundheitsbedenken zu adressieren.

Gebäude

Ob Hochhaus, Stadion, Fabrik oder Wohngebäude, überall wo Menschen sind, stößt man auf Gebäude. Die Nutzung ist divers und der Ressourcenbedarf gigantisch. Dies führt zu enormen, direkten CO_2-Emissionen durch Materialien und Baustoffe wie Zement und Stahl. Zum anderen werden indirekte Emissionen durch den Verbrauch von Elektrizität und Wärme in den Gebäuden freigesetzt. Erneuerbare Energien, Verbesserung der Energieeffizienz, Verwendung klimaneutraler Rohstoffe und Maßnahmen zur Suffizienz sind der Schlüssel, um den genannten Problemen zu begegnen (vgl. Nelles & Serrer, 2021, S. 49). Suffizienzmaßnahmen eröffnen die Möglichkeit, den Rohstoff- und Energieverbrauch zu minimieren z.B. durch verändertes Verbraucherverhalten, wie u.a. die Reduktion der Wohnfläche oder ein Umbau statt Neubau.

Transport und Verkehr

Seit 1990 ist der Treibhausgasausstoß im Transportsektor um fast 80 Prozent gestiegen (vgl. Nelles & Serrer, 2021, S. 53). Es gibt eine Reihe von Möglichkeiten, den

Treibhausgasausstoß zu vermeiden oder zumindest zu reduzieren. So können etwa Geschäftsreisen durch Videokonferenzen ersetzt werden. Auch die Entwicklung neuer Geschäftsmodelle kann diesbezügliche Möglichkeiten eröffnen. Mobilität anstatt Fahrzeuge zu verkaufen ist nur eines der Beispiele hierfür. Generell ist es essenziell, Technologien wie grünen Wasserstoff und E-Mobilität sowie alternative Antriebe und Kraftstoffe zu fördern.

Industrie

Industrieunternehmen benötigen Rohstoffe. Diese werden meist mit hohem Energie- und Ressourcenverbrauch extrahiert. Die Industrie extrahiert jedoch nicht nur Rohstoffe und bearbeitet diese zu Produkten oder Maschinen, sondern nutzt auch selbst Maschinen und Anlagen für die Produktion. Für das produzierende Gewerbe liegt der größte Hebel tatsächlich in den indirekten Emissionen, die aus dem Bezug fossiler Elektrizität und Wärme entstehen. Das macht insgesamt ca. 30 Prozent der gesamten Emissionen des verarbeitenden Gewerbes aus. In Bezug auf direkte Emissionen, sind die Industriezweige Zellstoff- und Papierproduktion, Nahrungsmittel- und Tabak-, Glas- und Keramikindustrie gemeinsam für ca. 23 Prozent der Emissionen im Bereich der Industrie verantwortlich, die Metallindustrie, v. a. die Herstellung von Stahl, ist für 15 Prozent, die chemische Industrie für 14 Prozent, die Abfallindustrie (Verbrennung und Entsorgung von Abfällen an Land sowie Entsorgung von häuslichen und industriellen Abwässern) für 11 Prozent sowie die Zementindustrie für 7 Prozent der Emissionen verantwortlich.

Wir kennen nun die Hebel und sind in der Lage, Innovationen zu entwickeln. Lassen Sie uns nun gemeinsam starten, um die Welt zu verändern, den Planeten zu regenerieren und gesellschaftlichen Wohlstand zu vollbringen.

Im Gespräch mit Claus von Riegen (SAP)

Claus von Riegen ist Head of Strategy, New Ventures & Technologies bei SAP SE. In dieser Rolle verantwortet er mit seinem Team die Innovationsstrategie, das Projektportfolio und den Innovationsprozess für die Plattform der Zukunft. Zuvor hatte Claus verschiedene Managementpositionen inne, zuletzt als Head of Business Model Innovation. Er hat sein Studium zum Diplom-Informatiker an der Technischen Universität Braunschweig absolviert und verfügt über einen Executive MBA, den er an der Mannheim Business School und der ESSEC Frankreich erworben hat.

Was bedeutet für dich Nachhaltigkeit als Innovationstreiber?
Nachhaltigkeit ist eine Verantwortung, der sich alle Unternehmen weltweit stellen müssen. Auch wenn sich der Umfang und die Geschwindigkeit der nachhaltigen Transformation in den verschiedenen Branchen und Ländern unterscheidet, gibt es eine ganze Reihe von Gemeinsamkeiten. Konsumenten fragen nach dem CO_2-Fußabdruck von Konsumgütern, was bedeutet, dass alle Unternehmen entlang ihrer Lieferketten zusammenarbeiten müssen, um Transparenz zu schaffen und Optimierungspotenziale zu schöpfen. Einkaufsabteilungen von Unternehmen wollen sicherstellen, dass soziale Mindeststandards (z. B. Mindestlöhne und Verbot von Kinderarbeit) eingehalten werden. Und Mitarbeitende wollen verstehen, was Ihre Arbeitgeber insgesamt tun, um Nachhaltigkeitsziele zu erreichen.

Überall dort, wo solcher Druck entsteht und Unternehmen noch keine guten Antworten haben, ergeben sich Spielräume für Innovation. Insofern ist Nachhaltigkeit ein Treiber für Innovation. Das wird insbesondere deutlich beim Blick auf Unternehmensgründungen. Laut Statista waren im Jahr 2022 bereits 35 Prozent aller Start-ups in Deutschland grüne Start-ups, d. h. junge »Unternehmen, die [...] einen Beitrag zu den ökologischen Zielen einer Green Economy leisten.«

Wie wirkt sich Nachhaltigkeit auf das Geschäftsmodell, die Strategie und die Führung in deinem Bereich/bei SAP aus?
Auch wenn finanzielles Wachstum und Profitabilität weiterhin zu den wichtigsten Unternehmenskennzahlen gehören, verfolgt SAP seit über 10 Jahren ein integriertes Modell, in dem auch Nachhaltigkeitsziele gesetzt werden und über sie berichtet wird. Wir verfolgen hier insbesondere eine duale Strategie. Zum einen wollen wir selbst Vorbild sein, was nachhaltiges Wirtschaften betrifft. Beispielsweise wollen wir bis Ende 2023 CO_2-neutral sein. Für dieses Ziel hat sich unser Vorstand verpflichtet und es wurde in alle relevanten Unternehmensteile kaskadiert. Zudem ist Nachhaltigkeit in unserer gesamten Produktstrategie verankert. Wir haben 2022 eine eigene Growth Unit zu diesem Thema aufgebaut, die unsere Kompetenzen dazu bündelt und insbesondere Lösungen entwickelt, die unseren Kunden helfen, nachhaltiger zu wirtschaften. Letzten Endes denken wir, dass das unser größter Hebel ist, um unsere Vision »Help the world run better and improve peoples' lives« zu verwirklichen.

Was bedeutet der zunehmende Fokus auf Nachhaltigkeit für Stakeholder – Partner, Kunden und Mitarbeiter?
Ganz einfach – der Druck von allen Seiten nimmt zu.

CEOs bestätigen diesen Druck, insbesondere auch ökonomisch: Verharren wir im jetzigen Zustand, kostet uns der Klimawandel 1 Billion $ (1.000 Milliarden) innerhalb der kommenden fünf Jahre. So treibt z. B. der Versicherer Allianz seine

Agenda voran, keine Unternehmen mehr zu versichern, deren Geschäftstätigkeit auf Energiegewinnung durch Kohle basiert.

Investoren setzen vermehrt auf nachhaltige Investments. Der Anteil an gesellschaftlich verantwortlichen Investoren die SAP-Aktien halten wuchs von 5,6 Prozent im Jahr 2011 auf 35 Prozent im Jahr 2020. Der Finanzdienstleister BlackRock bestätigt, dass nachhaltig agierende Unternehmen resilienter sind gegenüber Rezessionen.

Regulierungsbehörden sorgen dafür, dass weniger nachhaltiges Wirtschaften teurer wird.

Mitarbeitende stimmen mit den Füßen ab – weniger als ein Drittel ist zufrieden mit den Aktivitäten ihrer Arbeitgeber hinsichtlich der Umweltfolgen ihres Unternehmens.

Über 90 Prozent der SAP-Mitarbeiter sehen Nachhaltigkeit als ernstzunehmendes Anliegen und stimmen unserer Vision »Help the world run better and improve people's lives« zu.

Zum nunmehr größten Einflussfaktor hat sich allerdings das Verhalten der **Konsumenten** entwickelt. Das Umsatzwachstum mit nachhaltigen Produkten ist über 7-mal größer als beim Rest des Markts.

Welche Bedeutung hat für dich das »richtige« Team und welche Fähigkeiten sind aus deiner Sicht essenziell, um immer wieder Bestehendes zu hinterfragen und neue Wege zu gehen?
Wenn es darum geht, Innovationen – insbesondere auch in Richtung Nachhaltigkeit – voranzutreiben, spielt das Team natürlich die entscheidende Rolle. Und das fängt mit dem Management an. Die Führung des Teams muss vor allem psychologische Sicherheit gewährleisten. Viele Ideen und Experimente werden nicht erfolgreich sein, und dann ist es wichtig, die Mitarbeitenden nicht für das Scheitern zu bestrafen, sondern für das Lernen zu belohnen. Außerdem muss Erfolg in frühen Phasen von Innovation anders verstanden und gemessen werden. Hier geht es nicht um Umsätze, sondern erst mal um die Frage, ob zum Beispiel User das Produktdesign überhaupt akzeptieren.

Vom Team muss ich natürlich in erster Linie Neugier, Dinge zu überdenken und Neues auszuprobieren, erwarten. Vieles kann man auch von Kunden, Nutzern, Zulieferern oder Universitäten lernen. Einfach mal nachfragen, wie andere Herausforderungen angehen – da gibt es häufig Überraschungen. Ich wundere mich zum Beispiel immer, wie ähnlich die Herausforderungen sind, die Innovationsmanager in anderen Branchen anpacken. Ein offener Erfahrungsaustausch kann hier sehr lehrreich sein. Was ich noch wichtig finde? Ehrgeiz, Ideen falls nötig auch über längere Zeit zu verfolgen und gegen Widerstände zu verteidigen. Es gibt fast immer jemanden im Unternehmen, der – und sei es nur wegen seines/ihres Amtes –, Innovation verhindert, da keine Änderungsbereitschaft existiert. Und gleichzeitig muss ich aber auch einsehen, wenn Projekte im Markt nicht zum Fliegen kommen, und diese dann konsequent beenden, anstatt nur aus Überzeugung daran festzuhalten.

Welche Rolle spielen neue Märkte und Technologien in diesem Zusammenhang?
Man könnte ja meinen, dass Nachhaltigkeit einfach nur optimaleres Wirtschaften in bekannten Bahnen erfordert. Weit gefehlt – hier tun sich tatsächlich ganz neue Geschäftsfelder auf und durch den Einsatz neuer Technologien ergeben sich ganz neue Möglichkeiten.

Beispiel Markt: Über kurz oder lang müssen Unternehmen den Anforderungen an die Berichterstattung über die Nachhaltigkeit ihres Wirtschaftens gerecht werden. Schwierig wird das natürlich, wenn sie das zum ersten Mal tun müssen, und sich gar nicht sicher sind, wie sie an die notwendigen Daten für die Berichte kommen. Hier ist mittlerweile ein Markt an Beratungsunternehmen entstanden, die sich auf die konforme Nachhaltigkeitsberichterstattung spezialisiert haben. Einige bieten das sogar schon als Dienstleistung an – sozusagen Sustainability Reporting as a Service.

Beispiel Technologie: Oft wurde über die Entwicklung von 3-D-Druckern geschmunzelt. Wofür braucht man das überhaupt? Ist das was für Künstler oder bietet das auch Möglichkeiten für die Wirtschaft? Die technologischen Fortschritte über die vergangenen 10–15 Jahre haben tatsächlich dazu geführt, dass mit 3-D-Druckern Bauteile gefertigt werden können, die sogar strengen Qualitätsanforderungen genügen. Und insofern muss sich natürlich jedes produzierende Unternehmen fragen, welche Ersatzteile noch zentral gefertigt, weltweit ausgeliefert und regional in Lagern vorgehalten werden müssen. Für verschiedenste Bauteile ist es nicht nur wirtschaftlich sinnvoller, sie vor Ort zu drucken (da anteilig günstiger und sofort verfügbar), sondern auch deutlich nachhaltiger, da eben insbesondere die weltweit notwendige Logistik wegfällt. Ein Unternehmen wie Airbus hat hier schon vor über 10 Jahren gezeigt, was sogar in der Luftfahrtindustrie möglich ist und selbst ein Unternehmen für den 3-D-Druck ausgegründet.

Gibt es Beispiele für Innovationen in eurem Unternehmen, in denen Nachhaltigkeit oder Kreislaufwirtschaft der klare Treiber war/ist?
Die SAP hat in den vergangenen Jahren eine ganze Reihe von neuen Software-Lösungen eingeführt: SAP Sustainability Control Tower für Nachhaltigkeits-

reporting, SAP Sustainability Footprint Management zur Bestimmung und Optimierung der Nachhaltigkeit von Produkten, SAP Responsible Design and Production, um Produkte vom initialen Design an adäquat für die Kreislaufwirtschaft zu optimieren. Wie schon beschrieben glauben wir, dass wir durch unser Portfolio an Lösungen für nachhaltiges Wirtschaften Unternehmen weltweit in die Lage versetzen können, ihre Produktion, ihren Einkauf, ihre Logistik bis zum Endkunden und nicht zuletzt ihr Personalwesen deutlich nachhaltiger zu managen.

Welche Prinzipien aus der Innovation sind wichtig für die erfolgreiche nachhaltige und zirkuläre Transformation?

Wie ganz allgemein im Innovationsmanagement, kann nachhaltige Transformation nur funktionieren, wenn man

- Teams die Möglichkeit gibt, neue Dinge auszuprobieren und die Sicherheit, scheitern zu dürfen,
- offen ist für Ideen von außen – die meiste Innovation (und eben auch im Kontext Nachhaltigkeit) passiert außerhalb der Unternehmensgrenzen, man muss nur Mittel und Wege finden, sie für sich nutzbar zu machen,
- alle Aspekte in der Transformation mit einschließt – Produkte, Dienstleistungen, interne Prozesse, Interaktion mit Lieferanten, Partnern und Kunden,
- sie zur Chefsache macht – die Geschäftsführung muss die Transformation als klares Ziel kommunizieren und bereit sein, Hindernisse auf dem Weg dahin aus dem Weg zu räumen.

Wie müssen Innovationen der Zukunft gestaltet werden, um langfristigen Geschäftserfolg und gleichzeitig Nachhaltigkeit zu fördern?

Ich glaube nicht daran, dass geschäftlicher Erfolg unabhängig von Nachhaltigkeitszielen ist. Kunden, Investoren und vor allem auch Mitarbeitende schauen zunehmend genauer darauf, wie nachhaltig ein Unternehmen wirtschaftet. Und sobald Zweifel aufkommen, stimmen Menschen mit ihrem Geld und ihren Füßen ab. Wir sehen ja auch eine Beschleunigung in der Regulierung. Viele politische Rahmenbedingungen in Dutzenden Ländern weltweit sorgen z. B. dafür, dass CO_2-Ausstoß zunehmend stark besteuert wird. Letztlich wird nicht nachhaltiges Verhalten immer teurer und dadurch entsteht eine zunehmende Kongruenz von mehr Nachhaltigkeit und mehr wirtschaftlichem Erfolg.

Welche Rolle spielt Innovation in diesem Zusammenhang und welche Herausforderungen müssen angegangen werden?

- Es fehlt immer noch an diversen Standards für die Messung, Berichterstattung und Steuerung von Nachhaltigkeit. Und das, obwohl die Zahl an regulatorischen Vorgaben weiterhin stark zunimmt. Hier müssen sich alle Beteiligten, insbesondere auch konkurrierende Unternehmen, zusammenschließen im Sinne des offenen Innovations- und Co-Creation-Ansatzes und

Standards schaffen. Beispielsweise auch für das nachhaltige Lieferkettenmanagement wie es u. a. durch Catena-X in der Automobilindustrie gefordert und gefördert wird.

- Diverse neue Technologien wie beispielsweise Blockchain und Generative AI können einen großen Nutzen stiften. Allerdings dürfen wir auch keine Wunder erwarten und gleichzeitig haben wir oft wenig Erfahrungen im praktischen Einsatz. Folglich macht es Sinn, mehr in Exploration und Validierung solcher Technologien zu investieren, um Kosten und Nutzen ins Verhältnis setzen zu können.

Unternehmensbeschreibung

Als Marktführer für Unternehmenssoftware unterstützt SAP Unternehmen jeder Größe und Branche dabei, ihre Abläufe zu verbessern, indem sie ERP neu definieren und Netzwerke mit intelligenten Unternehmen aufbauen, die für Transparenz, Resilienz und Nachhaltigkeit in allen Lieferketten sorgen. Die End-to-end-Suite mit Anwendungen und Services ermöglicht es Kunden, rentabel zu arbeiten, sich kontinuierlich anzupassen und sich weltweit vom Wettbewerb abzuheben.

Zusammenfassung

Über einen Zeitraum von über 10.000 Jahren schwankte die globale Durchschnittstemperatur der Erde gerade einmal zwischen +/- 1 Grad Celsius. In nur etwa 50 Jahren hat es die Menschheit geschafft, diese Stabilität ins Ungleichgewicht zu bringen und die planetaren Grenzen zu überschreiten.

Können wir den Planeten also noch retten? Ja! Aber es gilt, 100 Milliarden Tonnen Abfälle zu vermeiden und kreislauffähig zu machen. Gleichzeitig müssen Treibhausgasemissionen dauerhaft in der Atmosphäre reduziert werden. Um die Kreislauffähigkeit zu steigern und Treibhausgasemissionen dauerhaft in der Atmosphäre zu reduzieren, ist der Übergang zu nachhaltigen und zirkulären Geschäftsmodellen ebenso erforderlich wie Technologien, die langfristig für geringen oder gar keinen CO_2-Ausstoß sowie geschlossene Kreisläufe sorgen.

Warum ist also jetzt der richtige Zeitpunkt, Geschäftsmodelle zu innovieren? Je deutlicher das Ausmaß der weltweiten systemischen Herausforderungen wird – von Klimawandel über Armut und Einkommensungleichheit, Wasser- und Ernährungssicherheit bis hin zur Gesundheitsversorgung, Bildung und darüber hinaus –, desto stärker wächst das Bedürfnis von Innovatoren und Entrepreneuren, die dringendsten sozialen und ökologischen Probleme der Welt zu lösen und die Zukunft aktiv mitzugestalten. Außerdem leben wir in einer besonderen Zeit der Geschichte der Menschheit. In einer Zeit, in der wir Zugriff auf vorher nicht dagewesenes Wissen, Werkzeuge und Technologien haben, die wir nun nutzen können, um die Zukunft in Balance mit Natur und Gesellschaft zu gestalten.

2 Sustainability der Innovationstreiber unserer Zeit

2.1 Sustainability – die sechste Welle der Innovation

Wenn wir Menschen in Unternehmen nach Beispielen für Nachhaltigkeit in deren Organisationen fragen, kommen meist direkt Antworten in Bezug auf Recycling, nachhaltige Verpackungsmaterialien und das Pflanzen von Bäumen. Das sind tatsächlich bereits veraltete und unvollständige Vorstellungen von Nachhaltigkeit. Denn Sustainability ist viel mehr als das. Sustainability basiert auf einer komplexen und technischen Kompetenz, die bald für jede Organisation unverzichtbar sein wird. Tatsächlich geht es darum, wie wir Naturressourcen nutzen und regenerieren. Weltweit arbeiten Wissenschaftler und Ingenieure bereits mit Hochdruck daran, neue Technologien, Systeme und Ansätze zu entwickeln, um Zement, Stahl und Kunststoffe, Schifffahrt, LKW-Transport und Luftfahrt sowie Landwirtschaft, Energie und Bauwesen zu dekarbonisieren.

Die Dekarbonisierung der Weltwirtschaft ist nach Aussage von Larry Fink die größte Investitionsmöglichkeit unserer Zeit. Es werden diejenigen Unternehmen auf der Strecke bleiben, die sich nicht anpassen, unabhängig davon, in welcher Branche sie tätig sind. Sie laufen Gefahr, Arbeitsplätze zu verlieren, während andere Arbeitsplätze gewinnen. Im Zuge der Dekarbonisierung der Wirtschaft werden diejenigen enorm viele Arbeitsplätze schaffen, die sich um die notwendige langfristige Planung kümmern. Jede Branche, jedes Unternehmen und jedes Geschäftsmodell wird durch den Übergang zu einer Netto-Null-Welt verändert. Die Frage an Unternehmer und Führungskräfte lautet: Werden Sie führen oder werden Sie geführt?

Wir haben in nur wenigen Jahren miterlebt, wie Innovatoren die Automobilindustrie neu gestalteten. Und heute strebt jeder Automobilhersteller in Richtung einer elektrischen Zukunft. Die Automobilindustrie ist jedoch lediglich Vorreiter – jeder Sektor wird durch neue, nachhaltige Technologien verändert (vgl. Fink, 2022).

»Schöpferische Zerstörung« spielt bereits seit Jahrzehnten eine Schlüsselrolle im Unternehmertum und in der wirtschaftlichen Entwicklung. Während einer Rezession redet man gern vom nächsten Aufschwung und/oder hofft auf diesen. Dabei denkt man meist an kurzfristige Konjunkturzyklen. Der Ökonom Joseph Schumpeter untersuchte die Rolle von Innovation im Zusammenhang mit Konjunkturzyklen und prägte bereits 1942 die Theorie der »schöpferischen Zerstörung«. Diese Theorie deutet darauf hin, dass Konjunkturzyklen unter langen Innovationswellen ablaufen. Langfristige Zyklen wurden erstmals von Wissenschaftler und Ökonom Nikolai D. Kondratjew (1892–1938) beschrieben. Schumpeter sah jedoch als erster den Zusammenhang zwischen langen Konjunkturzyklen auf der einen Seite und bedeutenden technischen Innovationen auf der anderen Seite. Aus dieser Einsicht leitet Paulo Rodrigues Pereira die Aussage ab, dass Entwicklungsländer ihre technologischen Fähigkeiten stärken sollten, um Wohlstand zu erreichen (vgl. von Weizsäcker et al., 2010, S. 24). Dies ergänzt Clayton M. Christensen, weltweit führende Autorität für disruptive Innovation sowie ehemaliger Harvard Business School Professor, in seinem Buch »Das Wohlstandsparadox« mit der Aussage, dass dann, wenn sich der Wohlstand eines Landes trotz scheinbar vieler Aktivitäten innerhalb seiner Grenzen nicht verbessert, das Land möglicherweise kein Wachstumsproblem hat, sondern ein Innovationsproblem vorliegen könnte (vgl. Christensen et al., 2019, S. 17).

Alle Regierungen, Unternehmen und Produkte unterliegen Innovationswellen. Bezogen auf Unternehmen finden solche Wellen dann statt, wenn im Hinblick auf das Geschäftsmodell oder Produkt verglichen mit der Vorgängerversion erhebliche Veränderungen vorliegen und ein deutlicher Fortschritt gemacht wird, meist getrieben durch technologischen Fortschritt (Utterback, 1996). Diese Diskontinuitäten machen es für Unternehmen erforderlich, nach Innovationen zu suchen, die Wettbewerbssprünge ermöglichen (Tushman & O'Reilly, 1996), und erfordern von Unternehmen, ihre Produkte und Prozesse sowie die Auswirkungen der Technologie in ihrem Tätigkeitsbereich zu überdenken (Utterback, 1996). Ein Beispiel hierfür ist das Internet, das ganze Branchen, von der Medienbranche bis zum Einzelhandel, revolutioniert hat (vgl. von Weizsäcker et al., 2010, S. 24).

Im Laufe der neueren Geschichte wurden fünf bekannte historische Zyklen beobachtet, die von technologischen und sozialen Veränderungen begleitet wurden (s. Abbildung 3). Die erste Innovationswelle war die frühe industrielle Revolution bzw. Früh-Mechanisierung, die Wasserkraft, Eisen, Handel und Textilien hervorbrachte; die zweite repräsentiert das Zeitalter der Dampfmaschinen, der Eisenbahn, von Stahl und Baumwolle; die dritte Welle war das Zeitalter der Elektrizität, Chemie und Verbrennungsmotoren; die vierte das Zeitalter der Petrochemie, Elektronik, Flugzeuge, Raumfahrt und die fünfte Welle war der Aufstieg der Informations- und Kommunikationstechnologie und der Netzwerke. Wichtig zu wissen ist, dass sich auf Basis historischer Erfahrungen der große Hype um eine technologische Innovation 20–30 Jahre nach dessen Beginn abschwächt (vgl. von Weizsäcker et al., 2010, S. 24). Nun gibt es seit einigen Jahren Anzeichen einer neuen, sechsten Welle – die der Nachhaltigkeit (Silva & Di Serio, 2016).

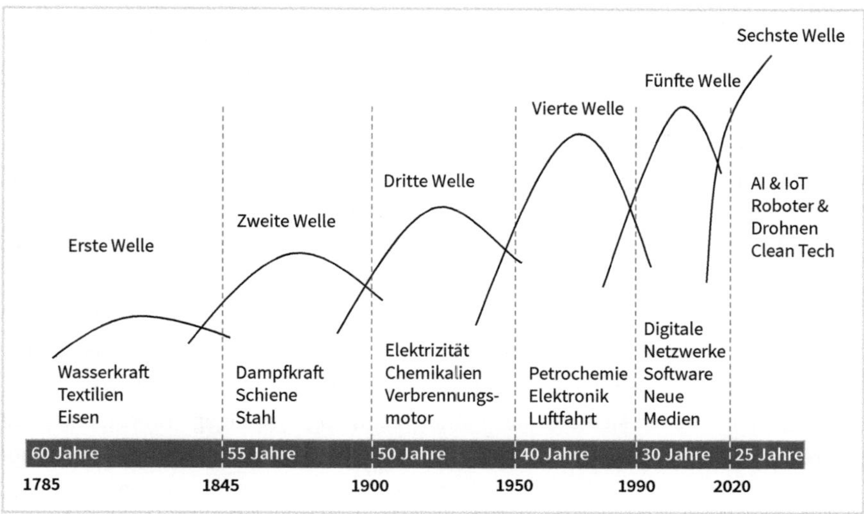

Abb. 3: Kondratjew-Wellen bzw. lange Wellen der Innovation (Quelle: eigene Darstellung, in Anlehnung an Neufeld, 2022)

Die Bedeutung innovativer Produkte, Dienstleistungen oder Produktionsverfahren, die charakteristisch für die jeweiligen Wellen sind, muss nicht immer gleich sein. Grundlegende technische Neuerungen werden als sog. Basisinnovationen oder marktschaffende Innovationen bezeichnet. Wie der Name bereits sagt, können so neue Märkte entstehen und bestehende Wirtschaftszweige tiefgreifend verändert werden. Marktschaffende Innovationen treten nach heute herrschender Meinung in zyklischen Abständen gehäuft (»in Schwärmen«) auf und können lange Wachstumsschübe (»lange Wellen« oder »Kondratjew-Wellen«) auslösen (vgl. Schätzl, 2001, S. 149–154).

Die in Abbildung 3 abgebildeten Zyklen, unterscheiden sich leicht von anderen Abbildungen der Innovationszyklen nach Kondratjew bzw. Schumpeter. Das Grundphänomen sowie die grundlegenden Themen sind jedoch die gleichen. In seinem Buch mit dem Titel »Faktor Fünf: Die Formel für nachhaltiges Wachstum« schreibt Prof. Dr. Dr. h.c. Ernst Ulrich von Weizsäcker, Träger des deutschen Umweltpreises 2008, ehemaliger Direktor des Instituts für Europäische Umweltpolitik in Bonn, Präsident des Wuppertal Instituts für Klima, Umwelt und Energie und Leiter des International Panel for Sustainable Resource Management gemeinsam mit Co-Autor Karlson »Charlie« Hargroves:

»Wir behaupten nun, dass ein ökologischer Umbau von Technik und Wirtschaft, der zugleich die treffende Antwort auf die ökonomischen Herausforderungen ist, jenen kräftigen und belastbaren Orientierungssinn mit sich bringen wird, der uns aus der Rezession führen könnte. Wir müssen uns alle wünschen, dass dies geschieht. Und wenn sich die Überzeugung durchsetzt, dass der Trend zu »grüner Technik« unumkehrbar ist, können wir mit einem neuen Kondratjew-Zyklus rechnen.«

Deutschland, Frühjahr 2023. Zwei Quartale in Folge mit sinkender Wirtschaftsleistung. Viele sprechen von einer Rezession. Aus vorherigen Rezessionen lassen sich drei Aspekte in Bezug auf die Innovationszyklen ableiten (vgl. von Weizsäcker et al., 2010, S. 24–28), die uns an den derzeitigen Zyklus erinnern:

1. Der Magnetismus der Technologien, die den vorausgegangenen Zyklus ausgelöst haben, bzw. der Hype um sie hat abgenommen.
   Die Entdeckung der Elektrizität und die damit verbundenen Innovationen, der Verbrennungsmotor und die industrielle Chemie, zogen wesentlich mehr Begeisterung auf sich als ein weiterer Ausbau des Eisenbahnnetzes. Die Attraktivität der nächsten Welle, die mit Petrochemie, Luftfahrt und früher Elektronik verbunden war, schwand durch die Zunahme von digitalen Technologien, Software, Netzwerken und neuen Medien. Informationstechnologie ist allgegenwertig und neue Technologien wie künstliche Intelligenz oder Quantencomputer sind auch auf dem Vormarsch. Nun gibt es seit einigen Jahren jedoch eine neue Welle – die der Nachhaltigkeit (Silva & Di Serio, 2016).
2. Das Angebot an Erfindungen und die Entwicklungen neuer, bahnbrechender Technologien wächst.
   Für die Erfindung und Entwicklung neuer, bahnbrechender Technologien ist Forschung und Entwicklung maßgeblich. Obwohl wir bisher bereits einige kostenattraktive Lösungen mit wenig Kohlenstoff haben, sind es lange nicht genügend, um global die Netto-Null-Ziele zu erreichen. Wichtig ist, dass neue Technologien günstig genug für Länder mit mittlerem Einkommen werden. An dieser Stelle liegt es an öffentlichen Institutionen und Unternehmen, Investitionen in saubere Energie und klimabezogene Forschung und Entwicklung massiv zu maximieren, auf Forschungs- und Entwicklungsprojekte mit hohem Risiko und hohem Ertrag zu setzen und diese Investitionen mit den größten Bedürfnissen des Planeten und der Menschheit zusammenzubringen. Partnerschaften zwischen Regierungen, Start-ups und der Industrie zu einem frühen Zeitpunkt sind essenziell, um Herausforderungen zu meistern und Innovationszyklen zu beschleunigen. Etablierte Unternehmen können dabei helfen, neue Technologien zu prototypisieren, Einblicke in den Markt zu verschaffen und in Projekte gemeinschaftlich zu investieren, mit dem Ziel der Kommerzialisierung (vgl. Gates, 2021, S. 200–205).
3. Die Nachfrage nach innovativen Gütern und Dienstleistungen steigt.
   Zu Beginn eines Zyklus ist die Nachfrage meist gering. Nachdem eine neue Vorgehensweise, ein neues Produkt oder eine neue Technologie im Labor getestet wurden, müssen sie im Markt erfolgreich implementiert und skaliert werden. Es dauert nicht lange, zu demonstrieren, dass eine neue Software funktioniert und Kunden anspricht. Im Bereich der grünen und sauberen Technologien, wie zum Beispiel bei erneuerbaren Energien, grünem Zement, Kohlenstoffabscheidung und -bindung u. v. m. ist das sehr viel schwieriger und mit hohen Kosten verbunden. Regierungen und große Unternehmen können hier durch ihre massive Einkaufskraft unterstützen und die Nachfrage steigern. Wenn Unternehmen grüne

Technologien und Produkte kaufen, hilft dies, mehr Produkte auf den Markt zu bringen, Sicherheit zu schaffen und Kosten zu reduzieren. Gleichzeitig liegt es an Organisationen, Anreize zu schaffen, Kosten zu reduzieren und Risiken zu reduzieren. Steuererleichterungen und Bezahlmodelle wie Langzeitfinanzierung und Leasing sind nur ein paar Beispiele, wie der hohe Anfangsinvest neuer Technologien reduziert und die Nachfrage nach neuen Technologien beschleunigt werden kann. Gleichzeitig muss die Infrastruktur geschaffen werden, um die neuen Technologien im Markt einzusetzen und Regularien müssen angepasst werden, sodass neue Technologien wettbewerbsfähig sind. Ein wichtiger Hebel ist die Festlegung eines Preises für CO_2. Kurzfristig führt dies dazu, dass Produkte mit hohem Treibhausgasausstoß teuer und damit unattraktiv für den Markt werden. Langfristig könnte man dieses Geld auch für weitere Investitionen in grüne und saubere Technologien sowie für die Gesellschaft nutzen. Zu guter Letzt stellen Standards, zum Beispiel für sauberen Kraftstoff, saubere Energie und saubere Produkte die Weichen dafür, Altes gegen Neues auszutauschen und die Nachfrage zu erhöhen (vgl. Gates, 2021, S. 200–205).

Die Nachfrage nach Innovation und deren Bereitstellung erfolgt analog dem ökonomischen Grundprinzip der Nachfrage und des Angebots. Ohne die Nachfrage für Innovationen, ohne ihre Erfinder und ohne politische Entscheidungsträger wird es keine Anreize geben, neue Ideen zu generieren. Ohne eine stetige Versorgung mit Innovationen, werden Käufer nicht die »grünen« Produkte kaufen, die notwendig sind, um die Netto-Null-Ziele zu erreichen. Wir müssen also Innovationen vorantreiben und gleichzeitig die Nachfrage danach steigern. Die Nachfrage ist dabei einer der größten Treiber (vgl. Gates, 2021, S. 199). Einkaufsorganisationen in Unternehmen tragen die enorme Verantwortung, nachhaltige und zirkuläre Produkte, Lösungen und Dienstleistungen bevorzugt einzukaufen und bei der Lieferantenauswahl auf verantwortungsvolle Partner zu setzen.

2.1.1 Trends als Treiber der Entwicklung neuer Geschäftsmodelle

Laut Weizsäcker müssen alle drei Komponenten – der abnehmende Hype bzw. Magnetismus, das wachsende Angebot und die steigende Nachfrage – vorhanden sein, um eine neue, sehr kräftige Innovationswelle ins Leben zu rufen und Trends zu setzen: die »grüne Kondratjew-Welle«, zu deren Eigenschaften eine Reihe technologischer sowie systematischer Ansätze gehören, die bedeutend für die grüne Innovationswelle sind und die Dekarbonisierung vorantreiben. Sie umfassen neben sauberen und grünen Energiekonzepten auch die radikale Erhöhung der Ressourcenproduktivität, ein Systemdesign als ganzheitlichen Ansatz, die Ressourcenproduktivität des ganzen Systems zu optimieren und von der Natur inspiriertes Design – auch Biomimetik bzw. Biomimikry genannt (vgl. von Weizsäcker et al., 2010, S. 29 f.). Auf die einzelnen Ansätze wird im Verlaufe dieses Buches eingegangen.

Unternehmen müssen sich aktuell vielen Herausforderungen wie beispielsweise der Ressourcenknappheit und Lieferkettendisruption stellen. Daraus resultieren Innovationen. Innovation entsteht oftmals durch Grenzen – seien es ein begrenztes Budget, wenig Zeit oder begrenzte Ressourcen. Diese Einschränkungen schaffen Rahmenbedingungen für Wandel. Die Natur schafft in diesem Kontext ihre eigenen Parameter. Wie viele Ressourcen können wir entnehmen, wie viel Kohlenstoff können wir emittieren, welche Probleme schaffen anorganische Stoffe wie Abfall, der in den Ozeanen landet? Diese Parameter müssen genutzt werden, um neue Wege zu finden, Produkte zu entwickeln, Geschäftsmodelle zu entwickeln und Werte zu schaffen (vgl. Acaroglu, 2023).

Aus diesem Grund stelle ich Ihnen im Folgenden drei miteinander verwobene Trends vor, weil ich davon überzeugt bin, dass sie die Entwicklung neuer Geschäftsmodelle und notwendiger nachhaltiger und zirkulärer Geschäftsmodellinnovationen vorantreiben:

Erstens stehen wir vor einem massiven Nachhaltigkeitsproblem (z. B. Rockström et al. 2009), insbesondere im Hinblick auf das Emissions- und Ressourcenproblem und die damit verbundenen gesellschaftlichen und klimaspezifischen Richtlinien sowie die umfassenderen Energie-, Industrie-, Infrastruktur- und Landnutzungsrichtlinien. Die großen sozialen und ökologischen Fragen der Nachhaltigkeitsproblematik sind für Unternehmen Bedrohung und Chance zugleich. In beiden Fällen sind Nachhaltigkeitsthemen Treiber von Innovationen (vgl. Nidumolu et al. 2009).

Zweitens hat die technologische Revolution, vor der wir stehen, eine doppelte Wirkung: Neue Technologien und die Digitalisierung eröffnen einen neuen Chancenraum. Gleichzeitig machen sie aber auch alte Geschäftsmodelle obsolet und schaffen enorme Möglichkeiten für eine Wertschöpfung, die auf neue Weise stattfindet. Die Möglichkeiten digitaler und physischer Technologien, die oft als vierte industrielle Revolution bezeichnet werden (Schwab 2016), haben zunehmend die Entwicklung intelligenterer und schlankerer Geschäftsmodelle ermöglicht, die weniger Platz beanspruchen und dennoch zu gleich guten Kundenerlebnissen führen.

Drittens tragen veränderte Verbraucherpräferenzen, Lebensstile, Konsummuster sowie Investorenpräferenzen dazu bei, neue Arten der Wertschöpfung zu ermöglichen – beispielsweise durch Sharing-Economic-Geschäftsmodelle, zugangsbasierte Dienste usw. (vgl. Jørgensen & Pedersen, 2018, S. 14).

Insgesamt deuten diese Trends auf eine umfassende Transformation aktueller Geschäftsmodelle hin, die neue Arten der Produktion, des Transports, des Verbrauchs und der Wiederverwendung von Materialien, Komponenten und Produkten implizieren (s. Abb. 4). Diese intelligenten Geschäftsmodelle ermöglichen eine effizientere Ressourcennutzung und eine individuelle Anpassung von Produkten und Dienstleistungen, sodass das Angebot für Kunden verbessert und gleichzeitig deren Fußabdruck verringert werden kann (vgl. Jørgensen & Pedersen, 2018, S. 14).

Zusammenfassend werden nun die wesentlichen ökologischen und gesellschaftlichen Themen und Trends aufgezeigt:

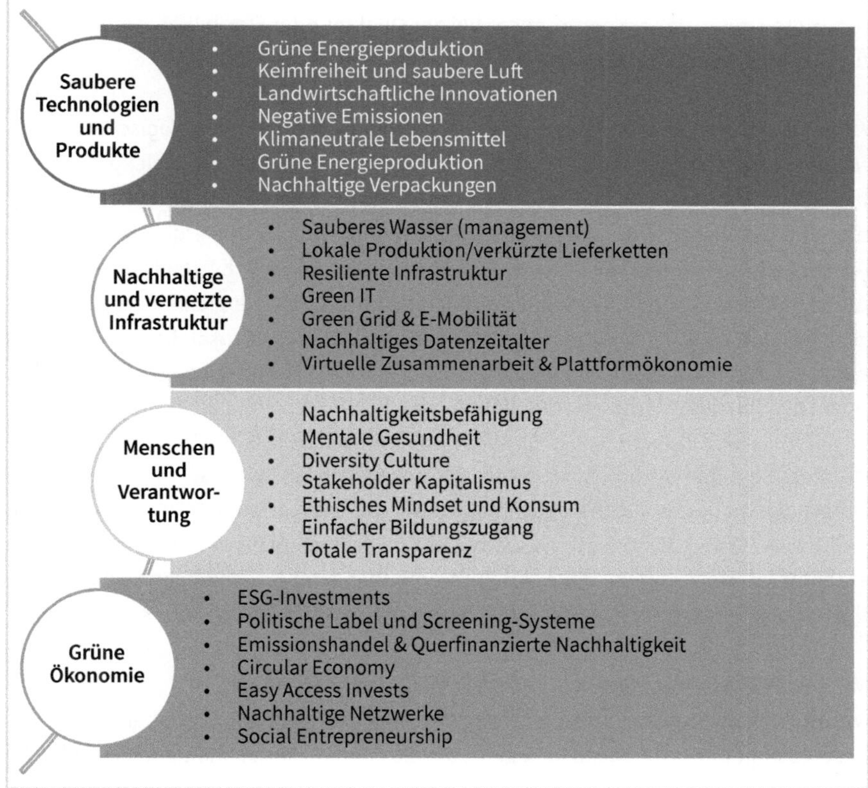

Abb. 4: Trends (Quelle: TrendOne)

Denken Sie über die abgebildeten Trends nach und erstellen Sie Wesentlichkeitsszenarien. Spielen Sie das wirklich durch, zumindest in Ihren Gedanken, oder – noch besser – nehmen Sie Stift und Papier oder Ihr Tablet zur Hand. Schauen Sie sich die heutigen Umwelt- und Gesellschaftstrends an und überlegen Sie, wie sie sich im Laufe der Zeit entwickeln könnten. Erstellen Sie außerdem Szenarien, um sich völlig andere, extremere Versionen der Zukunft vorzustellen (im Gegensatz zur linearen Prognose von Trends), um Ihr Denken zu erweitern. Und dann fragen Sie sich in diesen Szenarien: Wie könnten sich Umwelt- und Gesellschaftsthemen im Laufe der Zeit verändern? Wie könnten sich die Wahrnehmung und Einstellung der Stakeholder zu diesen Themen verändern? Welche Auswirkungen hätte das auf die Systemlandschaft und das eigene Geschäftsmodell? (Vgl. Young & Gerard, 2021).

Die natürliche Neigung von Unternehmen besteht meist darin, der Linderung des unmittelbaren wirtschaftlichen Drucks Vorrang vor Maßnahmen zur Verbesserung der Nachhaltigkeit zu geben. Doch Unternehmen ändern zunehmend ihre Denkweise und überlegen, wie Technologie ihnen bei der Bewältigung ihrer Herausforderungen helfen kann und versuchen, die Auswirkungen ihres Handelns auf den Planeten zu reduzieren, ohne dabei Kompromisse bei der Qualität oder Flexibilität ihrer Produkte und Dienstleistungen einzugehen

Nachhaltigkeit ist die Hauptschlagader organisatorischer und technologischer Innovationen. Dies beschreibt eine Studie des Harvard Business Reviews, welche die Nachhaltigkeitsinitiativen von 30 Großkonzernen zeigt. Zusätzlich dazu wird in dem Artikel darauf hingewiesen, dass diese Unternehmen unter dem Strich große Renditen abwerfen. Mit der Wiederverwendung von Ressourcen können beispielsweise Kosten durch günstigere Rohstoffeinkaufspreise und eingesparte Energie im Fertigungsprozess gespart werden. Darüber hinaus generiert der Prozess zusätzliche Einnahmen aus besseren Produkten oder ermöglicht es Unternehmen, neue Geschäftszweige oder sog. Corporate Ventures zu schaffen.

Da dies Ziele der Unternehmensinnovation sind, stellen wir fest, dass intelligente Unternehmen heute Nachhaltigkeit als Treiber der Innovation betrachten (vgl. Nidumolu et al., 2009). Ein Grund, weshalb diese Sicht noch nicht in allen Unternehmen etabliert ist, sind Mythen, die es im Zusammenhang mit Nachhaltigkeit und Innovation gibt. Diese Mythen möchten ich im Folgenden ein für alle Mal auflösen:

Mythen in Zusammenhang mit Nachhaltigkeit und Innovation

Nachhaltigkeit bremst Innovation. Nachhaltigkeit bremst Innovationen nicht. Sie beschleunigt diese. Tatsächlich beginnt das Streben nach Nachhaltigkeit bereits, die Wettbewerbslandschaft zu verändern, was Unternehmen dazu zwingen wird, ihre Denkweise über Produkte, Technologien, Prozesse und Geschäftsmodelle zu ändern. Der Schlüssel zum Fortschritt und Wohlstand, insbesondere in Zeiten der Wirtschaftskrise, ist Innovation. Nachhaltige Unternehmen werden aus der heutigen Rezession, 2023, erfolgreicher hervorgehen, den Status quo hinterfragen und neu denken. Dies geschieht, indem sie Nachhaltigkeit als Ziel betrachten, Early-Mover-Kompetenzen entwickeln, mit denen die Konkurrenz nur schwer mithalten kann. Dieser Wettbewerbsvorteil kommt ihnen zugute, denn Nachhaltigkeit wird immer ein integraler Bestandteil der Entwicklung sein (vgl. Nidumolu et al., 2009).

Nachhaltigkeit kostet und schmälert Gewinne. Während dieses Argument vor circa zwei Jahren noch der Standard war, erkennen Unternehmen inzwischen immer häufiger, dass es möglich ist, sowohl nachhaltig als auch profitabel zu sein. Laut einer Studie der LBBW steigern nachhaltig agierende Unternehmen der Konsum- und Handelsbranche ihre EBIT-Marge um durchschnittlich 6 Prozentpunkte (Bundschuh et al., 2018). Heute sehen wir, dass immer mehr Unternehmen, Kunden und Behörden Nachhaltigkeit auf die Tagesordnung setzen – sei es in Bezug auf CO_2-Emissionen, Plastik oder Wasser,

Biodiversität oder Zusatzstoffe in der Lebensmittelproduktion, Menschenrechte oder Geschlechtergleichheit, Korruption oder Armut. Bei meiner Arbeit treffe ich kleine und große Unternehmen, die neue und innovative Geschäftswege finden wollen, die weniger schädlich für Gesellschaft und Umwelt sind sowie gleichzeitig wirtschaftlich sind.

Nachhaltigkeit mindert Wettbewerbsfähigkeit. Nachhaltigkeit fördert Wettbewerbsvorteile und öffnet neue Geschäftspotenziale. Warum gründen der Textilhersteller H&M und der Recycler Remondis ein Joint Venture? Was steckt hinter der Entscheidung von Renault, eine langfristige Beziehung mit einem Unternehmen einzugehen, das Stahl recycelt? Warum gibt LEGO eine Milliarde Dänische Kronen aus, um eine Alternative zum in den LEGO-Blöcken verwendeten Kunststoff zu finden? Wir argumentieren, dass diese Unternehmen das tun, wozu sie bestimmt sind: Sie finden Probleme, die auf gewinnbringende und ökologische Weise gelöst werden können, um langfristig relevant und wettbewerbsfähig zu bleiben. Bei Kunden, Mitarbeitern, am Markt.

Innovation bedeutet etwas ganz Neues. Innovation ist nicht dasselbe wie eine Erfindung. Viele von uns verstehen, wie man Produkte verbessert und Prozesse verschlankt. Die Rolle der Innovation ist jedoch teils unklar. Wir wissen, dass Innovation wichtig ist, aber Innovation bedeutet für viele Menschen jeweils etwas anderes. Bei Innovation geht es nicht nur darum, etwas ganz Neues zu erfinden, das es nie zuvor gab. Tatsächlich sind 90 Prozent der Innovationen eine Kombination aus bestehenden Ansätzen oder Technologien, die in eine andere Branche oder ein anderes Kundensegment transferiert wurden (vgl. Gassmann & Sauer, 2019). Es geht genauso darum, Ansätze für Geschäftsmodelle, Lieferketten, Märkte und Richtlinien zu entwickeln, die dazu beitragen, dass neue Erfindungen zum Leben erweckt werden und eine globale Reichweite erreichen. Innovation bedeutet beides: Neue Technologien und neue Ansätze (vgl. Gates, 2021, S. 198). Was wir jetzt brauchen, um mit dem Klimawandel umzugehen, ist ein Ansatz, der es vielen verschiedenen Disziplinen ermöglicht, uns auf den richtigen Weg zu bringen.

2.1.2 Innovation als Treiber von Nachhaltigkeit

Aufgrund des unterschiedlichen Verständnisses von Innovation wird bisher weitestgehend unterschätzt, wie unterschiedlich die jeweiligen Arten von Innovation eine Ökonomie beeinflussen können. Gerade in Deutschland kategorisieren wir Innovationsaktivitäten gerne mit demselben Ansatz. Unternehmen messen Innovation häufig an der Anzahl der Patentanmeldungen, der Höhe an Investitionen in Forschung und Entwicklung oder der Qualität der Forschungseinrichtungen, um den Innovationsgrad zu messen.

Unterschiedliche Arten von Innovation haben unterschiedliche Auswirkungen. Wenn wir verstehen, welche Arten von Innovationen welche Auswirkungen haben, können wir dies für die eigenen Ziele nutzen. Die Unterschiede zu kennen ist essenziell, um zu verstehen, was zu nachhaltigem ökonomischen Wachstum führt (vgl. Christensen et al., 2019, S. 17). Im Zusammenhang mit Nachhaltigkeit kann dieses Wissen Unternehmen ermöglichen, Kosten durch die Einbeziehung effizienterer Prozesse zu senken und gleichzeitig die Fähigkeit aufrechtzuerhalten, sich vom Markt abzuheben, wodurch sich die anfängliche Investition amortisiert (Gavronski, Klassen, Vachon & do Nascimento, 2012; Porter & Linde).

Der effiziente und effektive Einsatz von Ressourcen ist von entscheidender Bedeutung für die Wettbewerbsfähigkeit: Heutzutage ist es nicht das Unternehmen mit den meisten Ressourcen, das einen Wettbewerbsvorteil erzielt, sondern das Unternehmen mit der fortschrittlichsten Technologie und der bestmöglichen Nutzung der ihm zur Verfügung stehenden Ressourcen und Mechanismen (Hall & Vredenburg, 2012; Porter & Linde, 1995). Nachhaltige Innovationen schaffen bessere Produkte, effizientere Praktiken und ermöglichen es Unternehmen, neue Märkte zu erschließen, von denen viele früher als unbedeutend für Unternehmen angesehen wurden. Dadurch können innovative Unternehmen, die Nachhaltigkeit im Geschäftsmodell verankern, anderen Unternehmen voraussein, die ihren Status quo beibehalten möchten (Nidumolu et al., 2009). Nachhaltigkeit ist nicht nur Treiber für Innovation, sondern Innovation ist auch Treiber für Nachhaltigkeit. Wir können Nachhaltigkeit durch Innovation anpacken, also durch die Einführung neuer Dinge, Ideen oder Vorgehensweisen.

Wir können Innovation in drei Kategorien unterteilen: aufrechterhaltend, effizient, marktschaffend (vgl. Christensen et al., 2019, S. 17). Während alle Arten von Innovationen wichtig sind, um eine lebendige Wirtschaft aufrechtzuerhalten, spielt die marktschaffende Innovation eine signifikante Rolle, da sie eine starke Basis für nachhaltigen und ökonomischen Wohlstand ist.

Sustaining Innovations (aufrechterhaltende Innovationen)

Aufrechterhaltende Innovationen dienen der Optimierung bestehender Lösungen am Markt und zielen typischerweise auf Kunden ab, die eine bessere Leistung eines Produktes oder einer Dienstleistung benötigen (vgl. Christensen et al., 2019, S. 18). Diese Art der Innovation stand gerade in Zeiten der Energiekrise im Mittelpunkt. Die Nachfrage nach energiesparenden Produkten wie zum Beispiel energieeffizienten Antrieben stieg immens. Gleichzeitig boomte das Dienstleistungsgeschäft in Bezug auf Reparatur- und Modernisierungsdienstleistungen, da Neuteile schwer oder nicht verfügbar waren. Aufrechterhaltende Innovationen werden oft für mehr Geld und mit höheren Margen verkauft. Sie zielen auf Kunden ab, die bereits diese Art von Produkten in einem bestimmten Wirtschaftssegment im Einsatz haben. Unternehmen müssen keine zusätzlichen Verkaufs-, Marketing- und Distributionskanäle aufbauen oder neuartige Ingenieursfähigkeiten in Anspruch nehmen. Wenn dieses Segment bedient wird, haben aufrechterhaltende Innovationen einen Substitutionseffekt auf den Konsum, das bedeutet, sie ersetzen bestehende Produkte oder Dienstleistungen. Ziel ist es, mehr Produkte oder Dienstleistungen in einem bestehenden Markt zu verkaufen. Diese Art der Innovation stärkt die Wettbewerbsfähigkeit.

Efficiency Innovations (Effizienzinnovationen)

Diese Art der Innovation befähigt Unternehmen, mit weniger Ressourcen mehr zu ermöglichen. Hierbei bleiben das Geschäftsmodell und die Kunden bestehen, gleichzeitig wird versucht, das Maximale aus bestehenden und neu bezogenen Ressourcen herauszuholen, um u. a. Kosten zu sparen. Die Automatisierung von ehemals manuellen Prozessen, wie wir sie heute in fast jeder automatisierten Fabrik sehen ist hier ein Beispiel. Gleiches gilt für die Rohstoffgewinnungsindustrie. Bei der Erschließung und Gewinnung von Erdöl sowie Erdgas, beim Bergbau sowie bei der Aufbereitungstechnik vollzieht sich der technische Fortschritt schnell. Diese Art der Innovation beschreibt meist Prozessinnovationen. Sie existieren in jeder Branche, verbessern die Profitabilität und setzen Cashflow frei, tragen aber beispielsweise selten dazu bei, neue Arbeitsplätze zu schaffen.

Market Creating Innovations (marktschaffende Innovation)

Wie der Name bereits erahnen lässt, schaffen diese Art der Innovation neue Märkte. Marktschaffende Innovationen kreieren nicht nur Märkte, sondern dienen Menschen und Unternehmen, die bisher keinen Zugriff auf diese Produkte hatten. Diese Art der Innovationen schafft es, neue Märkte zu generieren und zu transformieren, sodass auch komplizierte und teure Produkte leistbar und zugänglich werden. Clayton M. Christensens Theorie der disruptiven Innovation ergänzt diese Art der Innovation. Sie beschreibt, wie ein Unternehmen mit weniger Ressourcen dazu in der Lage ist, etabliertere Unternehmen herauszufordern, indem es einfachere, komfortablere und erschwinglichere Innovationen für ein überversorgtes oder übersehenes Kundensegment einführt und letztendlich die Branche neu definiert (vgl. Christensen, 2019, S. 18). Ein Beispiel hierfür ist das kostengünstige Angebot von Technologien für erneuerbare Energien wie Solarenergie in Regionen mit Elektrizitätsengpässen, wie beispielsweise in großen Teilen Afrikas. Marktschaffende Innovationen haben das Potenzial, lokale und globale Jobs zu kreieren.

Während marktschaffende Innovationen sicherlich die Innovationen mit der größten Hebelwirkung sind, sind die beiden anderen Innovationsarten ebenso wichtig für eine lebendige Ökonomie. Außerdem überlappen die Grenzen der einzelnen Arten von Innovationen häufig, da vor allem Produkt- und Prozessinnovationen oftmals miteinander einhergehen.

Eine Studie der Harvard Business School zeigt, dass Unternehmen, die Sustainability als Innovationstreiber sehen und diese Reise begonnen haben, fünf verschiedene Phasen des Wandels durchlaufen (Nidumolu et al., 2009):

1. Compliance als Chance betrachten
2. Wertschöpfungsketten nachhaltig gestalten
3. Gestaltung nachhaltiger Produkte und Dienstleistungen
4. Entwicklung neuer Geschäftsmodelle
5. Next-Practice-Plattformen schaffen

In jeder Phase stehen Unternehmen vor unterschiedlichen Herausforderungen und müssen neue Fähigkeiten entwickeln, um diese zu bewältigen, wie ich im Verlauf des Buches zeigen werde.

Es liegt noch ein weiter Weg vor uns, und der Pfad zu ganzheitlichen, nachhaltigen und zirkulären Geschäftsmodellen ist steinig und riskant. Nachhaltige und zirkuläre Geschäftsmodellinnovation bedeuten harte Arbeit und eine große Portion Mut.

Die Unternehmen, die sich am besten an die vielschichtigen Herausforderungen anpassen und Nachhaltigkeit in ihrem Geschäftsmodell verankern, werden diejenigen sein, die langfristig erfolgreich sind. Doch nicht nur das: Diejenigen Unternehmen, die Innovation als Treiber für Nachhaltigkeit und Nachhaltigkeit als Treiber für Innovation sehen, werden zukunftsfähige Produkte, Dienstleistungen und Geschäftsmodelle schaffen, die Loyalität der Kunden gewinnen, neue und bessere Talente sowie Kunden anlocken, langfristigen Ressourcenzugang und damit stabile Lieferketten gewährleisten, weniger Abfall produzieren und für nachhaltige Werte sorgen. Führungskräfte fragen mich oft in diesem Zusammenhang, wie sie in dieser neuen Geschäftslandschaft nachhaltige und profitable Geschäftsmodelle in die Praxis umsetzen sollen.

Gleichzeitig wird immer noch diskutiert, warum ein solcher Übergang notwendig ist, wie neue und intelligentere Geschäftsmodelle entworfen werden können und wie Forscher solche Innovationsprozesse untersuchen können. Meine Einschätzung: Es wird massive Veränderungen geben, die neue Perspektiven erfordern, um das Geschäft verstehen zu können. Die Geschäftslandschaft hat sich umfassend verändert und es sind neue Fahrpläne erforderlich, um in diesem sich schnell verändernden Gebiet zurechtzukommen.

Ziel dieses Buches ist es daher, einen faktenbasierten Fahrplan zu entwickeln. Dieser enthält Start- und Zieldefinitionen, Routen, Meilensteine und Herausforderungen, denen man auf diesem Weg begegnet, und er soll Führungskräfte, Ingenieure, Wissenschaftler und Politik bei ihrer Suche nach nachhaltigen und profitablen Geschäftsmodellen unterstützen.

Es ist an der Zeit, dass wir mit dem bloßen Wachstum aufhören und stattdessen ein Leben auf unserem Planeten im Gleichgewicht mit der Natur und Gesellschaft aufbauen – damit wir damit beginnen können, zu gedeihen. Es ist an der Zeit, mehr denn je, zusammenzuarbeiten. Denn wenn wir jetzt zusammenarbeiten, gibt es keine Limits. Dazu müssen wir uns auf das Zusammenspiel von Technologie, neuen Werkzeugen und Methoden konzentrieren, um den Klimawandel zu bekämpfen, Ressourcen zu schonen und das Sterben der Artenvielfalt zu stoppen. Wir müssen Wege finden und Innovationen gestalten, die auch den ärmsten Regionen und Menschen helfen, gesellschaftlichen Wohlstand aufzubauen und Sicherheit sowie Stabilität zu bieten. Wir müssen einen Konsens herstellen, der bisher nicht existiert, und öffentlich-gesetzliche Richtlinien entwickeln, um eine Transformation voranzutreiben, die größer und noch drängender als die digitale Transformation ist und ansonsten nicht stattfinden würde.

Fakt ist: Wir müssen etwas Großartiges erreichen, in einer viel kürzeren Zeit, als wir jemals etwas Vergleichbares geschafft haben. Dazu brauchen wir viele Durchbrüche in Wissenschaft und Technologie. Doch das ist nicht alles. Die Klimawissenschaft sagt uns, *warum* wir uns mit diesem Problem befassen müssen, aber nicht, wie wir damit umgehen sollen (vgl. Gates, 2021, S. 198). Doch dies ist nicht einfach. Um diese nachhaltige Transformation zu meistern, ist eine aktive Zusammenarbeit unterschiedlicher Unternehmen, Organisationen und der Politik notwendig. Es ist notwendig, Gelerntes zu vergessen, ein Umdenken anzustoßen, neues Wissen und Fähigkeiten aufzubauen und Bestehendes zu verändern.

2.2 Die UN-Nachhaltigkeitsziele als Startpunkt

Erstmalig wurde das Prinzip der Nachhaltigkeit 1713 von Hans Carl von Carlowitz schriftlich formuliert. Sein Buch *Sylvicultura Oeconomica*, in der er eine neue Art der Forstwirtschaft begründet, schrieb er in einer Zeit der Energiekrise, die vom hohen Verbrauch an Holz durch die Erzgruben und Schmelzhütten des Erzgebirges sowie vom Bevölkerungs- und Städtewachstum ausgelöst wurde. Gesetze, Zertifizierungen, Ökostandards gab es damals nicht (vgl. Ernst, 2020, S. 28). Für richtige Aufmerksamkeit sorgte das Thema Nachhaltigkeit dann erst wieder im Jahr 1972, als der Club of Rome die Studie »Grenzen des Wachstums« veröffentlichte. Die zentrale Aussage dabei war, »wenn die gegenwärtige Zunahme der Weltbevölkerung, der Industrialisierung, der Umweltverschmutzung, der Nahrungsmittelproduktion und der Ausbeutung von natürlichen Rohstoffen unverändert anhält, werden die absoluten Wachstumsgrenzen auf der Erde im Laufe der nächsten hundert Jahre erreicht.« (vgl. Meadows, 1972, S. 17).

Das Wirtschaftswunder der Nachkriegszeit hatte der westlichen Welt einen guten Wohlstand beschert, die Entwicklungsländer konnten hierbei jedoch nicht mithalten. Um diesem sozialen Ungleichgewicht und dem damit verbundenen Konflikt- und

Kriegspotenzial zu begegnen, wurden die Vereinten Nationen (UN) Mitte der 1980er Jahre aktiv. Die sogenannte Brundtland-Kommission veröffentlichte 1987 den Bericht »Our Common Future«. In diesem Bericht wurde erstmals der Begriff »nachhaltige Entwicklung« in seiner heutigen Bedeutung geprägt (vgl. Ernst, 2020, S. 28):

- Nachhaltige Entwicklung ist eine »Entwicklung, die die Bedürfnisse der Gegenwart befriedigt, ohne zu riskieren, dass zukünftige Generationen ihre eigenen Bedürfnisse nicht befriedigen können (Fokus: Generationengerechtigkeit)« (vgl. Ernst, 2020, S. 28).
- Im Wesentlichen ist nachhaltige Entwicklung ein Wandlungsprozess, in dem die »Nutzung von Ressourcen, das Ziel von Investitionen, die Richtung technologischer Entwicklung und institutioneller Wandel miteinander harmonieren und das derzeitige und künftige Potenzial vergrößern, menschliche Bedürfnisse und Wünsche zu erfüllen. (Fokus: ganzheitliche Verhaltensänderung)« (vgl. Ernst, 2020, S. 28).

2001 wurden acht Ziele (Millennium Development Goals) veröffentlicht, mit dem Ziel, den Kampf gegen Armut, Hunger, Krankheit und Umweltzerstörung aufnehmen. Die Mitgliedsstaaten der Vereinten Nationen verpflichteten sich, diese Ziele bis 2015 zu erfüllen.

Im Jahr 2015 wurde die Agenda 2030 von den Vereinten Nationen verabschiedet. Leitbild der Agenda 2030 ist es, global ein menschenwürdiges Leben zu etablieren und dabei die Lebensgrundlagen dauerhaft zu bewahren. Dies umfasst sowohl wirtschaftliche als auch ökologische und gesellschaftliche Aspekte. Dabei richtet die Agenda 2030 ihren Fokus auf die gemeinsame Verantwortung aller Teilnehmer: Politik, Wissenschaft, Wirtschaft, Zivilgesellschaft – und jedes Menschen (vgl. Bundesregierung, 2020). Aus der Agenda 2030 gehen 17 Ziele für nachhaltige Entwicklung (Sustainable Development Goals, SDGs) hervor (s. Abbildung 5). Interessanterweise sind den meisten von uns weder die Millenniums- noch die derzeitig gültigen Nachhaltigkeitsziele bekannt.

Jedes der 17 Nachhaltigkeitsziele umfasst Unterziele mit messbaren Kriterien. Die SDGs können so maßgebliche Inspirationsquelle, Treiber und Kompass für Unternehmen sein, um sich im Klaren darüber zu werden, welchem Purpose das Unternehmen langfristig dienen will, welchen Ziele für das jeweilige Unternehmen relevant sind und wie diese erreicht werden sollen (s. Abbildung 5).

Keine Armut	Kein Hunger	Gesundheit und Wohlbefinden	Hochwertige Bildung	Geschlechtergleichheit	Sauberes Wasser und Sanitäreinrichtungen
Bezahlbare und saubere Energie	Menschenwürdige Arbeit und Wirtschaftswachstum	Industrie, Innovation und Infrastruktur	Weniger Ungleichheiten	Nachhaltige Städte und Gemeinden	Nachhaltige/r Konsum und Produktion
Maßnahmen zum Klimaschutz	Leben unter Wasser	Leben an Land	Frieden, Gerechtigkeit und starke Institutionen	Partnerschaften zur Erreichung der Ziele	UN-Ziele Für Nachhaltige Entwicklung

Abb. 5: UN Sustainable Development Goals (SDG) (Quelle: Bundesregierung)

Seit Beginn der Zivilisation ist Innovation die Grundlage der menschlichen und gesellschaftlichen Entwicklung. Sie hat zu enormen Vorteilen für das menschliche Wohlbefinden und zu Wohlstand geführt und gleichzeitig die Welt auf ein neues Niveau gebracht. Aber wir stehen auch an einem kritischen Scheideweg, an dem eine weitere uneingeschränkte Entwicklung die Gefahr eines gesellschaftlichen und ökologischen Zusammenbruchs mit sich bringt. Die derzeitige Geschwindigkeit und im Hinblick auf Innovationen reicht nicht aus, um die Ziele der Vereinten Nationen (UN) und eine nachhaltige Zukunft für alle zu erreichen, teilweise aufgrund einer relativ engen Fokussierung auf technologische Innovation, ohne sich auch mit gesellschaftlicher, institutioneller und kultureller Innovation zu befassen. Wir müssen ein neues Gleichgewicht herstellen, sodass alle Dimensionen von Innovation und Erfindung gleichzeitig mit der Beseitigung von Ungleichheiten durch soziale und ökologische Innovationen gefördert werden.

Die UN-Ziele für die SDGs und das Pariser Klimaabkommen erfordern tiefgreifende Veränderungen in Organisationen, die ergänzende Maßnahmen von Regierungen, Gesellschaft, Wissenschaft und Wirtschaft erfordern.

Dennoch mangelt es den Beteiligten an einem gemeinsamen Verständnis darüber, wie die 17 SDGs umgesetzt werden können.

Hilfestellung für die Umsetzung gibt hier, aufbauend auf früheren Arbeiten der globalen Forschungsinitiative »The World in 2050«, das Konzept der sechs SDG-Transformationen, als modulare Bausteine zum Erreichen der SDGs, vor (s. Abbildung 6):

1. Bildung, Geschlecht und Ungleichheit,
2. Gesundheit, Wohlbefinden und Demografie,
3. Dekarbonisierung der Energie und nachhaltige Industrie,
4. nachhaltige Ernährung, Land, Wasser und Ozeane,
5. nachhaltige Städte und Gemeinden und
6. digitale Revolution für nachhaltige Entwicklung (vgl. Sachs et al., 2019).

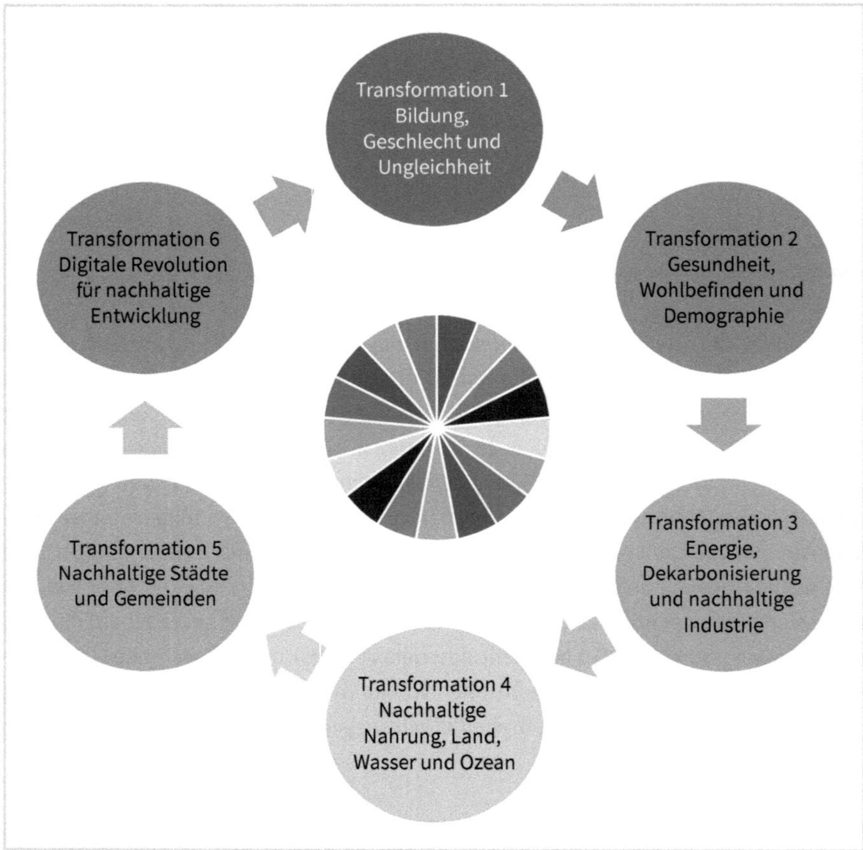

Abb. 6: SDG-Transformationen (Quelle: eigene Darstellung, in Anlehnung an Sachs, J.D., Schmidt-Traub, G., Mazzucato, M. et al.)

Für jede Transformation sind vorrangige Investitionen erforderlich und es gelten spezifische regulatorische Herausforderungen. Das wiederum erfordert Maßnahmen vonseiten derjenigen Teile der Regierung, die mit der Wirtschaft und Zivilgesellschaft zusammenarbeiten. Damit Transformationen innerhalb der jeweiligen Organisationsstrukturen erfolgreich umgesetzt werden können, müssen zudem die starken gegenseitigen Abhängigkeiten der 17 SDGs berücksichtigt werden.

Im Folgenden skizziere ich, welches Wissen notwendig ist, um die Gestaltung, Umsetzung und Überwachung der SDG-Transformationen und deren Verankerung in Geschäftsmodelle voranzutreiben und verweise dabei jeweils auf die relevanten SDGs:

Im Hinblick auf die menschliche Leistungsfähigkeit sind durch Verbesserungen der Gesundheitsversorgung und Bildung erhebliche Fortschritte erforderlich. Unter anderem sind SDG 3 »Gesundheit und Wohlbefinden« sowie SDG 4 »Hochwertige Bildung« die Ziele, die – sofern sie in den Geschäftsmodellen von Organisationen verankert sind – entscheidend dazu beitragen, dass diese Forderung erfüllt wird. Wie Menschen ein selbstbestimmtes Leben führen, menschenwürdige Arbeit finden und Einkommen für ihren Lebensunterhalt generieren können, ist Gegenstand von SDG 8. Zusätzlich tragen die 17 Ziele aber auch dazu bei, Klimaschutz zu betreiben (SDG 13) und die Probleme der Umwelt zu bewältigen, denn auch hier mangelt es noch an Fachwissen, Fähigkeiten und Priorisierung, um die Herausforderungen der Zukunft anzugehen.

Meist bieten mittlere bis große Unternehmen bereits Initiativen zur Gesundheitsförderung und interne Schulungsprogramme an, um die Ziele SDG 3 und 4 zu erreichen und zu fördern. Genau hier kann man ansetzen und gezielte Bildungsangebote bezüglich der SDGs und deren einzelnen Unterzielen sowie deren Relevanz für die eigene Organisation verankern. Das Unternehmen Henkel, das im Jahr 2023 in die Liste der »Global 100 Most Sustainable Corporations in the World« (Global 100 Index) aufgenommen wurde, initiierte das *Sustainability Pioneer-Programm* mit dem Ziel, den Mitarbeiter:innen ein klares Verständnis von Nachhaltigkeit zu vermitteln, sodass sie in der Lage sind, auch anderen, wie Schulkindern oder sogar Verbraucher:innen, die Bedeutung nachhaltigen Handelns näherzubringen. Verankert im Geschäftsmodell des Unternehmens baut das Unternehmen mit dem Sustainability-Pioneer-Programm auf dem Nachhaltigkeitsbotschafter-Programm auf, mit dem seit 2012 an allen Standorten weltweit mehr als 50.000 engagierte Mitarbeiter:innen ausgebildet wurden.

Die Ambitionen in Bezug auf Gesundheit und Bildung gehen Hand in Hand mit den Zielen, Armut in all ihren Formen zu beenden (SDG 1) und die globale Ungleichheit zu verringern (SDG 5 und 10). Verantwortungsvoller Konsum und Produktion (SDG 12) ermöglichen es uns, mit weniger Ressourceneinsatz mehr zu erreichen, den Ressourcenverbrauch erheblich zu reduzieren sowie die Ressourceneffizienz zu steigern, indem wir z. B. in Sektoren wie Mobilität und Wohnen und in andere Sektoren unserer Wirtschaft einen stärker auf Dienstleistungen und Kreislaufwirtschaft ausgerichteten Ansatz verfolgen. Wiederverwendung zu fördern, Sharing-Modelle zu fokussieren, Materialeinsatz zu reduzieren sind Beispiele der SDG 9 und 12.

Es ist möglich, das Energiesystem zu dekarbonisieren und gleichzeitig saubere und erschwingliche Energie für alle bereitzustellen (SDG 7). Dieses Ziel setzt sich für erneuerbare Energien, mehr Energieeffizienz und den universellen Zugang zu moderner Energie ein, um Armut zu bekämpfen und die Umwelt zu schützen. Die Verwirklichung des Pariser Abkommens ist immer noch möglich, aber nur, wenn wir uns auf eine breitere Palette von SDGs konzentrieren. Um den Zugang zu nahrhafter Nahrung und sauberem Wasser für alle zu (SDG 6) erreichen und gleichzeitig die Biosphäre (SDG 15) und die Ozeane zu schützen (SDG 15), sind effizientere und nachhaltigere Lebensmittelsysteme als bisher erforderlich.

Es ist möglich, den Bedarf einer wachsenden Weltbevölkerung zu decken und gleichzeitig die Umweltauswirkungen des Lebensmittelsystems durch eine Kombination aus steigender landwirtschaftlicher Produktivität, der Reduzierung von Abfällen und Verlusten sowie einer Umstellung auf eine weniger fleischintensive Ernährung zu begrenzen. Oberste Priorität hat die Bereitstellung gesunder und bezahlbarer Lebensmittel für alle und damit die Beseitigung des Hungers. Hinzukommt, dass eine gesunde Ernährung und Lebensweise für die Reduzierung von Fettleibigkeit in der Welt unerlässlich ist.

Die Umgestaltung unserer Städte wird der Mehrheit der Weltbevölkerung zugutekommen. Bis im Jahr 2050 werden voraussichtlich rund zwei Drittel der Menschheit in städtischen Gebieten leben. Nachhaltige Städte (SDG 11) zeichnen sich durch eine hohe Konnektivität und eine »intelligente« Infrastruktur aus, die hochwertige Dienstleistungen mit geringem ökologischem Fußabdruck ermöglicht. Die Umwandlung von Slums in menschenwürdigen Wohnraum ist mit geringem Energie- und Materialaufwand möglich. Um diesen Wandel zu nachhaltigen Städten zu erreichen, sind ein gutes Stadtdesign, nachhaltige Lebensstile, befähigte lokale Akteure und partizipative Ansätze erforderlich, die Einheitslösungen vermeiden.

Wissenschaft, Technologie und Innovationen (STI) sind starke Treiber von Veränderung, aber die Richtung des Wandels muss eine nachhaltige Entwicklung unterstützen. Die digitale Revolution symbolisiert die Konvergenz vieler innovativer Technologien, von denen viele derzeit hinsichtlich ihres Beitrags zur nachhaltigen Entwicklung ambivalent sind: Sie unterstützen und gefährden gleichzeitig die Fähigkeit zur Erreichung der SDGs. Es ist dringend erforderlich, die Nachhaltigkeits- und die Digital- und Technologiegemeinschaft zusammenzubringen, um die Richtung des Wandels mit der Agenda 2030 und einer nachhaltigen Zukunft über 2030 hinaus in Einklang zu bringen. Es besteht auch die Notwendigkeit, zukunftsweisende Roadmaps und Governance-Strukturen zu implementieren, die es ermöglichen, potenzielle Kompromisse einer STI-Revolution abzumildern, insbesondere im Hinblick auf ihre Auswirkungen auf den Arbeitsplatz, den sozialen Zusammenhalt und die Menschenwürde.

Unternehmen verwenden die UN-Nachhaltigkeitsziele oftmals als Inspiration und Startpunkt möglicher Nachhaltigkeitsinitiativen.

In einem meiner UN SDG Workshops mit einem unserer Kunden, der Raiffeisenlandesbank Oberösterreich, hat sich das Unternehmen im Vorfeld mit Vorstand und Nachhaltigkeitsverantwortlichen auf gewisse Nachhaltigkeitsziele geeinigt, die es nun galt, mit Leben und konkreten Initiativen zu füllen. In diesem Rahmen konnte ich gemeinsam mit den Mitarbeiterinnen und Mitarbeitern der Raiffeisenlandesbank Oberösterreich, partnerschaftlich die Nachhaltigkeitsziele näherbringen und auf Basis der veröffentlichten Unterziele der SDGs relevante Unterziele messbar ableiten. So war es möglich, innerhalb kürzester Zeit die Mitarbeitenden der Raiffeisenlandesbank zu schulen und gleichzeitig auf dieser Basis gemeinsam konkrete Nachhaltigkeitsziele und -initiativen zu priorisieren, die für deren Geschäftsmodell(e) am relevantesten waren.

Doch die UN-Nachhaltigkeitsziele müssen nicht lediglich nicht dem Blick nach innen für unternehmensinterne Nachhaltigkeitsinitiativen dienen. Im beschriebenen Fall fand der direkte Transfer zu den Bedürfnissen der Stakeholder statt, indem Ziele 9 »Industrie, Innovation und Infrastruktur« und 12 »Verantwortungsbewusster Konsum und Herstellung« der Unternehmenskunden konkret beleuchtet wurden. Ziel war es, die sich verändernden Bedürfnisse der eigenen Kunden zu verstehen und somit frühzeitig kundenorientierte und nachhaltige Angebote schnüren zu können.

Die SDGs bieten einen einfachen Einstiegspunkt, um Nachhaltigkeitspotenziale zu identifizieren und Initiativen zu starten. Konkret kann man auf dieser Basis die Erkenntnisse mit dem notwendigen Berichtswesen verknüpfen, indem die Nachhaltigkeitsziele und KPIs den sogenannte Environmental-, Social-, Governance-(ESG)-Kriterien zugeordnet werden (s. Abbildung 7).

Umwelt	Soziales	Regierung
Sauberes Wasser und Sanitäreinrichtungen	Keine Armut	Geschlechtergleichheit
Bezahlbare und saubere Energie	Kein Hunger	Menschenwürdige Arbeit und Wirtschaftswachstum
Industrie, Innovation und Infrastruktur	Gesundheit und Wohlbefinden	Industrie, Innovation und Infrastruktur
Nachhaltige Städte und Gemeinden	Hochwertige Bildung	Nachhaltige Städte und Gemeinden
Nachhaltige/r Konsum und Produktion	Geschlechtergleichheit	Nachhaltige/r Konsum und Produktion
Maßnahmen zum Klimaschutz	Sauberes Wasser und Sanitäreinrichtungen	Maßnahmen zum Klimaschutz
Leben unter Wasser	Menschenwürdige Arbeit und Wirtschaftswachstum	Frieden, Gerechtigkeit und starke Institutionen
Leben an Land	Industrie, Innovation und Infrastruktur	Partnerschaften zur Erreichung der Ziele
	Weniger Ungleichheiten	
	Nachhaltige/r Konsum und Produktion	
	Frieden, Gerechtigkeit und starke Institutionen	

Abb. 7: UN SDGs und ESG Mapping

2.3 Compliance und EU-Richtlinien als Kompass

Die ersten Schritte, die Unternehmen im Bereich Nachhaltigkeit gehen, ergeben sich meist aus dem Gesetz. Die Einhaltung ist kompliziert: Umweltvorschriften sind je nach Land, Staat oder Region unterschiedlich und teils sogar je nach Stadt. Als erste Schweizer Stadt hat Zürich beispielsweise 2023 eine Strategie Kreislaufwirtschaft verabschiedet. Ziel ist es, den Wohlstand zu erhalten und gleichzeitig mit dem Ressourcenverbrauch innerhalb der Belastungsgrenzen der Erde zu bleiben. Darüber hinaus fühlen sich Unternehmen unter Druck gesetzt, weil sie freiwillig weitere Verhaltensregeln einhalten sollen – etwa allgemeine Verhaltensregeln wie das Greenhouse Gas Protocol (GGP) und branchenspezifische Verhaltensregeln. Ferner gibt es spezifische Regularien wie z.B. den Forest-Stewardship-Council-Kodex und das Electronic Product Environmental Assessment Tool, die Nichtregierungsorganisationen und Industriegruppen in den letzten zwei Jahrzehnten entwickelt haben. Diese Standards sind teils strenger als die Gesetze vieler Länder, insbesondere wenn sie für den grenzüberschreitenden Handel gelten.

Es ist verlockend, so lange wie möglich die niedrigsten Umweltstandards einzuhalten. Es ist jedoch klüger, die strengsten Regeln einzuhalten, und zwar bevor sie durchgesetzt werden. Dies führt zu erheblichen First-Mover-Vorteilen bei der Förderung von Innovationen. Automobilhersteller in den USA benötigen beispielsweise zwei bis drei Jahre, um ein neues Automodell zu entwickeln. Hätten GM, Ford oder Chrysler die Kraftstoffverbrauchs- und Emissionsnormen des California Air Resources Board schon als sie im Jahr 2002 erstmals vorgeschlagen wurden übernommen, wäre das Unternehmen heute seinen Konkurrenten mehreren Designzyklen voraus – und könnte noch weiter vorankommen, wenn diese Richtlinien zur Grundlage des Rechts werden.

Unternehmen, die sich auf die Einhaltung neuer Normen konzentrieren, gewinnen mehr Zeit zum Experimentieren mit Materialien, Technologien und Prozessen. Entgegen der landläufigen Meinung sparen Unternehmen durch die weltweite Einhaltung von Regularien tatsächlich Geld. Wenn sie die geringsten Standards einhalten, müssen Unternehmen die Komponentenbeschaffung, Produktion und Logistik für jeden Markt separat verwalten, da die Regeln von Land zu Land unterschiedlich sind. Auf der anderen Seite profitieren etwa HP, Cisco und andere Unternehmen, die in allen ihren Produktionsstätten weltweit eine einzige Norm durchsetzen, von Skaleneffekten und können die Abläufe in der Lieferkette optimieren. Die gemeinsame Norm muss logischerweise die härteste sein.

Unternehmen können Regulierungsbehörden zu Verbündeten machen, indem sie eine Pionierrolle übernehmen. HP hat beispielsweise viele Umweltvorschriften in Europa mitgestaltet und nutzt die daraus resultierenden Pluspunkte nun gewinnbringend. Im Jahr 2001 teilte die EU den Herstellern von Computerhardware mit, dass sie ab Januar

2006 sechswertiges Chrom – das das Krebsrisiko für alle, die damit in Kontakt kommen, erhöht –, nicht mehr als Korrosionsschutzbeschichtung verwenden dürften. Wie seine Konkurrenten war HP der Ansicht, dass die Branche mehr Zeit brauche, um eine Alternative zu entwickeln. Das Unternehmen konnte die Aufsichtsbehörden davon überzeugen, das Verbot um ein Jahr zu verschieben, damit Versuche mit organischen und dreiwertigen Chrombeschichtungen abgeschlossen werden konnten. Dies sparte Geld und HP nutzte die Zeit, um die Technologie an mehrere Anbieter zu vermitteln. Die Anbieter konkurrierten um die Lieferung der neuen Beschichtungen, was dazu beitrug, die Kosten von HP zu senken (vgl. Nidumolu et al., 2009).

Unternehmen, die in Sachen Compliance Vorreiter sind, erkennen Geschäftschancen zuerst. Im Jahr 2002 erfuhr HP, dass die europäischen Vorschriften für Elektro- und Elektronikaltgeräte von Hardwareherstellern verlangen würden, die Kosten für das Recycling von Produkten im Verhältnis zu ihrem Umsatz zu tragen. Da HP davon ausging, dass die staatlich geförderten Recycling-Vereinbarungen teuer werden würden, schloss sich HP mit drei Elektronikherstellern – Sony, Braun und Electrolux – zusammen, um eine private europäische Recycling-Plattform zu schaffen. Im Jahr 2007 wurde die Plattform gegründet. Unternehmen in 30 Ländern recycelten zu diesem Zeitpunkt bereits etwa 20 Prozent der Geräte, die unter die Waste of Electrical and Electronic Equipment-Richtlinie fallen. Teilweise aufgrund des Umfangs ihrer Geschäftstätigkeit sind die Gebühren der Plattform etwa 55 Prozent niedriger als die ihrer Konkurrenten. HP hat von 2003 bis 2007 nicht nur mehr als 100 Millionen US-Dollar eingespart, sondern durch die Idee auch seinen guten Ruf bei Verbrauchern, politischen Entscheidungsträgern und der Elektronikindustrie gestärkt (vgl. Nidumolu et al., 2009).

Ein wichtiger Befähiger für nachhaltige Geschäftsmodellinnovation sind somit die Regularien, auf unseren Markt bezogen, die Regularien der EU (s. Abb. 8).

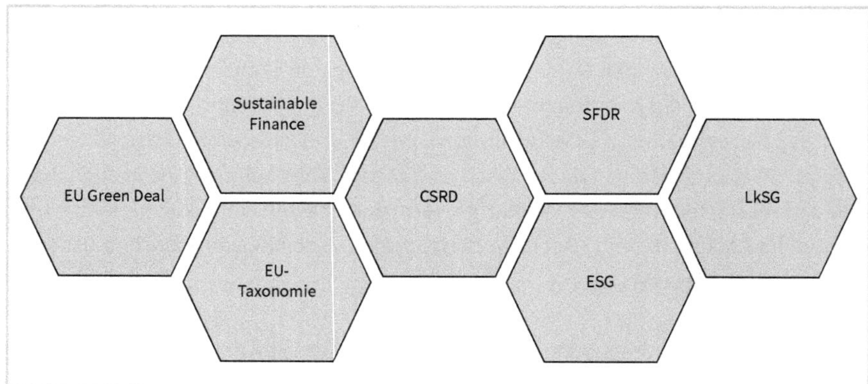

Abb. 8: Übersicht Regularien (Quelle: eigene Darstellung, in Anlehnung an Holocene, 2021)

2.3.1 European Green Deal und Sustainable Finance

In Bezug auf Regularien, möchte ich zwei eng miteinander verknüpfte Konzepte, »European Green Deal« und »Sustainable Finance«, die die Grundlagen für eine nachhaltige Zukunft legen, vorstellen. Der EU Green Deal setzt die Ziele, den Klimawandel zu bekämpfen sowie die Umwelt zu schützen, während Sustainable Finance vorwiegend die finanziellen Mittel bereitstellt, um diese Ziele zu erreichen.

European Green Deal

Der Europäische Grüne Deal ist Europas Strategie für nachhaltiges Wachstum. Sie hat zum Ziel, die EU zu einer fairen und wohlhabenden Gesellschaft mit einer wettbewerbsfähigen und klimaneutralen Kreislaufwirtschaft zu transformieren, damit die 27 Mitgliedstaaten der EU bis 2050 klimaneutral werden. In einem ersten Schritt sollen die Treibhausgasemissionen bis 2030 um mindestens 55 Prozent gegenüber dem Jahr 1990 sinken. Um dieses Ziel zu erreichen, müssen Wirtschaft und Gesellschaft in vielen Bereichen neu ausgerichtet werden. Das Paket »Fit für 55« umfasst eine Reihe von Vorschlägen zur Überarbeitung und Aktualisierung von EU-Rechtsvorschriften. Außerdem enthält es Vorschläge für neue Initiativen, mit denen sichergestellt werden soll, dass die Maßnahmen der EU mit den Klimazielen in Einklang stehen, die der Rat und das Europäische Parlament vereinbart haben (Statistisches Bundesamt, 2023).

Der European Green Deal erkennt die Benefits von Investitionen in die Nachhaltigkeit der EU durch die Entwicklung eines sozial gerechten, ökologischen und digitaleren Europas an. Produkten, die innerhalb der EU hergestellt und vertrieben werden, kommt dabei eine entscheidende Rolle zu. Im Green Deal wird darauf hingewiesen, dass heutige Produktionsverfahren und Konsummuster nach wie vor vorwiegend linear sind und von neuen Werkstoffen, die »abgebaut, gehandelt, zu Waren verarbeitet und schließlich als Abfall entsorgt oder als Emissionen ausgestoßen werden« (vgl. Ökodesign-Verordnung, 2023), abhängig sind. Zudem wird darauf aufmerksam gemacht, dass die Transformation zu einer Kreislaufwirtschafts zwingend erforderlich ist und dafür noch große Fortschritte erzielt werden müssen. Darüber hinaus wird im Green Deal als eine Priorität die Energieeffizienz für die Dekarbonisierung des Energiesektors und die Realisierung der Klimaziele 2030 und 2050 genannt.

Sustainable Finance

Sustainable Finance bedeutet, dass Nachhaltigkeitsfaktoren in Entscheidungsprozessen von Investitionen und Finanzierung berücksichtigt werden. Dies erfolgt häufig über sogenannte ESG-Kriterien (s. Abbildung 9).

ESG		
Environment (Umwelt) • Klimaaktion • Ressourcenknappheit • CO_2-Emissionen • Oberflächenversiegelung • Abfälle/gefährliche Abfälle • Biodiversität	**Social (Soziales)** • Arbeitsbedingungen intern und in Lieferketten • Mitarbeiter, Vielfalt und Inklusion • Arbeitssicherheit (Reduktion von Unfällen und Erkrankungen) • Demografischer Wandel	**Governance (Unternehmensführung)** • Risiko, Reputations-management, IT-Sicherheit • Vielfalt, Gleichberechtigung und Vergütung auf Führungsebene • Anti-Bestechung, -Korruption • Einhaltung transparenter Strukturen und Berichtswesen • Verantwortungsvolle Finanzen

Abb. 9: Ausgewählte ESG-Kriterien (Quelle: eigene Darstellung, in Anlehnung an roedl.de, 2020, und Wirtschaftslexikon Gabler)

2.3.2 EU-Taxonomie, SFDR und CSRD

Mit dem European Green Deal und der Sustainable Finance Strategy der EU gibt es eine Reihe von Neuerungen, die die Transparenz bezüglich des Einbezugs von Nachhaltigkeitskriterien in Entscheidungsprozesse für Investitionen erhöhen soll. Die drei wichtigsten aktuellen EU-Regularien zur Unternehmenstransparenz sind die EU-Taxonomie, die Corporate Sustainability Reporting Directive (CSRD) und die vor allem auf Finanzunternehmen zugeschnittene Sustainable Finance Disclosure Regulation (SFDR) (vgl. FfE München, 2023).

EU-Taxonomie

Regierungen und Unternehmen der EU wollen ihre Nachhaltigkeitsziele erreichen, indem sie Kapital in Aktivitäten lenken, die eine nachhaltigere Wirtschaft ermöglichen und fördern.

Die Grundlage für die EU-Taxonomie legt die Verordnung (EU) 2020/852 des EU Parlaments und des Rates vom 18. Juni 2020. Dabei geht es um die Entwicklung eines Rahmens zur Erleichterung nachhaltiger Investitionen (»Taxonomieverordnung«). Sie enthält Kriterien zur Einstufung einer Wirtschaftstätigkeit als ökologisch nachhaltig, um damit den Grad der ökologischen Nachhaltigkeit einer Investition ermitteln zu können (Art. 1 Abs. 1). Die Verordnung legt sechs Umweltziele fest:

1. Klimaschutz
2. Anpassung an den Klimawandel
3. Nachhaltige Nutzung und Schutz von Wasser- und Meeresressourcen
4. Übergang zur Kreislaufwirtschaft
5. Vermeidung und Reduktion der Umweltverschmutzung
6. Schutz und Wiederherstellung der Biodiversität und der Ökosysteme (Art. 9)

Eine von der EU selektierte Gruppe von Experten hat 70 Wirtschaftsaktivitäten in acht Sektoren beschrieben, die gemeinsam rund 93 Prozent der Treibhausemissionen innerhalb Europas auslösen (vgl. Richter, 2021).

Eine Wirtschaftstätigkeit gilt laut der EU-Verordnung 2020/852 als ökologisch nachhaltig, wenn sie:
1. einen wesentlichen Beitrag zur Verwirklichung eines oder mehrerer der Umweltziele leistet,
2. nicht zu einer enormen Beeinträchtigung eines Umweltziels führt (»Do no significant harm«, DNSH),
3. soziale Mindeststandards wahrt und
4. den von der Kommission in delegierten Rechtsakten festgelegten technischen Bewertungskriterien entspricht (Art. 3).

Sustainable Finance Disclosure Regulation (SFDR)

Der EU-Aktionsplan zur Finanzierung nachhaltigen Wachstums, der mehrere miteinander verknüpfte Verordnungen umfasst, ist eine EU-Verordnung zur nachhaltigkeitsbezogenen Offenlegung von Informationen im Finanzdienstleistungssektor, die am 10. März 2021 in Kraft trat. Die SFDR hat das Ziel, die Transparenz und Vergleichbarkeit von nachhaltigen Investitionen und Finanzprodukten zu verbessern, um Investoren fundierte Entscheidungen zu ermöglichen. Die Verordnung verpflichtet Finanzmarktteilnehmer und Finanzberater, Informationen über die Nachhaltigkeit ihrer Produkte und Dienstleistungen offenzulegen. Dazu gehören Angaben zu Umweltauswirkungen, sozialen Aspekten, Governance-Praktiken und Nachhaltigkeitszielen. Dies ermöglicht Anlegern, die Nachhaltigkeit von Anlageprodukten besser zu bewerten und ihre Investitionsentscheidungen entsprechend auszurichten.

Die SFDR stellt einen positiven Schritt für nachhaltige, den ESG-Kriterien entsprechenden Anlagen in der EU dar. ESG steht an dieser Stelle für Environment, Social und Governance. Da das Interesse der Anleger an nachhaltigen und ESG-konformen Anlagen immer weiter wächst, bietet die Verordnung Anlegern klare Vergleichsmöglichkeiten und Beratung zu ESG-Aspekten und nachhaltigen Investitionen. Sie unterstützt Vermögensverwalter und Berater dabei, Kapital in Anlageprodukte fließen zu lassen, die eine nachhaltige Wirtschaft unterstützen.

Corporate Social Responsibility Directive (CSRD)

Die EU-Kommission hat mit der Nonfinancial Reporting Directive (NFRD) die nichtfinanziellen Berichterstattungspflichten für EU Mitgliedstaaten angestoßen. Die in Deutschland wirksame Fassung ist das CSR-Richtlinie-Umsetzungsgesetz. Seit März 2017 unterliegen bestimmte kapitalmarktorientierte Unternehmen, Banken und Versicherungen solchen Offenlegungspflichten. Im April 2021 hat die Europäische Kommission ihren Vorschlag für die CSRD veröffentlicht, die nun die Nonfinancial Reporting

Directive ersetzt. Die neue CSRD-Richtlinie ist eine umfangreiche und weiter gehende Berichterstattung. Sie gilt für mehr Unternehmen und beschreibt erstmals externe Prüfungspflichten.

Der Rat der europäischen Kommission hat die EU-Richtlinie über die Nachhaltigkeitsberichterstattung von Unternehmen Ende November 2022 endgültig gebilligt. Die Berichtsanforderungen der CSRD werden für Geschäftsjahre beginnend ab dem 1. Januar 2024 zunächst für bestimmte Unternehmen gelten, nämlich für Unternehmen von öffentlichem Interesse mit mehr als 500 Mitarbeiterinnen. Das wird dann nach und nach erweitert. Die CSRD ist eine Richtlinie für die Offenlegung von ESG-Daten. Sie schafft einen einheitlichen Rahmen für die Berichterstattung über nichtfinanzielle Daten für Unternehmen in der EU. Mit der neuen Richtlinie, so teilt das EU Parlament mit, werden detailliertere Berichtspflichten eingeführt und es wird sichergestellt, dass große Unternehmen und börsennotierte KMU über Nachhaltigkeitsaspekte wie Umweltrechte, soziale Rechte, Menschenrechte und Governance-Faktoren berichten müssen.

Praktisch heißt dies, dass nicht nur die großen Organisationen, sondern alle am Börsenmarkt notierten Unternehmen (mit Ausnahme von Kleinstunternehmen) berichten müssen, wie sich ihr Geschäftsmodell auf ihre Nachhaltigkeit auswirkt und wie externe Nachhaltigkeitsfaktoren (etwa Klimawandel oder Menschenrechtsfragen) ihre Tätigkeiten beeinflussen.

Im Folgenden werden die zentralen Neuerungen der CSRD dargestellt (vgl. CSR Verantwortung Unternehmen, 2023):

Erweiterte, vereinheitlichte Berichtspflicht: Unternehmen müssen künftig Berichte detaillierter und nach einheitlichen Maßstäben abgeben. Durch eine stärkere Quantifizierung der Berichtsinhalte soll außerdem die Messbarkeit und Vergleichbarkeit der Angaben gestärkt werden.

Neues Verständnis von Wesentlichkeit: Die CSRD integriert die sogenannte doppelte Wesentlichkeit. Diese verpflichtet Unternehmen, über die Auswirkungen des eigenen Unternehmens auf Mensch und Umwelt sowie über die Auswirkungen von Nachhaltigkeitsaspekten auf die Organisation zu berichten. Bisher lag die Verpflichtung nur dann vor, wenn beide Wesentlichkeitsaspekte entsprechend zutrafen.

Externe Prüfung: Nachhaltigkeitsbericht- und Finanzberichterstattung müssen extern geprüft werden. Hierfür hat die EU-Kommission Prüfstandards festgelegt. Darüber hinaus soll der Detailgrad der Prüfung nach und nach erweitert werden.

Teil des Lageberichts: Um die Verfügbarkeit von Nachhaltigkeitsinformationen zugänglicher zu machen, sollen diese zukünftig verpflichtender Teil des Lageberichts sein.

Einheitliches elektronisches Berichtsformat: Seit dem 1. Januar 2020 sind gewisse kapitalmarktorientierte Unternehmen verpflichtet, ihre Rechnungslegungsunterlagen im sog. European Single Electronic Format (ESEF) offenzulegen. Diese Anforderung soll im Rahmen der CSRD ebenso auf die Nachhaltigkeitsberichterstattung ausgeweitet werden.

An dieser Stelle möchte ich, wie auch zu Beginn des Kapitels angesprochen, noch einmal darauf hinweisen, dass es unabdingbar für Unternehmen ist, weitere Richtlinien und Gesetze wie das Lieferkettensorgfaltspflichtgesetz und das Hinweisgeberschutzgesetz im Geschäftsmodell zu verankern, um nicht nur den Regularien zu entsprechen, sondern maßgebliche Wettbewerbsvorteile dadurch zu erreichen.

Im Gespräch mit Susanne Küfner (Yaskawa)

Susanne Küfner ist seit 2021 Group Compliance Officer der Yaskawa Europe GmbH. Zuvor war sie zwischen 2018 und 2021 Compliance Officer im selben Unternehmen. Bevor Susanne Küfner verantwortlich für die Compliance Themen innerhalb der Unternehmensgruppe war, hielt sie unterschiedliche Positionen inne, u. a. im Bereich der Organisation & Planung (2014–2018) sowie im Vertriebs-Innendienst/International Sales (2005–2014) bei der VIPA GmbH. Ihre Karriere startete Susanne Küfner als Einkäuferin bei der Hebestreit Fashion International GmbH & Co KG.

Was bedeutet für dich Nachhaltigkeit als Innovationstreiber?
»Nachhaltigkeit«, von der historischen Entwicklung her betrachtet, beschreibt die Bereitschaft, nur so viele Ressourcen zu verbrauchen, wie auf natürlichem Wege nachwachsen können. Auf den industriellen Kontext übertragen bedeutet dies, dass Ressourcenverbräuche mit dem Ziel analysiert werden, die Recyclingfähigkeit der Materialien zu erhöhen bzw. den Ressourcenverbrauch zu senken, um möglichst ressourcenneutral zu wirtschaften. Dies wird sich unmittelbar auf die Unternehmensprozesse auswirken. Neue Werkstoffe, Methoden und Techniken werden entstehen und Veränderungen im technischen und sozialen Umfeld einleiten.

Welche Rolle spielt hierbei Compliance?
Compliance kann diese Veränderungen auf vielfältige Weise mitgestalten.

Eine Kernaufgabe der Compliance-Funktion besteht in der Überwachung des rechtlichen Umfeldes und der Umsetzung der Anforderungen im jeweiligen Unternehmen. Mit der CSRD (2021/1114/EU) ist ein neues Regelwerk entstanden, für dessen Umsetzung die Compliance-Funktion beratend tätig werden kann.

Durch die daraus entstehenden Verpflichtungen zur Nachhaltigkeitsberichterstattung und ESG ergeben sich neue bzw. erweiterte Reportingverpflichtungen zu Governance-Themen, die im Verantwortungsbereich der Compliance-Funktion liegen. Darüber hinaus ergeben sich Schnittstellen mit anderen verpflichteten Unternehmensbereichen, z. B. mit der Einkaufsabteilung, die sich mit den Lieferkettensorgfaltspflichten beschäftigen muss.

Schlussendlich stellen Risikoanalysen eine Kernkompetenz der Compliance-Funktion dar, die sie bei der Entwicklung zu einem nachhaltigen Geschäftsmodell einsetzen kann.

Damit spielt Compliance eine wichtige Rolle bei der Umsetzung der Nachhaltigkeitsanforderungen in den Unternehmen.

Inwiefern kann auch Compliance Treiber für Innovation sein?
Die Umsetzung regulatorischer Anforderungen ist die Basis für den Geschäftserfolg, um Sanktionen für das Unternehmen zu vermeiden.

Darüber hinaus ist Kulturarbeit ein wesentlicher Aspekt, um Akzeptanz für Veränderungsprozesse zu schaffen. Hier kann die Compliance-Funktion unter dem Blickwinkel »Business Ethics« als Diskussionspartner wirksam werden. Das bedeutet, Veränderungsprozesse nicht nur einzuleiten, weil sie vorgeschrieben sind, sondern auch moralisch-soziale Aspekte in den Vordergrund zu rücken.

Ein wesentlicher Punkt ist dabei herauszuarbeiten, dass die Organisation »dahintersteht«. Auf das Thema Nachhaltigkeit übertragen bedeutet dies, oberflächliches »Greenwashing« zu vermeiden und stattdessen alle Geschäftsbereiche kritisch im Hinblick auf ihren Beitrag zu einem nachhaltigen Geschäftsmodell zu analysieren.

Voraussetzung hierfür ist eine offene Diskussionskultur, in der alle Stakeholder zu Wort kommen, Chancen und Risiken thematisiert werden und ein freier Meinungsaustausch möglich ist.

Wie wirkt sich dies auf das Geschäftsmodell, Strategie und Führung von Unternehmen/eures Unternehmens aus?
Es besteht noch viel Diskussionsbedarf zum Thema Nachhaltigkeit. Grundlage für den Erfolg eines nachhaltigen Geschäftsmodells ist die Haltung der Geschäftsleitung. Bei Compliance sprechen wir von dem »Tone from the Top«. Wenn die Geschäftsleitung ihren Vorbildcharakter anerkennt und lebt, sind die Mitarbeitenden leichter zu überzeugen. Gleiches trifft für das Thema Nachhaltigkeit zu.

Was bedeutet der zunehmende Fokus auf Nachhaltigkeit für Stakeholder – Partner, Kunden und Mitarbeiter?
Bei Compliance beobachten wir seit langem, dass die Prüfung des Compliance-Management-Systems ein integraler Bestandteil der Geschäftspartnerprüfung durch Partner:innen und Kund:innen ist. Die Prüfung des Nachhaltigkeitsmanagements steht ebenfalls auf der Agenda. Es ist zu erwarten, dass diese Prüfungen noch umfangreicher werden. Partner:innen und Kund:innen suchen langfristige Geschäftsbeziehungen. Unterbrechungen des Geschäftsbetriebes durch unzureichende Ausrichtung an regulatorischen Anforderungen stellen ein hohes Risiko dar; nicht zu vergessen sind auch die Reputationsrisiken durch die Berichterstattung in Presse und sozialen Medien, falls ein Compliance-Fall auftreten würde.

Viele Unternehmen werden von Fachkräftemangel und Nachwuchssorgen geplagt. Wir können vielerorts einen gesellschaftlichen Wandel beobachten. Die Vorgehensweise der »Klimakleber« mag man kontrovers diskutieren. Gleichwohl zeigt sie, dass nachfolgenden Generationen Nachhaltigkeitsaspekte wichtig sind. Die jungen Menschen werden die Nachhaltigkeitsberichterstattung sehr genau prüfen und feststellen, ob das Unternehmen die gleichen Werte verfolgt, wie sie selbst. Unternehmenswerte und deren Umsetzung werden damit zu einem Auswahlkriterium ihrer Beschäftigungsgeber. Daraus wird eine engere Vernetzung zwischen Nachhaltigkeitsmanagement und Peoples Management in den Unternehmen entstehen.

Gibt es Beispiele für Geschäftsmodellveränderungen oder -innovationen in eurem Unternehmen, in denen Nachhaltigkeit oder Compliance der klare Treiber war/ist?
Es passiert allgemein leider noch viel zu oft, dass Veränderungen von regulatorischen Anforderungen getrieben werden oder konkrete Vorfälle Anpassungsprozesse auslösen. Eine Stärkung von Präventionsmaßnahmen und eine Risikokultur können für Kontinuität und geordnete Veränderungsprozesse sorgen.

Welche Strukturen und Prozesse (intern/extern) müssen neu gedacht werden, um Compliance in die bestehenden Geschäfts- und Innovationsprozesse zu verankern?
Compliance rückte vor ca. 20 Jahren in den Fokus der Unternehmen und ist damit noch eine recht junge Funktion. Bei der Einrichtung neuer Abteilungen sind natürlich die Kosten ein wesentlicher Entscheidungsfaktor. Bei immer umfangreicheren regulatorischen Anforderungen braucht die Compliance-Funktion entsprechende Ressourcen für deren Umsetzung. Dabei ist es für den Erfolg der Compliance-Arbeit essenziell, nicht nur punktuell vorzugehen, sondern Zugang zu allen Abteilungen und Entscheidungsträgern zu haben.

Die Möglichkeiten reichen dabei von regelmäßigen 1:1-Gesprächen mit den Führungskräften über Teilnahmen an wichtigen Meetings, Workshops bis hin zu Redebeiträgen in Veranstaltungen. Netzwerken ist ein wesentlicher Erfolgsfaktor, um Compliance konstant auf der Agenda zu behalten. Die strukturelle Vernetzung ist die Basis für die Themenarbeit.

Nachhaltigkeitsmanager:innen sind neue Funktionsträger, die vor ähnlichen Herausforderungen stehen. Sorgfältige Ressourcenplanung und Netzwerkarbeit sehe ich als Basis für die Arbeit an Sachthemen.

Was bedeutet der zunehmende Fokus auf das Thema Nachhaltigkeit für euren langfristigen Geschäftserfolg?
Wie oben gesagt wird das Thema Nachhaltigkeit durch Kundenanforderungen und das Werteverständnis potenzieller Mitarbeitender getrieben. Unternehmen, die in nachhaltige Geschäftsmodelle investieren, sichern bzw. erweitern ihre Konkurrenzfähigkeit.

Wie müssen zukünftige nachhaltige Geschäftsmodelle aufgebaut sein und welche Herausforderungen müssen noch gemeistert werden?
Zukünftige nachhaltige Geschäftsmodelle müssen den Mehrwert für Kunden und Mitarbeitende klar herausarbeiten. So kann ein Geschäftsmodell, in dem ein Produkt von der Entstehung bis zur Entsorgung begleitet wird, für den Kunden den Mehrwert bringen, durch den gesamten Lebenszyklus hindurch mit einem Ansprechpartner zusammenzuarbeiten. Das schafft die Chance einer langfristigen Kundenbindung.

Gleichzeitig wird in den Unternehmen Know-how aufzubauen oder durch strategische Partnerschaften abzudecken sein. Der Umgang mit neuen Technologien, Strukturen und Netzwerken durch alle Wirtschaftszweige hindurch wird dabei eine wesentliche Herausforderung darstellen.

Zusammenfassung

Innovationen, die neue Märkte schafft, verändern bestehende Wirtschaftszweige tiefgreifend. Diese Innovationen treten nach heute herrschender Meinung in zyklischen Abständen gehäuft (»in Schwärmen«) auf und können lange Wachstumsschübe (»lange Wellen« oder »Kondratjew-Wellen«) auslösen.

Nach diesem Konzept sind wir inmitten der sechsten Welle der Innovation: Sustainability. Diese Welle der Innovation umfasst neben erneuerbaren Energien, die radikale Erhöhung der Ressourceneffizienz, Systemdesign als ganzheitlichen Ansatz die Ressourcenproduktivität zu optimieren und zirkuläres, naturbasiertes Design.

Wir können heute klare Zusammenhänge zwischen aktuellen Herausforderungen für Unternehmen wie Ressourcenknappheit und Lieferkettendisruption und daraus resultierende Innovationen sehen.

Diese Arten von Innovation können wir in drei Kategorien unterteilen: aufrechterhaltend, effizient, marktschaffend. Während alle Arten von Innovationen wichtig sind, um eine lebendige Wirtschaft aufrechtzuerhalten, spielt die marktschaffende Innovation eine signifikante Rolle, da sie eine starke Basis für nachhaltigen und ökonomischen Wohlstand schafft.

Drei Trends können dabei beobachtet werden: das Nachhaltigkeitsproblem, die technologische Revolution, vor der wir stehen, und die sich verändernden Verbraucher- und Investorenpräferenzen. Insgesamt deuten diese Trends auf eine umfassende Transformation aktueller Geschäftsmodelle hin, die neue Arten der Produktion, des Transports, des Verbrauchs und der Wiederverwendung von Materialien, Komponenten und Produkten implizieren. Intelligente Geschäftsmodelle ermöglichen eine effizientere Ressourcennutzung und eine individuelle Anpassung von Produkten und Dienstleistungen, sodass das Angebot für Kunden verbessert und deren Fußabdruck verringert werden kann. Dabei ist Nachhaltigkeit nicht nur Treiber für Innovation, sondern Innovation auch Treiber für Nachhaltigkeit.

Der Europäische Grüne Deal (»Green Deal«) ist die Strategie Europas für nachhaltiges Wachstum. Diese hat das Ziel, die EU zu einer wohlhabenden und fairen Gesellschaft, zu der auch eine wettbewerbsfähige und klimaneutrale Kreislaufwirtschaft gehört, umzugestalten. Sustainable Finance bedeutet, dass Nachhaltigkeitsfaktoren in Entscheidungsprozessen von Investitionen und Finanzierung berücksichtigt werden. Dies erfolgt häufig über sogenannte ESG-Kriterien. Mit der Veröffentlichung des European Green Deal und der Sustainable Finance Strategy der EU gab es eine Reihe von Neuerungen, die die Transparenz bezüglich des Einbeziehens von Nachhaltigkeitskriterien in Entscheidungsprozesse für Investitionen erhöhen soll. Die drei wichtigsten neuen EU-Regularien zur Unternehmenstransparenz sind die EU Taxonomie, die CSRD und die vor allem auf Finanzunternehmen zugeschnittene SFDR.

3 Circular Economy für Regeneration

100 Milliarden Tonnen Rohstoffe werden von unserer globalen, linearen Wirtschaft jährlich genutzt. Gerade einmal 8,6 Prozent werden zurückgewonnen oder recycelt (vgl. What is the circular economy?, o. D.) und somit in den Kreislauf zurückgeführt. In den letzten Jahren sank diese Zahl sogar, obwohl sie klar steigen müsste. Derzeit nutzen wir 70 Prozent mehr Ressourcen als unsere Erde regenerieren kann. Bei unserem heutigen Ressourcenverbrauch bedeutet dies, dass wir 1,7 Erden bräuchten, um unsere Nutzung abzudecken (vgl. Long, 2022). Bis 2050, bei zunehmender Weltbevölkerung und einem damit verbundenen Anstieg des Konsums, würden wir 3 bis 4 Erden benötigen, was alles andere als nachhaltig wäre.

Die Lösung dafür heißt Kreislaufwirtschaft. Die Europäische Kommission definiert Kreislaufwirtschaft als Modell der Produktion und des Verbrauchs, bei dem bestehende Materialien und Produkte so lange wie möglich geteilt, geleast, wiederverwendet, repariert, aufgearbeitet und recycelt werden. Auf diese Weise wird der Lebenszyklus der Produkte verlängert, Materialkreisläufe werden geschlossen und unser Planet regeneriert sich.

Der bisherige, lineare »Take-Make-Waste«-(Nehmen-Herstellen-Entsorgen)-Ansatz führt zu Knappheit, Volatilität, einem Anstieg der Treibhausgasemissionen und des Preisniveaus, was für die Produktionsbasis unserer Wirtschaft unerschwinglich sind (vgl. Towards a circular economy, o. D.). Dieses lineare System hängt von der Gewinnung – auch seltener – natürlicher Ressourcen ab und ist laut einer Studie von UN Environment für 53 Prozent der weltweiten Kohlenstoffemissionen und mehr als 80 Prozent des Verlusts der biologischen Vielfalt verantwortlich (vgl. Watts, 2021). Während große Fortschritte in Bezug auf die Verbesserung der Ressourceneffizienz und Erkundung neuer Energieformen gemacht wurden, wurde weniger daran gedacht, wie man Materialien systematisch ohne Abfallreste und Verschwendung designt. Jedes System, das auf dem Verbrauch anstatt auf der restaurativen Nutzung von nicht erneuerbaren Ressourcen basiert, bringt erhebliche Wertverluste mit sich und wirkt sich negativ auf die gesamte Materialkette aus (vgl. Acaroglu, 2023b).

Vor allem in den letzten Jahren und Monaten realisieren immer mehr Unternehmen, dass dieses lineare System mit immer mehr Risiken verbunden ist, insbesondere in Bezug auf höhere Ressourcenpreise und Lieferkettenunterbrechungen. Immer mehr Unternehmen fühlen sich im Spannungsfeld zwischen steigenden und weniger vorhersehbaren Preisen auf den Rohstoffmärkten einerseits und starkem Wettbewerb und stagnierender Nachfrage in bestimmten Sektoren andererseits. Zu Beginn der Jahrtausendwende begannen die realen Preise für natürliche Ressourcen zu steigen, wodurch die realen Preisrückgänge eines Jahrhunderts im Wesentlichen zunichte gemacht wurden. Gleichzeitig war die Preisvolatilität für Metalle, Nahrungsmittel und die landwirtschaftliche Produktion (ohne Lebensmittel) im ersten Jahrzehnt des 21. Jahrhunderts höher als in jedem einzelnen Jahrzehnt des 20. Jahrhunderts. Das ökonomische Potenzial ist groß: Wiederverwendung kann eine jährliche Nettomaterialkosteneinsparung von bis zu 380 Milliarden US-Dollar und von bis zu 630 Milliarden US-Dollar in einem fortgeschrittenen Szenario hervorbringen, in dem durchweg geschlossene Materialkreisläufe etabliert werden, wobei in diesen Zahlen nur ein Teil der EU-Produktionssektoren betrachtet wird (vgl. Towards a circular economy, o. D.). Weiterhin kosten Unternehmen Lieferkettenunterbrechungen durch Umweltrisiken im Durchschnitt 120 Milliarden US-Dollar bis 2026 (vgl. Gordon-Harper, 2021). Kosten, die durch resiliente und kreislauffähige Systeme und Geschäftsmodelle vermieden und eingespart werden können.

Der Übergang von einem linearen Wirtschaftsmodell zu einem auf Kreislaufwirtschaft basierenden Modell erfordert eine Veränderung des gesamten Wirtschaftssystems.

Die Kreislaufwirtschaft bewältigt den Klimawandel und andere globale Herausforderungen wie den Verlust der biologischen Vielfalt, Verschwendung und Umweltverschmutzung, indem sie die Wirtschaftstätigkeit vom Verbrauch endlicher Ressourcen entkoppelt. Eine Kreislaufwirtschaft ist ein Industriesystem, das aufgrund seiner Absicht und seines Designs restaurativ oder regenerativ ist. Es ersetzt das »End-of-Life«-Konzept durch Sanierung, verlagert sich auf die Nutzung erneuerbarer Energien, eliminiert den Einsatz giftiger Chemikalien, die die Wiederverwendung beeinträchtigen, und zielt auf die Eliminierung von Abfall durch überlegenes Design von Materialien, Produkten und Systemen und damit auch Geschäftsmodellen ab.

Wie schaffen wir den Übergang zu einer Kreislaufwirtschaft?
Die EU Kommission hat im Frühjahr 2020 einen neuen Aktionsplan für die Kreislaufwirtschaft, den Circular Economy Action Plan (CEAP), verabschiedet. Er ist einer der Hauptbausteine des European Green Deal. Der Übergang der EU zu einer Kreislaufwirtschaft wird den Druck auf die natürlichen Ressourcen verringern und nachhaltiges Wachstum und Arbeitsplätze schaffen. Weiterhin ist dies auch eine Voraussetzung, um das Klimaneutralitätsziel der EU bis 2050 zu erreichen und den Verlust der biologischen Vielfalt zu stoppen.

Um zu einer Kreislaufwirtschaft zu gelangen, müssen wir die bisherigen linearen, umweltschädlichen Prozesse in neue, kreislauffähige Formen der Wertschöpfung transformieren. Hierbei geht es darum, ein System zu gestalten, das fernab des Take-Make-Waste-Prozesses gedeihen kann: Wir müssen ändern, wie wir mit Ressourcen umgehen, wie wir Produkte herstellen und verwenden und was wir am Ende des Lebenszyklus mit den Materialien machen. Nur dann können wir eine florierende Kreislaufwirtschaft begründen, von der alle innerhalb der Grenzen unseres Planeten profitieren können. Um dies zu erreichen, müssen wir alle Waren und Dienstleistungen ein System durchlaufen lassen, das diese Produkte am Ende ihres Lebenszyklus einsammelt und wiederverwendet bevor sie zu Abfall werden. Dazu müssen die Materialien und Produkte unter Umständen repariert, wiederaufbereitet oder wiederhergestellt und den Unternehmen und Kunden wieder zur Verfügung gestellt werden. Das senkt den Rohstoffbedarf massiv und lässt der Natur wertvolle Ressourcen, um sich regenerieren zu können. Den systematischen und zirkulären Aufbau der Kreislaufwirtschaft zeigt Abbildung 10.

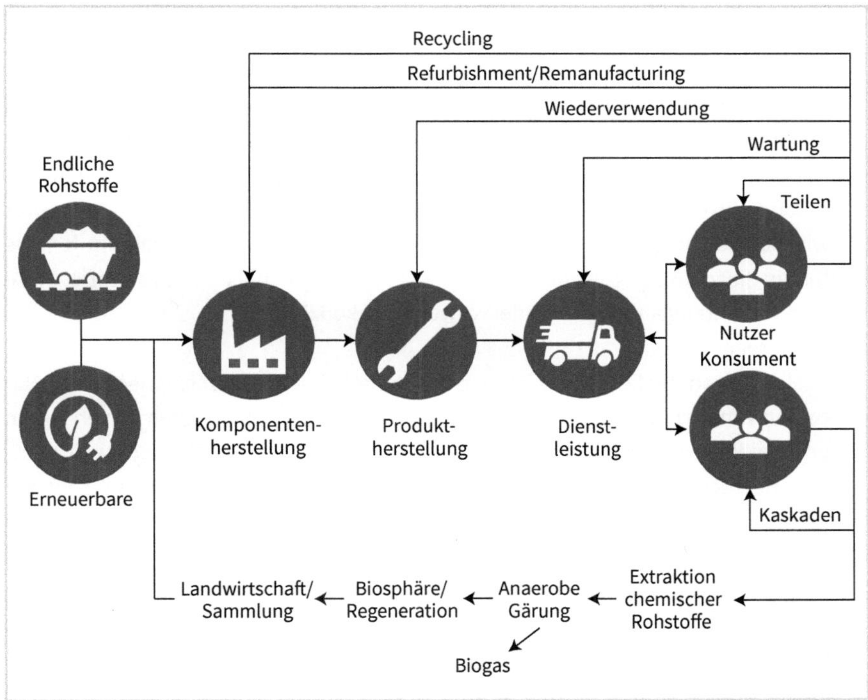

Abb. 10: Systematisches Diagramm der Kreislaufwirtschaft (Quelle: Circular Economy Diagram, 2019)

Um eine Circular Economy möglich zu machen, müssen wir unsere Geschäftsmodelle, Produkte und Dienstleistungen grundlegend neu konzipieren, damit diese länger halten, repariert und zurückgewonnen werden und zum Schluss wiederverwendet und recycelt werden können.

Die Kreislaufwirtschaft basiert auf drei designorientierten Prinzipien (vgl. Circular Economy Introduction, o. D).:

1. Eliminierung von Abfall und Umweltverschmutzung
   Die Kreislaufwirtschaft zielt im Kern darauf ab, Abfall aus Produkten »herauszudesignen«. Dies gilt zum einen für bestehende Produkte, deren Design verändert wird und somit ein sogenanntes »Redesign« durchläuft, um Abfälle zu eliminieren. Zum andern geht es darum, neue Produkte direkt so zu designen, dass keine Abfälle entstehen, dass sie einfach repariert, zurückgewonnen und wiederver-

wendet werden können. Die Produkte sind somit für einen Kreislauf aus Demontage und Wiederverwendung konzipiert und optimiert. Indem wir Produkte, die wir haben, so lange wie möglich bewahren und wiederverwenden, reduzieren wir den Rohstoffabbau. Diese eng gefassten Komponenten- und Produktkreisläufe definieren die Kreislaufwirtschaft und unterscheiden sie von der Entsorgung und sogar vom Recycling, bei dem große Mengen an eingebetteter Energie und Arbeit verloren gehen.

2. Produkte und Materialien (in ihrem höchsten Wert) im Kreislauf behalten
   Weiterhin führt die Zirkularität eine strikte Unterscheidung zwischen verbrauchbaren und langlebigen Komponenten eines Produkts ein. Anders als heute bestehen Verbrauchsgüter in der Kreislaufwirtschaft größtenteils aus biologischen Inhaltsstoffen oder »Nährstoffen«, die zumindest ungiftig und möglicherweise sogar nützlich sind und sicher in die Biosphäre zurückgeführt werden können – direkt oder in einer Kaskade aufeinanderfolgender Verwendungen. Gebrauchsgüter wie Motoren oder Computer hingegen bestehen aus technischen Nährstoffen, die für die Biosphäre ungeeignet sind, wie Metalle und die meisten Kunststoffe. Diese sind von Anfang an für die Wiederverwendung konzipiert.
3. Natur regenerieren
   Schließlich sollte die zur Abwicklung des Kreislaufs erforderliche Energie von Natur aus erneuerbar sein, wiederum um die Ressourcenabhängigkeit zu verringern und die Widerstandsfähigkeit des Systems (z. B. gegenüber Ölschocks) zu erhöhen. Bei technischen Nährstoffen ersetzt die Kreislaufwirtschaft das Konzept des Verbrauchers weitgehend durch das des Anwenders. Dies erfordert eine neue Art des Werteversprechens, also die Art und Weise, wie Wert gegenüber Kunden und Stakeholdern generiert wird, sowie eine Zusammenarbeit zwischen Unternehmen und ihren Kunden. Anders als in der heutigen »Kaufen-und-Konsumieren«-Wirtschaft werden langlebige Produkte möglicherweise geleast, gemietet oder geteilt. Bei einem Verkauf gibt es Anreize zur Reparatur, Wiederaufbereitung und - herstellung oder Vereinbarungen zur Rücknahme. An dieser Stelle spielen auch innovative und regenerative Herstellungsprozesse, die uns mehr zurückgeben, als sie verbrauchen, eine große Rolle. Dazu müssen neue Geschäftsmodelle erarbeitet werden, auf die ich im Verlauf des Buches eingehen werde.
   Materialien werden entweder der Natur zurückgegeben oder endlos wiederverwendet. Der letzte Ausweg ist Downcycling oder Entsorgung, aber immer auf verantwortungsbewusste Weise. Im Bereich Jeans, Möbel und Verpackungen gibt es hier bereits sehr bekannte Beispiele (vgl. Circular Economy products, 2021).

Unterstützt durch eine Umstellung auf erneuerbare Energien und Materialien, ist die Kreislaufwirtschaft ein belastbares System, das gut für Unternehmen, Menschen und die Umwelt ist (vgl. Circular Economy Introduction, o. D). Das Ziel ist, dass Abfall erst gar nicht entsteht. Das Konzept der Zirkularität orientiert sich stark an der Natur, in der es keinen Abfall gibt: Alle Materialien haben einen Wert und werden zur Erhaltung des Lebens verwendet (vgl. What is the circular economy?, o. D.)

Ein die Kreislaufwirtschaft unterstützender Ansatz ist das Konzept der Produktverantwortung. Es umfasst, neben der Verantwortung für die gesamte Lebensdauer des Produktes die Auswirkungen am Ende des Lebenszyklus von Anfang an mit zu berücksichtigen, sowie die Umweltschäden, die ein Unternehmen verursacht, zu verantworten und abzumildern. Damit werden keine Produkte in die Welt gesetzt, ohne Rücksicht auf deren Auswirkungen zu nehmen (vgl. Acaroglu, 2023).

Wie wir kreislauffähige oder auch zirkuläre Prozesse, Lösungen und Geschäftsmodelle gestalten, erläutere ich im folgenden Kapitel.

3.1 Die R-Strategien zur Umsetzung der Kreislaufwirtschaft

Bei Patagonia geht es anders zu als in den meisten Unternehmen der Bekleidungsbranche. Auch die Ziele der Europachefin Nina Hajikhanian sind andere als bei vielen Unternehmen: Sie will z. B. nicht den Absatz neuer Jacken nach oben treiben, vielmehr hat sie das Ziel, dass Kunden ihre Kleidung länger tragen und reparieren lassen. In den vergangenen eineinhalb Jahren (2021–2023) wurden die Reparaturkapazitäten in Europa verfünffacht. Das Ziel sei nun, die Zahl der Reparaturen in den kommenden fünf Jahren auf das Vierfache zu erhöhen. Kurzfristig mag das Profite bremsen, doch es gehe darum, langfristig und nachhaltig den Planeten zu schützen, um zukünftig überhaupt noch Geschäfte machen zu können. Es sei Teil des Firmenethos, Produkte in hoher Qualität anzubieten, damit sie lange genutzt werden können (vgl. Scheppe, 2023).

Doch dies ist nur ein Beispiel. Unternehmen orientieren sich mehr und mehr an Konzepten und Aktivitäten, die unter dem Begriff Kreislaufwirtschaft durchgeführt werden, mit dem Ziel, Produktlebenszyklen zu verlängern, Ressourcen einzusparen oder wiederzuverwenden.

Sowohl Normen als auch Standards tragen dazu bei, schrittweise eine Veränderung in Unternehmen und Netzwerken kooperierender Unternehmen zu einem höheren Grad an Zirkularität anzustoßen.

Die R-Strategien der Kreislaufwirtschaft, die im nachfolgenden erläutert werden und in Abbildung 11 zu sehen sind, sind in den letzten Jahrzehnten als Antwort auf die steigenden Umweltauswirkungen der linearen Wirtschaftsmodelle entstanden. Die R-Kriterien entstanden sukzessive auf Basis der Prinzipien Reduce (Reduzieren), Reuse (Wiederverwenden), Recycle (Recyceln). Die Idee, Abfall zu reduzieren (»Reduzieren«), stammt aus den Umweltbewegungen der 1960er und 1970er Jahre. In dieser Zeit begann das Bewusstsein für Umweltprobleme zu wachsen, was zu Forderungen nach einer Abfallreduzierung führte. Ein Schlüsselereignis war die Verabschiedung des Clean Air Act 1970 und des Clean Water Act 1972 in den USA, die strenge Umweltauflagen einführten und dazu beitrugen, die Verschmutzung zu reduzieren.

Das Konzept des Wiederverwendens von Produkten und Verpackungen hat seinen Ursprung in traditionellen Praktiken, bei denen Menschen Gegenstände reparierten und wiederverwendeten, anstatt sie nach einmaliger Verwendung wegzuwerfen. Mit dem Aufkommen der Konsumgesellschaft in den 1950er und 1960er Jahren trat das Wiederverwenden jedoch in den Hintergrund. In den letzten Jahrzehnten gab es jedoch eine erneute Wertschätzung für das Wiederverwenden von Gegenständen, insbesondere in Form von Second-Hand-Läden und Tauschmärkten. Das Recycling als Konzept begann in den 1970er Jahren an Bedeutung zu gewinnen, als die steigenden Abfallmengen und die damit verbundenen Umweltauswirkungen zunehmend sichtbar wurden. In dieser Zeit wurden auch die ersten Recyclingprogramme und -anlagen eingerichtet. Im Jahr 1971 führte Oregon, USA, das erste Flaschenpfandprogramm in den Vereinigten Staaten ein, was eine wichtige Entwicklung im Recyclingbereich war.

Je nach Literatur wird von sieben bis elf R-Strategien gesprochen. Ich werde die am häufigsten verwendeten 10 R-Strategien im weiteren Verlauf erläutern. Sie folgen keiner streng festgelegten Abfolge, jedoch ergibt sich eine natürliche Reihenfolge, die sich an dem Lebenszyklus eines Produktes orientiert.

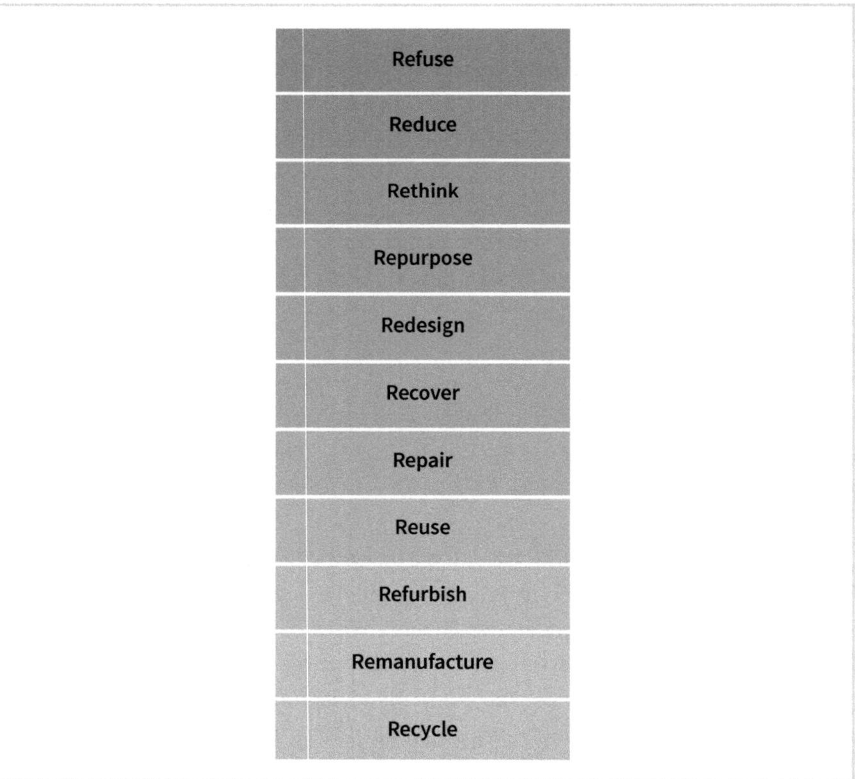

Abb. 11: Zehn R-Strategien als Framework der Kreislaufwirtschaft (Quelle: eigene Darstellung, vgl. Modell der R-Strategien, o. D.)

Die bekanntesten und am häufigsten angewandten »Rs« sind folgende (vgl. Die 10 »R-Strategien« der Kreislaufwirtschaft, o. D.):

1. **Refuse**: Refuse bedeutet aus Konsumentensicht, öfter zu verzichten. Gleichzeitig geht es aber auch darum, verantwortungsbewusste Entscheidungen im Unternehmenskontext zu treffen und auf die Verwendung gewisser Materialien und/oder Produkten durch eine Reduktion von Funktionen zu verzichten. Bestimmte Produktfunktionen werden anderweitig erfüllt oder abgeschafft, häufig werden die Gesamtmenge an Produktvarianten verringert und/oder Materialien eingespart.
2. **Reduce**: Bei der Reduktion geht es darum, sich vor dem Konsum oder Kauf bewusst zu machen, ob man tatsächlich ein gewisses Produkt oder eine Dienstleistung benötigt. Reduzieren bedeutet, dass weniger natürliche Ressourcen und somit geringere Mengen an Energie und Rohstoffe eingesetzt werden und damit weniger Abfälle entstehen. Dieses Prinzip kann auch auf die Verringerung der Anzahl der Produkte ausgedehnt werden. Fortschrittliche Produktionsverfahren und kontinuierliche Optimierung können an dieser Stelle maßgeblich dazu beitragen, Produkte mit weniger Materialien zu produzieren und Ausschuss zu verringern.
3. **Rethink**: Produkte, Lösungen und Prozesse zirkulär zu gestalten, erfordert ein Umdenken. Es geht darum, bereits beim Design neue Wege zu gehen, Bestehendes zu hinterfragen, neue Wege bei der Umsetzung zu gehen und die Kreislaufwirtschaftsprinzipien oder »R-Strategien« in den Kern der Produkte und Lösungen zu integrieren. Es geht aber auch darum, Produkte für längere Nutzungszyklen nutzungsintensiver zu gestalten – beispielsweise durch serviceorientierte Geschäftsmodelle oder die gemeinsame Nutzung von Produkten (»Sharing Economy«).
4. **Redesign**: In Zeiten der Ressourcen- und Teileknappheit kommt insbesondere dieses Prinzip häufig zur Verwendung. Alternative Materialien oder Substitutionsmaterialien werden eingesetzt, um Schritt für Schritt das ursprüngliche Design für Produkte mit nachhaltigeren Materialien zu verändern.
5. **Recover**: Hierbei geht es um die Wiedergewinnung des Energieinhalts von Reststoffen bzw. Biomasse aus organischen Abfällen. Ebenfalls umfasst »Recover« Bereiche, in denen wertvolle biochemische Verbindungen genutzt werden können. Die Verwertung umfasst multiple Umwandlungsprozesse. Recover ist jedoch keine Strategie der Kreislaufwirtschaft im engeren Sinne.
6. **Repair**: Bei der Reparatur geht es darum, ein Produkt, sobald es droht kaputt zu gehen oder bereits kaputt ist, reparieren zu lassen, anstatt ein neues Produkt zu kaufen. Aufgrund hoher Lohnkosten wird häufig allerdings bei Herstellern eine Reparatur, in der die Inspektion und Fehleranalyse teils aufwendig sein kann, dann schnell »unwirtschaftlich«. Die Europäische Kommission hat 2023 einen neuen Vorschlag für die Förderung der Reparatur von Waren veröffentlicht, der zu Einsparungen für die Verbraucher/innen führen und die Ziele des europäischen Grünen Deals u.a. durch die Verringerung des Abfallaufkommens unterstützen soll. Allerdings ist, je nach Produkt, der Ersatz bzw. das neue Produkt noch häufig

günstiger als die Reparatur. Hier liegt es jedoch auch in der Verantwortung von Politik, Herstellern und Reparaturdienstleistern, eine Reparatur finanziell für Konsumenten attraktiv zu gestalten.

7. **Reuse**: Bei Reuse geht es um jegliche Art der Wiederverwendung. In der Bekleidungsbranche kennt man dies unter dem Begriff, »Second Hand«, bei dem einem Bekleidungsstück ein zweites Leben geschenkt wird. Dieses Prinzip zieht sich bereits durch unterschiedlichste Branchen. Auch Maschinen werden bereits über dafür vorgesehene Marktplätze wiederverkauft. Dafür gibt es generalistische Marktplätze wie eBay und Craigslist oder branchenspezifische Marktplätze wie Kleiderkreisel. Für die Beteiligten ist das eine Win-win-Situation: Der Verbraucher spart Geld, da ein bereits verwendeter Artikel weniger kostet als ein neuer. Der Verkäufer reduziert Abfälle, verbessert den Geldfluss durch den Verkauf, optimiert das Nettoumlaufvermögen, da sich das gebundene Kapital des Unternehmens verringert.
8. **Refurbish**: Bei Refurbishment geht es um die Aufarbeitung, Überholung und Modernisierung von Produkten. Die Aufarbeitung, also das Refurbish, ist umfangreicher als die reine Reparatur, da es über die punktuelle Reparatur eines defekten Teils oder Produktes hinaus darum geht, das gesamte Produkt wieder in einen zufriedenstellenden Zustand zu versetzen. Es geht um die Modernisierung von Teilen, die beispielsweise äußerst ineffizient sind und gerade in Zeiten der Energiekrise durch effizientere Materialien getauscht werden können. Im Unterschied zu Remanufacturing, können Refurbished Produkte jedoch sichtbare Gebrauchsspuren aufweisen. Refurbishment kommt häufig zum Einsatz, wenn das Produkt mehrere Komponenten mit unterschiedlicher Lebensdauer aufweist. Ziel des Ansatzes ist es, dass Produkt (in etwa) wieder in einen Zustand zu bringen, den es zum Zeitpunkt des Inverkehrbringens hatte.
9. **Remanufacturing:** Remanufacturing oder auch Refabrikation ist die Aufbereitung und Wiederherstellung eines Zustands von Produkten, der mindestens dem gleichen Qualitätsstandard wie ein neues Produkt entspricht oder diesen gar übertrifft. Die DIN SPEC 91472 definiert, wie sich Remanufacturing in der Praxis von Begriffen wie Refurbishment, Reparatur und Reuse unterscheiden lässt. Produkte, die durch Remanufacturing wiederhergestellt werden, sind als Neuprodukte anzusehen. Sie erhalten daher die übliche Gewährleistung. Doch bisherige Hürden, zum Teil wegen fehlender Normen und Standards, bremsten das große Potenzial von Remanufacturing-Produkten. Die DIN SPEC 91472 bietet daher nicht nur einen Standard für Remanufacturing, sie gibt gleichzeitig den Anstoß für die Umsetzung umfangreicher Normungs- und Standardisierungsaktivitäten und -bedarfe, die im Bereich der Kreislaufwirtschaft identifiziert wurden (vgl. Din, 2023).
10. **Recycling:** Bei Recycling geht es um die Trennung, Sortierung und Verarbeitung von Materialien, um eine höhere (»Upcycling«), gleiche (hochwertige) oder geringere (minderwertige) Qualität (»Downcycling«) der recycelten Materialien zu erhalten. Recycling extrahiert Materialien aus verworfenen Produkten und

gewinnt daraus Sekundärmaterialien, also Materialien, die durch Aufarbeitung von entsorgtem Material erzeugt und mehrfach in einem Materialkreislauf genutzt werden können. 2018 lag der Anteil von Recycling-Material an der Neuproduktion in Deutschland für Glas bei 75 Prozent, für Papier bei 70 Prozent, für Stahl bei 45 Prozent und Plastik bei nur 8 Prozent (vgl. Pawlik, 2023b).

Im Januar 2023 veröffentlichten DIN, DKE und VDI, drei wichtige deutsche Organisationen, die in den Bereichen Normung, Elektrotechnik und Maschinenbau tätig sind, die Normungsroadmap Circular Economy. Sie schafft einen Überblick über die notwendigen Anforderungen für sieben Fokusthemen und formuliert Handlungsbedarfe für künftige Standards und Normen in der Kreislaufwirtschaft. Im Zuge der Erarbeitung der Normungsroadmap wurde von DIN, DKE und VDI eine umfassende Recherche zu bestehenden Standards und Normen durchgeführt, um den aktuellen Stand der Normungslandschaft in Bezug auf die Kreislaufwirtschaft zu analysieren. Das Ziel war es, Fachleuten aus dem Bereich der Circular Economy eine praktische und thematisch sortierte Auswahl relevanter Normen bereitzustellen, um das kreislauforientierte Wirtschaften zu fördern. Insgesamt wurden 280 Regelwerke mit über 700.000 aktuellen Referenzen untersucht, wodurch die umfangreichste Normendatenbank der Welt entstanden ist (vgl. Modell der R-Strategien, o. D.).

Für Hersteller sind die Normen und R-Strategien Leitfäden, die Chance und Herausforderungen zugleich mit sich bringen.

3.2 Resilienzdenken für stabile Wirtschaftssysteme

Gerade in Zeiten der Ressourcenknappheit und globalen Lieferkettendisruption ist eines der wichtigsten Ziele, die Resilienz in den Lieferketten und Organisationen zu stärken. Das bedeutet konkret, Handlungsmaßnahmen zu treffen, die sicherstellen, dass Lieferketten widerstandsfähiger gegenüber Disruption und Krisen im Hinblick auf gewisse Knappheiten sind. In diesem Kontext bezieht sich Resilienz darauf, wie gut eine Lieferkette in der Lage ist, auf unerwartete Ereignisse, wie Naturkatastrophen, politische Instabilität, wirtschaftliche Veränderungen oder Gesundheitskrisen, zu reagieren, und wie schnell sie sich von solchen Störungen erholen kann.

Resilienz nimmt auch in den Debatten zur nationalen und internationalen Sicherheit in den letzten Jahren eine zentrale Bedeutung ein. Der Begriff begleitet den politischen Diskurs bei vielfältigen Herausforderungen, im Krisenmanagement, bei technologischen und sozialen Vulnerabilitäten oder beim Klimaschutz. Er bietet eine umfassende, aber oft konzeptionell unklare Definition zur Widerstandsfähigkeit von Staaten und Organisationen in Anbetracht multidimensionaler Herausforderungen (vgl. Tsetsos, 2020).

Resilienzdenken bezieht sich auf die Fähigkeit, widerstandsfähig oder robust gegenüber Herausforderungen, Krisen, Stress und Veränderungen zu sein. Es handelt sich um eine Denkweise oder eine Herangehensweise, die darauf abzielt, individuelle oder organisationale Widerstandsfähigkeit zu fördern. Resilienzdenken konzentriert sich darauf, wie Menschen oder Organisationen Schwierigkeiten bewältigen, sich anpassen und aus negativen Erfahrungen lernen können, anstatt von ihnen überwältigt zu werden. Resilienzdenken greift dabei auch die Thematik auf, dass Menschen mit ihren Aktivitäten mittlerweile die Biosphäre von lokaler bis globaler Ebene prägen und gleichzeitig für ihr Überleben und Wohlbefinden auf die lebenserhaltende Biosphäre angewiesen sind. Die Anwendung der Prinzipien des Resilienzdenkens fördert soziale Innovation und steigert das Wohlergehen der Bürger; gleichzeitig stimuliert es die Wettbewerbsfähigkeit durch eine ebenso übergreifende Innovationspolitik. Die Kreislaufwirtschaft ist eine der bisher umfassendsten Initiativen und das weitreichendste Projekt, bei dem Resilienzdenken als Katalysator für wirtschaftliche Nachhaltigkeit eingesetzt wird.

Kreislaufwirtschaft fördert Resilienz, in dem sie – wie bereits erläutert – u.a. Lieferketten stabilisiert, Dekarbonisierung fördert und Ressourcen sowie die Natur im Allgemeinen schont. Deswegen ist es wichtig, noch stärker kreislauffähige Prozesse, Lösungen und Geschäftsmodelle zu fördern und zu etablieren. Die Politik hat an dieser Stelle einen enormen Hebel in der Hand.

Seitens der EU zielt der Aktionsplan der Europäischen Kommission (Circular Economy Action Plan) darauf ab, die Kreislaufwirtschaft in jedem Schritt der Wertschöpfungskette zu unterstützen – von der Produktion über den Verbrauch, die Reparatur und Wiederaufbereitung, die Abfallwirtschaft bis hin zu Sekundärrohstoffen. Der Bericht beschreibt, dass Wohlstand und Nachhaltigkeit nicht erreicht werden können, ohne »belastbare Systeme aufzubauen, die radikale Innovationen in der Wirtschaftspolitik, der Unternehmensstrategie sowie in den sozialen Systemen und der öffentlichen Verwaltung fördern«. Ein System ist dabei ein aus vielen Teilen zusammengesetztes Ganzes. Es ist ein abgrenzbares, natürliches oder künstliches »Gebilde«, das aus verschiedenen Komponenten besteht, die wegen bestimmter strukturierter Beziehungen untereinander als gemeinsames Ganzes betrachtet werden (können). Die EU hat somit eine Reihe von Empfehlungen entwickelt, um zu zeigen, wie Resilienzdenken diese neue politische Entwicklung leiten kann:

Die Verknüpfung von Nachhaltigkeit und Resilienzdenken ist von wachsender Bedeutung in der Diskussion über Umweltschutz und Wirtschaftsentwicklung.

Ressourceneffizienz und Kreislaufwirtschaft: Resilienzdenken in Bezug auf Nachhaltigkeit beinhaltet oft die Umstellung auf eine Wirtschaft, die weniger Abfall erzeugt und vorhandene Ressourcen besser nutzt. Dies kann durch die Förderung von Recycling, Wiederverwendung und Reduzierung von Verschwendung geschehen. Diese Maßnahmen tragen zur Nachhaltigkeit bei, da sie die Belastung natürlicher Ressourcen reduzieren.

Klimaresilienz: Nachhaltigkeit ist eng mit dem Schutz der Umwelt und der Bewältigung des Klimawandels verbunden. Das Resilienzdenken zielt darauf ab, die Fähigkeit von Gesellschaften und Ökosystemen zu stärken, sich an Klimaänderungen anzupassen und diese zu bewältigen. Dies kann die Förderung erneuerbarer Energiequellen, die Anpassung an den steigenden Meeresspiegel und die Entwicklung von Technologien zur Reduzierung von Treibhausgasemissionen einschließen.

Vielfalt und Biodiversität: Das Erhalten der Biodiversität und die Förderung der Vielfalt von Pflanzen und Tierarten in Ökosystemen sind entscheidend für die Nachhaltigkeit. Das Resilienzdenken betont die Wichtigkeit der Erhaltung der biologischen Vielfalt, da dies Ökosysteme widerstandsfähiger gegenüber Krankheiten, Schädlingen und anderen Umweltauswirkungen macht.

Soziale Resilienz: Nachhaltigkeit bezieht sich nicht nur auf Umweltschutz, sondern auch auf soziale und wirtschaftliche Nachhaltigkeit. Das Resilienzdenken beinhaltet die Stärkung von Gemeinschaften, um Krisen und Schocks zu bewältigen, einschließlich wirtschaftlicher Herausforderungen. Soziale Sicherheitsnetze, Bildung und die Schaffung nachhaltiger Arbeitsmöglichkeiten sind hier wichtige Faktoren.

Langfristiges Denken und Vorsorge: Nachhaltigkeit durch Resilienzdenken erfordert ein langfristiges Denken, das sich nicht nur auf kurzfristige Gewinne konzentriert. Unternehmen und Regierungen sollten Vorsorgemaßnahmen treffen, um auf mögliche zukünftige Krisen vorbereitet zu sein, sei es im Hinblick auf Umweltauswirkungen oder wirtschaftliche Instabilität. Insgesamt zielt das Konzept »Nachhaltigkeit durch Resilienzdenken« darauf ab, Umweltschutz und ökonomische Stabilität miteinander zu verknüpfen, um eine nachhaltige und widerstandsfähige Zukunft zu schaffen, die den Bedürfnissen heutiger und zukünftiger Generationen gerecht wird.

Obwohl ein stetiges Wirtschaftswachstum eines der Hauptziele der Industriepolitik der meisten Industrieländer ist, sind die meisten ihrer wirtschaftlichen Aktivitäten mit der Gewinnung und Industrialisierung natürlicher Ressourcen verbunden. Solche Ressourcen werden immer knapper und teurer in der Gewinnung, was insbesondere in Entwicklungsländern zu einer Verschlechterung der Ressourceneffizienz und zu erheblichen Umweltschäden führt (vgl. Scheel et al., 2020).

3.3 Entkopplung von Wirtschaftswachstum und materiellem Konsum

Mehrere Studien zur nachhaltigen Entwicklung (vgl. Leuenberger & Mehdi, 2014; Stahel, 2013) haben darauf hingewiesen, dass regionale Politiken und koordinierte Industriestrategien erforderlich sind, um ein ganzheitliches Management der natürlichen Ressourcen zu entwickeln. Dieses muss in der Lage sein, das Wirtschaftswachstum von einem übermäßigen Wachstum zu »entkoppeln« und die Ausbeutung natürlicher Ressourcen, die enormen Mengen an Abfällen und Rückständen, die durch die Industrialisierung entstehen, die negativen Auswirkungen auf die Umwelt und als Folge davon eine Vergrößerung der sozioökonomischen Kluft zu vermeiden.

Die Entkopplung des Wirtschaftswachstums von der Ressourcengewinnung hat das Forschungsinteresse von Wissenschaftlern und Behörden auf der ganzen Welt geweckt, u. a. seit der Forderung des International Resource Panel, dem Umweltprogramm der Vereinten Nationen, menschliches Wohlergehen vom Ressourcenverbrauch zu entkoppeln (vgl. Fischer-Kowalski & Swilling 2011, Preface ix). Die Entkopplung selbst ist zu einem aufstrebenden Forschungsgebiet mit einer eigenen Entkopplungstheorie und zahlreichen und weiter zunehmenden Forschungsarbeiten zu diesem Thema geworden. Die Entkopplung ist eine komplexe Systemherausforderung, die es wert ist, untersucht zu werden, um Nachhaltigkeit angesichts eines wachsenden Ressourcenbedarfs und einer wachsenden Bevölkerung zu erreichen. Letzteres ist einer der Hauptgründe, warum wirksame Entkopplungsmechanismen erforderlich sind.

Nach der jüngsten industriellen Revolution, die durch digitale Technologien hervorgerufen wurde, deutet der Beginn einer neuen Ära auf der Grundlage von Umwelttechnologien darauf hin, dass die Produktivität natürlicher Ressourcen das Kernmerkmal ist, das bei der Umsetzung neuer nachhaltiger Strategien optimiert werden muss. Parallel dazu wird die Ressourceneffizienz zu einem relevanten Faktor für die Formulierung nachhaltiger Politiken von Ländern sowie für den derzeit geplanten Ausbau resilienter Städte. Abbildung 12 zeigt die Beziehungen zwischen den Ergebnissen des Wirtschaftswachstums der konventionellen Industrialisierung, dem menschlichen Wohlbefinden, der Ressourcennutzung und den Auswirkungen auf die Umwelt. Umweltauswirkungen und Ressourcenverbrauch können durch wirtschaftliches Degrowth kontrolliert werden. Diese Methode ist jedoch keine praktikable Option für weniger entwickelte Länder, in denen soziale und ökologische Fragen für ihre Entscheidungsträger keine Priorität haben.

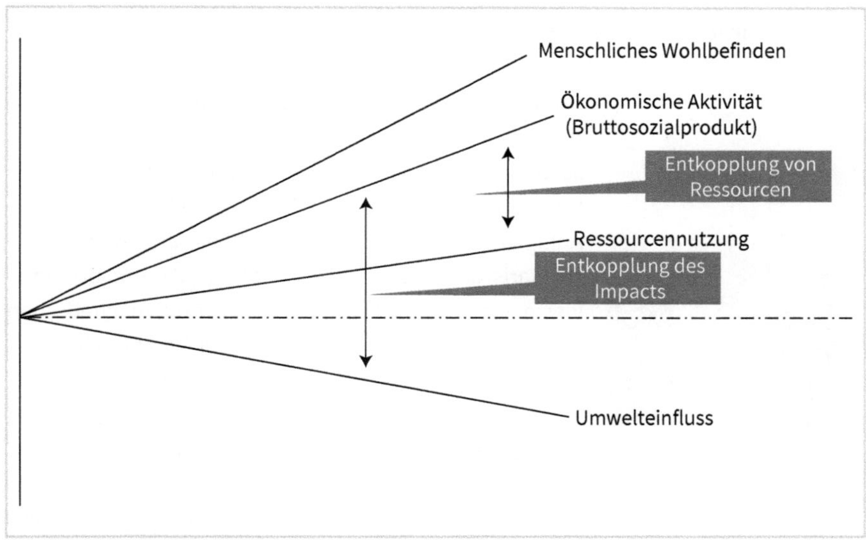

Abb. 12: Entkopplung von Wirtschaftswachstum und Ressourcenverbrauch (Quelle: eigene Darstellung, in Anlehnung an Fischer-Kowalski & Swilling, 2011, S. xiii)

Die Liste der Pionierunternehmen, die die Kreislaufwirtschaft als Mittel zur Reduzierung linearer Risiken, zur Generierung neuer Umsätze und zur Kostensenkung einsetzen, wächst weiter. Die Entkopplung der Wirtschaft von den Materialströmen, indem die Ressourcenproduktivität schneller gesteigert wird als die Wirtschaftswachstumsrate, ist ebenfalls ein konsequenter Leitfaden. Diese Bewegung in eine nachhaltigere Richtung steht jedoch wahrscheinlich erst am Anfang.

Dem Unternehmen Vaude ist die Entkopplung von Ressourcenverbrauch und Wachstum bereits 2022 gelungen. Das zeigt deren Nachhaltigkeitsbericht von 2022: Bei einem Umsatzwachstum von 13 Prozent konnte das Unternehmen die Gesamtemissionen um 5 Prozent reduzieren (VAUDE Klimabilanz, 2023).

Um den nötigen Schwung zu bekommen und die heutigen Nachhaltigkeitsprobleme tatsächlich zu lösen, bedarf es dringend grundlegender Geschäftsmodellinnovationen. Der Ausgangspunkt dieses Buches ist also einfach: Damit Unternehmen Teil der Lösung und nicht Teil des Problems werden, brauchen wir umfassende Veränderungen der Geschäftsmodelle. Und um dies zu erreichen, ist Wissen erforderlich, um solche Veränderungen zu unterstützen (vgl. Jørgensen & Pedersen, 2018, Preface xiii). Dieses Wissen soll das Buch mit seinem Fahrplan zu nachhaltigen und zirkulären Geschäftsmodellinnovationen liefern.

Im Gespräch mit Dr. Hans Krattenmacher und Dr. Jürgen Miller (SEW)

Dr. Hans Krattenmacher, Geschäftsführer Innovation Mechatronik, SEW-Eurodrive GmbH & Co KG und Geschäftsführer SEW-PowerSystems, studierte Elektrotechnik mit der Vertiefungsrichtung »Elektrische Anlagen- und Hochspannungstechnik« am renommierten Karlsruhe Institute of Technology (KIT) und promovierte dort auf dem Fachgebiet der Elektromagnetischen Verträglichkeit. Im Jahr 2016 wurde er Geschäftsführer von SEW-PowerSystems, einer hundertprozentigen Tochtergesellschaft der SEW-Gruppe. 2018 wurde er zum Geschäftsführer Innovation Mechatronik der SEW-Eurodrive GmbH & Co KG ernannt. Dr. Krattenmacher ist Mitglied im Beirat der Profinet Nutzerorganisation sowie im Fachbeirat Mechatronik an der Hochschule Heilbronn. Ferner ist er im Vorstand des ZVEI.

Dr. Jürgen Miller studierte und promovierte ebenso am Karlsruhe Institute of Technology (KIT) und ist Hauptabteilungsleiter für den Bereich Product Support & Release Management (PSRM) im Geschäftsführungsbereich Innovation Mechatronik. Dr. Miller ist verantwortlich für die Betreuung, Optimierung und Weiterentwicklung von Asynchron- und Servomotoren und Antriebselektronik. Hierzu zählt auch die Analyse, Definition und Umsetzung von Kreislaufprozessen. Als Mitglied des Nachhaltigkeitskomitees von SEW-Eurodrive vertritt er dort den Innovationsbereich.

Was bedeutet für dich/euch Nachhaltigkeit als Innovationstreiber?
Dr. Krattenmacher: Für mich ist im ersten Schritt Nachhaltigkeit kein Innovationstreiber, sondern eine Notwendigkeit. Mit Innovation wiederum können wir Nachhaltigkeit erreichen. Wir müssen dorthin kommen und dabei benötigen wir einen glasklaren Blick. Zunächst sind nachhaltige Lösungen heute oftmals nicht billiger und Kunden, die noch immer stark preisgetrieben sind, sehen den Wert nicht. Im ersten Schritt verkaufen wir als Unternehmen jedoch einen Wert bzw. ein Werteversprechen. Wenn dieser Wert allerdings nicht der Erwartung der Kunden entspricht, wird er nicht angenommen. Das führt dazu, dass auch beim nachhaltigsten Produkt kein positiver Impact generiert werden kann, wenn es nicht genutzt wird. Die Herausforderung ist jedoch, dass bei den langen Produktlebenszyklen unserer Branche die Entscheidungen, die heute getroffen werden,

erst nach einem langen Zeitraum eine Auswirkung haben. Wer heute also eine Entscheidung trifft, wird die Auswirkungen möglicherweise in Zukunft nicht mehr erfahren. Wir müssen Innovation also so treiben, dass Nachhaltigkeit preislich attraktiv für Kunden wird, echte Mehrwerte für Kunden entstehen und gleichzeitig aktuelle Herausforderungen wie Rohstoffarmut mit Ansätzen der Kreislaufwirtschaft gelöst werden. Es muss einen Doppelnutzen geben, sodass Rohstoffarmut beispielsweise durch die Anwendung von Kreislaufwirtschaftsprinzipien wie der Wiederverwendung von normalerweise entsorgten Produkten und Komponenten gelöst wird. Innovation muss Nachhaltigkeit antreiben. Indem ich Abfall als Rohstoff auffasse und nicht als Abfall, könnte Nachhaltigkeit tatsächlich auch Innovationstreiber sein.

Dr. Miller: Als Ergänzung möchte ich hinzufügen, dass uns Nachhaltigkeit bei SEW als internationales Familienunternehmen bereits seit langer Zeit beschäftigt und gesamtheitlich von unserer Geschäftsführung vorangetrieben wird. So haben wir beispielsweise bereits 2013/2014 den kreislauffähigen Einfachumrichter MOVI4R-U® nach Ökodesign-Ansätzen entwickelt und in den vergangenen Jahren intensiv nach einer geeigneten Aufbereitungstechnik im Sinne des Remanufacturing für gebrauchte Motorteile gesucht. Nach erfolgreichem Abschluss eines Grundlagenprojektes mit Magnetkörpern für SEW-Bremsen und nach Festlegung der entsprechenden Prozessparameter ist inzwischen auch die Umsetzung in unserer Fabrik in Haguenau im Elsaß erfolgt. Remanufacturing und Recycling unserer Federdruckbremsen stellen einen Siebenmeilenschritt in Richtung CO_2-Reduktion dar und markieren für SEW einen innovativen Schritt in Richtung gelebte Kreislaufwirtschaft.

Wie wirkt sich dies auf das Geschäftsmodell, Strategie und Führung in eurem Bereich/bei SEW-EURODRIVE aus?

Dr. Krattenmacher: Im Jahr 2031 wird SEW-Eurodrive 100 Jahre alt. Unsere Ziele orientieren sich schon immer langfristig. Wenn ich in das Jahr 2031 blicke, werden Geschäftsmodelle von Digitalisierung, Nachhaltigkeit und Komplexitätsreduktion sowie den 4 D's Decarbonization, Deglobalisation, Demographic Change und Digitalization dominiert.

Für die Strategie gibt es aus meiner Sicht drei Triebfedern:

1. *Risikovermeidung*, indem man sich immer wieder die Frage stellt, wie man nachhaltig und langfristig ein Geschäft aufbauen und ein erfolgreiches, familiengeführtes Unternehmen in die Zukunft führen kann.
2. *Regularien*, wie z. B. den EU Green Deal, Fit For 55 oder das Kreislaufwirtschaftsgesetz, nach dem Unternehmen schon viel viel mehr machen müssten.

3. *Antworten auf Forderungen der aktuellen und nächsten Generation* und die Frage, auf welchen Fundamenten kann man zukünftig ein Geschäftsmodell aufbauen, das stabil ist, Komplexität reduziert und einfach zu nutzen ist (»easy-to-use«). Dabei erhöht Digitalisierung den Komfort, Nachhaltigkeit muss regulatorisch verankert sein und schon aus Gründen der Rohstoffarmut werden wir einen Weg finden müssen.

Als international agierendes Unternehmen ist dies jedoch auch marktabhängig. Wir arbeiten intensiv an Lösungen zur Emissionsreduktion und gleichzeitig werden in China im statistischen Mittel pro Woche 1–2 Kohlekraftwerke gebaut. Märkte wie Italien auf der anderen Seite differenzieren sich ganz klar bereits über Nachhaltigkeit.

Dr. Miller: SEW hat bereits im Jahre 2013 ein Projekt Sustainability@SEW durchgeführt und darauf basierend ein Strategiepapier erstellt, das die Nachhaltigkeit als strategisches Unternehmensthema definiert und Handlungsempfehlungen macht. Erste Erfahrungen mit Ökobilanzen wurden im Rahmen der Entwicklung des kreislauffähigen Einfach-Umrichters MOVI4R-U® gemacht. Die Erkenntnis, dass bei elektrischen Antriebssystemen über 95 Prozent des Product Carbon Footprints in der Nutzungsphase beim Endkunden erzeugt werden, hat SEW frühzeitig dazu bewegt, der Produkteffizienz hohe Aufmerksamkeit zu schenken und u. a. die Entwicklung hocheffizienter IE5-Motoren voranzutreiben. Es ist abzusehen, dass neue Regularien die Unternehmen dazu zwingen werden, mehr für die Stoffkreisläufe zu tun. Unabhängig davon ist klar, dass Talente bereits heute darauf achten, dass sich ihr künftiger Arbeitgeber ökologisch engagiert und Nachhaltigkeit fest in der Strategie und im Geschäftsmodell verankert hat. Wichtig ist es, die nachhaltigen und kreislauffähigen Ansätze jetzt zu implementieren, denn wer dies jetzt tut, wird in ein paar Jahren ganz vorne mit dabei sein. Da schließt sich auch der Kreis zu den von Herrn Dr. Krattenmacher angesprochenen nachhaltigen und langfristigen Zielen des familiengeführten Unternehmens.

Welche Rolle spielt die Kreislaufwirtschaft in diesem Zusammenhang?
Dr. Krattenmacher: Kreislaufwirtschaft ist der Weg aus dem Dilemma. Wir wissen heute alle, dass wir etwas machen müssen, im Weg steht jedoch das menschliche Verhalten, das im Fachjargon auch als »Attitude Behaviour Gap« definiert wird. Die Transformation wird nicht über Verbote und Reduktion laufen. Die Menschheit ist nicht so gepolt. Die Kreislaufwirtschaft ist somit der einzig reale Ansatz, um die Ziele für einen lebenswerten Planeten zu erreichen. Konsum dürfen wir nicht nur mit negativen Assoziationen belegen, wir müssen Konsum clever machen, sodass Prozesse im Kreislauf enden, wie in der Natur. So bekommt man auch die Gesellschaft transformiert. Negativ funktioniert nicht, anstatt dessen müssen wir Konsum positiv durch Intelligenz und Kreisläufe befähigen.

Dr. Miller: Dies schließt auch nicht aus, dass man bestimmte Verhaltensweisen durch geeignete Incentivierungen steuern sollte, wie z. B. die CO_2-Bepreisung bei Flügen. Klimaschädliche Verhaltensweisen sind so nicht nur ökologisch mit negativen Auswirkungen behaftet, sondern auch monetär pönalisiert.

Dr. Krattenmacher: Eine mögliche Gefahr sind an dieser Stelle jedoch soziale Ungleichheiten. Ideal wäre, wenn es gelingen würde, dass man fliegen kann, wenn dies im Rahmen der Kreislaufwirtschaft abgebildet werden kann. Die CO_2-Besteuerung ist dabei ein Instrument, um in die Kreislaufwirtschaft zu kommen – ein Steuerungsmittel. Ziel sollte es immer sein, in die Kreisläufe zu kommen, sodass es am Ende nicht schädlich ist. Ein Beispiel ist auch die Dieseldebatte. Hier ist man Jahre einem Ansatz hinterhergerannt, der nicht zukunftsfähig ist, anstatt die eigentliche Lösung zu innovieren. Man hat Milliarden in ein System gesteckt, das nur 10–15 Prozent Verbrauch und Emissionen reduziert, die Zeit streckt und die eigentliche Lösung verhindert. Man hat ca. 20–25 Jahre in ein Konzept gesteckt, was das Kernproblem nicht löst. Die Innovation wurde in die falsche Richtung gesteuert. Hätte man das Geld und die Köpfe in die Alternative gesteckt und alles darangesetzt, das Ziel Kreislauf und nicht Reduktion zu verfolgen, wäre man nun Jahre voraus.

Inwiefern spielen neue Märkte und Technologien in diesem Zusammenhang eine Rolle?
Dr. Miller: Neue Märkte spielen (noch) keine große Rolle. Trotzdem haben wir SEW-intern das International Circular Process Network (ICPN) ins Leben gerufen, um über Aktivitäten und Ergebnisse von Nachhaltigkeitsprojekten zu informieren, aber auch um Denkansätze und Erfahrungen aus den unterschiedlichen Märkten auszutauschen und zu bündeln. Aus Europa, insbesondere aus Italien, Frankreich und den Niederlanden kommt an dieser Stelle auch viel Input, die Märkte in Übersee sind noch eher in der Beobachter-Position.

Neue Technologien und Innovation spielen eine große Rolle. So zeigen beispielsweise neue Aufbereitungs- oder Trennverfahren erhebliche Emissionssenkungs- oder Kosteneinsparpotenziale und bringen die Nachhaltigkeit und Kreislaufwirtschaft maßgeblich voran. Aufgabe der nächsten Jahre ist es, diese Technologien auf unser unglaublich großes Produktportfolio in seiner ganzen Varianz auszurollen.

Gibt es Beispiele für Innovationen in eurem Unternehmen, in denen Nachhaltigkeit oder Kreislaufwirtschaft der klare Treiber war/ist?
Dr. Krattenmacher: Ein Beispiel ist das Produkt MOVI4R-U®, welches auf einem nachhaltigen Produktkonzept basiert, das eine Rückführung in Material- und Rohstoffkreisläufe ermöglicht. Ein weiteres Beispiel sind die hocheffizienten

IE5-Motoren. Wir sind technologisch damals direkt von der Energieeffizienzklasse IE3 auf IE5 gegangen und haben Kunden die Auswahl gelassen, sodass der Kunde entscheiden kann, welche Variante er wählen möchte. Was wir aus dieser Zeit gelernt haben, war, dass kein Druck auf Kunden ausgeübt werden sollte. Erfahrungsgemäß war es so, dass, wenn der Kunde die Wahl hat und die Option mit den größeren Mehrwerten für ihn vorhanden ist, genau diese Option gewählt wird. Wichtig war auch, dass Mehrwerte für den Kunden offensichtlich durch die erhöhte Energieeffizienz generiert wurden, sich jedoch keine Schnittstelle änderte und somit die Umstellung auch einfach und komfortabel für den Kunden war.

Diese Wahlfreiheit hat sogar dazu geführt, dass wir bei dem DR2C den idealen Nebeneffekt der kleineren Baugröße hervorgebracht haben.

Einer unserer Vorzeigelösungen ist auch die Leistungs- und Energiemanagementlösung Power and Energy Solutions (PES) für industrielle Antriebe, die bereits 2019 den Umwelttechnikpreis Baden-Württemberg in der Kategorie »Energieeffizienz« gewonnen hat. Damit lässt sich Energie, die wir umsetzen, besser nutzen. Elektrische Energie wird in Bewegungsenergie umgewandelt und rückgewonnen. Damit wurde durch Innovation ein Kreislauf erzwungen. Die Laudatoren haben damals betont, dass die Auszeichnung die Kombination der ökologischen Benefits in Bezug auf Energie mit weiteren Vorteilen wie Leistung und preisliche Attraktivität honoriert, durch mehr Kunden angefragt wird und insgesamt ein größerer Nutzen erzeugt werden kann.

Dr. Miller: Weiterhin arbeiten wir natürlich auch an konkreten Fragestellungen und Problemen, wie beispielsweise an der energieeffizienten Fabrik. Als die Energiekosten so hoch waren, hat man die Fabrik in Graben über das Wochenende nahezu komplett abgeschaltet. Ergebnis war, dass an einem Abschaltwochenende der Jahresstromverbrauch von ca. 75 Haushalten eingespart wurde.

Eingangs sprachen Sie von der gelebten Kreislaufwirtschaft am Beispiel der Bremsen. Wie können wir uns dies vorstellen?
Dr. Miller: Bremsen für elektrische Antriebe gehören bereits seit den 1960er-Jahren genauso zur DNA von SEW wie der Getriebemotor selbst. Inzwischen produzieren wir an drei globalen Standorten jährlich mehr als 1,5 Millionen dieser Federdruckbremsen. Eines der Hauptbestandteile dieser Bremse ist deren Öffnungssystem. Durch die Kraft eines Elektromagneten lässt sich die bremsende Kraft der mechanischen Federbestückung überwinden und die Bremse elektrisch öffnen. Dazu verfügt das System im Kern über einen Magnetkörper aus Gusseisen. In diesem ist die Bremsspule, ein gewickelter Kupferdraht mit mehreren hundert Metern Länge, in eine Hülle aus Gießharz eingebettet. Für die Kreislaufwirtschaft ist ein solcher Verbundkörper knifflig, denn duroplastische Vergussharze lassen sich nicht ohne weiteres wieder entfernen.

Bauteile wie der Magnetkörper entsprechen jedoch selbst nach langjährigem Einsatz oft noch den aktuellen Konstruktionsstandards, was die beste Voraussetzung fürs Re-Manufacturing, also die Aufbereitung und Wiederverwendung ist. Schließlich endet unsere Produktverantwortung nicht am Ende der Nutzungsphase des Kunden, sondern erst nach der finalen Verwertung.

Mit dieser Grundlage haben sich unsere Entwickler im Jahr 2019 mit einem renommierten Forschungsinstitut zusammengeschlossen, um eine Methode zu testen, mit der das enthaltene Kupfer entfernt und sortenrein dem professionellen »Kupfer-Re-Cycling« zugeführt werden kann. Auch für den eisernen Magnetkörper gab es bereits früh die Vision, diesen wieder neu in den Produktionskreislauf zu bringen, im Sinne des Remanufacturing, um eine Neuproduktion inklusive Einschmelzung des Eisens zu umgehen.

Das birgt nicht nur ökologische Vorteile, sondern auch ökonomische: Gerade in Zeiten der Ressourcenknappheit ist das Kupfer mit hohen Materialpreisen verbunden. Die Rückgabe von zurückgewonnenem hochreinem Kupfer resultiert dabei in einer attraktiven Materialvergütung. In 2022 haben wir in Zusammenarbeit mit unserer französischen Niederlassung SEW USOCOME und dem SEW-Service nötige Sortier-, Trenn- und Aufarbeitungsprozesse in die realen Fertigungs-, Montage- und Logistikprozesse integriert.

Inwiefern sind Kooperationen essenziell, um Kreislaufwirtschaft in die bestehenden Geschäfts- und Innovationsprozesse zu verankern?
Dr. Miller: Ohne Zusammenarbeit keine Kreislaufwirtschaft. Wir arbeiten mit Forschungseinrichtungen, Universitäten und anderen Partnern zusammen, um Innovationen zu entwickeln, die Nachhaltigkeit und Kreislaufwirtschaft antreiben. Dabei ist der Erfahrungs- und Wissensaustausch enorm wichtig, weswegen wir auch das bereits zuvor erwähnte ICPN-Netzwerk gegründet haben, aber auch die Tatsache, dass für diese Innovationen unterschiedlichste Disziplinen mit Kompetenz und Expertise benötigt werden. Das fängt bei den Werkstoffwissenschaften an und hört bei der Abbildung und Kalkulation eines realisierten Kreislaufprozesses im ERP-System auf.

Inwiefern ist Messbarkeit wichtig, um Kreislaufwirtschaft und Nachhaltigkeit voranzutreiben?
Dr. Krattenmacher: Messen heißt vergleichen. Dazu wird eine vergleichbare Datenbasis benötigt, die es so aktuell nicht gibt. Was genau wird aktuell verglichen, ein normaler Verbrauch mit einem CO_2-belasteten Verbrauch? Der tatsächliche Schaden in Bezug auf Natur und Biodiversität wird dabei in den meisten Fällen noch weggelassen. Wenn ich zwei Dinge vergleiche, müssen Bewertungskriterien und Maßnahmen gleich sein. Man muss sich also auf eine einheitliche Messmethodik und identische Messgrößen einigen. Heute ignorieren wir jedoch

die tatsächlichen Kosten und Effekte in Bezug auf die Natur. Unternehmen sind i. d. R. von der Wirtschaftlichkeit getrieben. Solange es also keinen vereinheitlichten Maßstab gibt, lohnt sich vergleichen nicht.

Dr. Miller: Gerade in Zeiten der Ressourcenknappheit sind Hersteller auf multiple Sourcing-Quellen umgestiegen, d. h., wir bekommen eine identische Komponente häufig von unterschiedlichen Lieferanten. Obwohl es sich um ein funktional identisches Teil handelt, kann sich der Footprint – abhängig vom Produktionsstandort, dem dortigen Strommix und dem Transportweg – deutlich unterscheiden. In den aktuellen Normen gibt es hier noch erheblichen Optimierungsbedarf. Aus diesem Grund ist die Publikation eines Product Carbon Footprints mit Unsicherheiten behaftet, da dieser, je nach Lieferquelle, von Los zu Los schwanken kann und sich auch je nach Berechnungsmethode und zugrundeliegenden Datenbanken von Hersteller zu Hersteller unterscheiden kann. Die in 2022 von DIN, DKE und VDI durchgeführte »Normungsroadmap Circular Economy« hat sich genau mit diesem Problem beschäftigt und die vorhandenen Handlungsbedarfe für zukünftige Normen und Standards konkretisiert. Bis die überarbeiteten oder neu erstellten Normen vorliegen, wird aber noch einige Zeit vergehen.

Unsere Antriebssysteme und deren Komponenten sollen allerdings von Generation zu Generation nachhaltiger werden. Die Vergleichbarkeit eines neuentwickelten Produkts mit seinem Vorgänger ist daher insbesondere in Bezug auf die Reparaturfähigkeit essenziell. Für die konkrete Bewertung erarbeiten wir gerade einen eigenen Repairability Index als Key Performance Indicator (KPI). All diese Maßnahmen zielen darauf ab, nach und nach mehr Komponenten zirkulieren zu lassen. Dadurch können wir den Gesamtfootprint reduzieren und werden wettbewerbsfähiger, insbesondere dann, wenn CO_2 in Zukunft Geld kosten wird.

Welche Herausforderungen gibt es noch zu meistern?
Dr. Krattenmacher: Ein sehr großes Thema bei der Circular Economy ist die Tatsache, dass Hersteller, die Produkte eines anderen übernehmen müssen, um Kreisläufe zu schließen. Hier stellt sich dann die Frage, ab wann das Produkt nicht mehr dem anderen gehört. Hierzu gibt es rechtlich noch keine Grundlage.

Weiterhin ist die Begrifflichkeit, was »neu« ist, zu hinterfragen und neu zu definieren. Wenn wir Produkte aus Rohstoffen herstellen, wird dies automatisch als »neu« anerkannt. Hier benötigen wir eine neue Definition, denn neu ist, wenn eine Lifetime garantiert wird, nur dann kann eine erfolgreiche Kreislaufwirtschaft etabliert werden. Der Gesetzgeber muss dies vorgeben.

Dr. Miller: Neben den Herausforderungen, die Herr Dr. Krattenmacher beschrieben hat, gibt es aktuell auch noch zu wenig Rückfluss von Altprodukten, um deren Teile wiederzuverwenden. Diesen Rückfluss müssen wir erhöhen und über ein geeignetes Geschäftsmodell eine Win-win-Situation für unsere Kunden und uns schaffen. Die Festlegung einer angemessenen Rückvergütung stellt dabei eine genauso große Herausforderung dar, wie die aufwandsarme Sammlung, der Rücktransport, die Demontage, Sortierung, Aufbereitung und Wiederverwendung. Wir müssen also überlegen, wie wir es schaffen, dies attraktiv zu machen und solche Lösungen zu finden, die in Summe immer noch ökologisch sind, aber auch einen monetären Vorteil bieten.

Außerdem gibt es auch im grenzüberschreitenden Altgeräteverkehr Kollisionsrisiken mit dem Abfallwirtschaftsgesetz, weshalb wir bislang Altmotoren noch nicht aus Italien zur Aufbereitung nach Frankreich transportieren, wo der Prozess eingerichtet ist. Altgeräte werden an dieser Stelle noch nicht als werthaltige Ressource behandelt.

Dr. Krattenmacher: Abschließend ist zu sagen, dass in unserer Industrie das, was wir heute designen, und die Prozesse, die wir heute implementieren, erst in 10–15 Jahren so richtig zum Tragen kommt, da die Lebenszyklen unserer Produkte sehr lange, die Produkte also von sich aus schon nachhaltig sind.

Welchen Tipp geben Sie produzierenden Unternehmen bei der Gestaltung nachhaltiger und zirkulärer Geschäftsmodelle mit?
Dr. Miller: Entwickeln Sie ein betriebswirtschaftlich funktionierendes Konzept, in dem Wiederverwendung nicht nur ökologische Vorteile bietet, sondern nachweislich Kosten einspart. Damit demonstrieren Sie die Sinnhaftigkeit der Kreisläufe, Sie wecken intern Begeisterung und schaffen gleichzeitig die besagte Win-win-Situation für Hersteller und Kunden.

Dr. Krattenmacher: Circular Economy muss sich entwickeln. Man sollte sich die Ziele nicht zu hoch stecken und dann frustriert aufhören, wenn sie nicht erreichbar sind. Es ist sinnvoller, umsetzbare Kreisläufe zu definieren und den »Kreis« dann Schritt für Schritt zu erweitern, als auf den einzigen großen Big Bang zu hoffen. Circular Economy ist für mich infrastrukturelles Denken. Wir bauen eine neue zirkulare Infrastruktur auf. Und keine Infrastruktur dieser Welt ist über Nacht auf einmal entstanden, sondern durch kontinuierliche Erweiterung.

Unternehmensbeschreibung
SEW-EURODRIVE GmbH & Co KG ist ein inhabergeführtes Familienunternehmen und einer der internationalen Marktführer im Bereich Antriebs- und Automatisierungstechnik mit insgesamt rund 21.000 Beschäftigten. Mit 17 Fertigungswerken und 89 Drive Technology Centern in 54 Ländern ist SEW-EURODRIVE lokal und global gut aufgestellt und immer in der Nähe ihrer Kunden.

Zusammenfassung

Bei zunehmender Weltbevölkerung und einem damit verbundenen Anstieg des Konsums würden wir bis im Jahre 2050 drei bis vier Erden benötigen, um unseren Ressourcenbedarf zu decken. Unser linearer »Take-Make-Waste«-Ansatz hängt u. a. von der Gewinnung seltener natürlicher Ressourcen ab und ist laut einer Studie von UN Environment für 53 Prozent der weltweiten Kohlenstoffemissionen und mehr als 80 Prozent des Verlusts der biologischen Vielfalt verantwortlich.

Die Lösung: Kreislaufwirtschaft. Ziel ist es, Systeme zu entwickeln, die Abfall erst gar nicht entstehen lassen. Dies erfordert einen Übergang von einem linearen Wirtschaftsmodell zu einem auf Kreislaufwirtschaft basierenden Modell, bei dem Ressourcen so lange wie möglich genutzt werden, indem sie u. a. geteilt, geleast, wiederverwendet, repariert, aufgearbeitet und recycelt werden. Die Kreislaufwirtschaft bewältigt den Klimawandel und andere globale Herausforderungen wie den Verlust der biologischen Vielfalt, Verschwendung und Umweltverschmutzung, indem sie die Wirtschaftstätigkeit vom Verbrauch endlicher Ressourcen entkoppelt. Um dies zu erreichen, müssen wir Waren und Dienstleistungen ein System durchlaufen lassen, das diese Produkte am Ende des Lebenszyklus einsammelt und wiederverwendet, bevor sie zu Abfall werden.

Die Kreislaufwirtschaft basiert auf drei designorientierten Prinzipien: Eliminierung von Abfall und Umweltverschmutzung, Produkte und Materialien (in ihrem höchsten Wert) im Kreislauf zu behalten, Natur regenerieren.

Ein unterstützender Ansatz ist die Produktverantwortung. Damit werden keine Produkte in die Welt gesetzt, ohne Rücksicht auf deren Auswirkungen zu nehmen.

In diesem Zusammenhang ist Resilienzdenken in Zeiten der Ressourcenknappheit und globalen Lieferkettendisruption eine wichtiger Befähiger, Lieferketten zu stabilisieren und Organisationen zu stärken. Resilienz gewinnt gerade in den letzten Jahren auch in den Debatten zur nationalen und internationalen Sicherheit, die durch die Klimakrise beeinträchtigt wird, eine immer zentralere Bedeutung.

Die Kreislaufwirtschaft ist eine der bisher umfassendsten Initiativen und das weitreichendste Projekt, bei dem Resilienzdenken als Katalysator für wirtschaftliche Nachhaltigkeit eingesetzt wird.

Eines der Hauptziele der Industriepolitik der meisten Industrieländer ist ein stetiges Wirtschaftswachstum. Gleichzeitig sind die meisten ihrer wirtschaftlichen Aktivitäten mit der Gewinnung und Industrialisierung natürlicher und endlicher Ressourcen verbunden. Um aber langfristig wettbewerbsfähig zu bleiben, müssen Produkte, Prozesse, ja ganze Geschäftsmodelle kreislauffähig sein.

Kreislaufwirtschaft führt zu Stabilität sowie ökonomischem und gesellschaftlichem Wohlstand und trägt maßgeblich zur Regeneration der Natur bei.

4 Verantwortungsbewusste Geschäftsmodellinnovation – ein holistischer Ansatz

Lassen Sie uns kurz darüber nachdenken, was in den vorherigen Kapiteln thematisiert wurde. Inwieweit können wir in unserem Umfeld die gelernten Prinzipien bezüglich nachhaltiger Innovation und Kreislaufwirtschaft anwenden und Produkte sowie Dienstleistungen verantwortungsbewusst, nachhaltig und zirkulär gestalten? Können Sie es sich vorstellen, wie es wäre, wenn wir endlos wiederverwendbare und verfügbare Ressourcen zur Verfügung hätten?

Obwohl wir über Jahrzehnte Fortschritte gemacht, Bildungssysteme verbessert und Bekenntnisse von Staaten und Unternehmen der ganzen Welt gehört haben, sind wir noch weit weg von einer gerechten, nachhaltigen und zirkulären Wirtschaftswelt. Aber genau darin liegt die Chance: Wir können lernen, die zu diesem Ziel passenden Lösungen und Geschäftsmodelle zu entwerfen. Damit können wir alle mithelfen, innovative Ansätze zu entwickeln, die der Natur nutzen und ethische Lieferketten gewährleisten, um unsere Welt zum Positiven zu verändern (vgl. Acaroglu, 2023b).

4.1 Innovation des Geschäftsmodells als Wettbewerbsvorteil

Zukunftsorientierte CEOs, Vorstände und Unternehmer stehen vor der Frage, wie sie ihre Unternehmen neu aufbauen können, um für die Zukunft gerüstet zu sein. Das neue Ziel besteht nicht nur darin, eventuelle negative Auswirkungen der Neuerungen auf Betriebsabläufe und Lieferketten zu reduzieren und profitables Wachstum zu generieren, sondern es geht darum, Chancen zu nutzen, die eine nachhaltige Zukunft innerhalb der planetaren Grenzen ermöglichen. All das betrifft das Geschäftsmodell eines Unternehmens, wobei das Wort »Geschäftsmodell« gerade in den letzten Jahren zu einem »Buzzword« in vielen Vorstandsetagen geworden.

Fragen Sie fünf Personen nach dem Geschäftsmodell eines Unternehmens, bekommen Sie erfahrungsgemäß fünf unterschiedliche Antworten. Das liegt zum einen daran, dass Menschen in Organisationen oft gar keine oder unterschiedliche Vorstellungen von der Bedeutung diese Begriffs haben, und das Geschäftsmodell zudem oftmals mit der Strategie eines Unternehmens verwechselt wird. Zum anderen kann es daran liegen, dass ein Unternehmen mehrere Geschäftsmodelle haben kann. Im Gegensatz zu einer Strategie, die ein bestimmtes Ziel artikuliert und den Weg dahin skizziert, beschreibt das Geschäftsmodell die Mechanismen, mit denen diese Ziele erreicht werden. Es kann in einem Unternehmen unterschiedliche Geschäftsmodelle geben. Dies ist vor allem bei Konzernen der Fall. Es ist somit möglich, dass verschiedene Geschäftsmodelle mit ein und derselben Strategie konform gehen, da verschiedene Wege zum selben Ziel führen können (vgl. Sorescu et al., 2011, S. 4 f.). Dies ist auch für unseren Fahrplan wichtig – viele Wege führen uns an das Ziel, nachhaltige und zirkuläre Innovationen des Geschäftsmodells zu gestalten.

Ein Geschäftsmodell ist eine strategische und konzeptionelle Grundlage, auf der ein Unternehmen seine Aktivitäten plant, entwickelt und ausführt, um Werte für Stakeholder zu schaffen sowie Gewinne zu erzielen. Nach Lindgardt et al. (2009) besteht ein Geschäftsmodell aus zwei wesentlichen Elementen: dem Werteversprechen (engl. Value Proposition) und dem Betriebsmodell (engl. Operating Model). Dabei konzentriert sich das Werteversprechen auf die Frage »Was bieten wir wem an?«. Um diese Frage zu beantworten, werden die Zielsegmente, das Produkt- oder Dienstleistungsangebot und das Umsatzmodell untersucht. Das Betriebsmodell beantwortet die Frage »Wie liefern wir das Angebot profitabel?« mit Schwerpunkt auf Wertschöpfung, Kostenmodell und Organisation.

Basierend auf dem St. Gallen Business Model Navigator, gibt es, wie in der Abbildung 13 gezeigt, vier Dimensionen eines Geschäftsmodells (vgl. Gassmann et al., 2014):

- der Kunde,
- das Werteversprechen,
- die Wertschöpfungskette und
- der Wirtschaftlichkeitsfaktor.

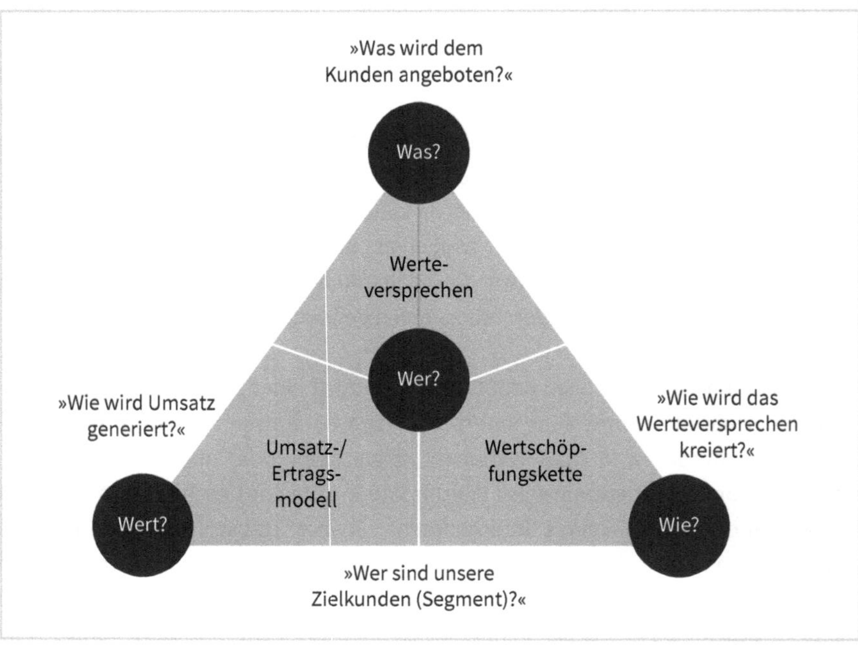

Abb. 13: Business Model Navigator (Quelle: eigene Darstellung, in Anlehnung an Gassmann et al., 2014)

Auch nach Osterwalder und Pigneur (2010a) besteht ein Geschäftsmodell aus vier Bausteinen:

- Kunden,
- angebotene Leistungen,
- Infrastruktur und
- Finanzstruktur.

Osterwalder und Pigneur entwickelten daraus das sogenannte Business Model Canvas (BMC) (s. Abb. 14), ein visuelles Framework zur Entwicklung, Beschreibung und der Analyse von Geschäftsmodellen. Das Canvas ist ein einfaches und effektives Werkzeug, das verwendet werden kann, um die wichtigsten Aspekte eines Geschäftsmodells zu verstehen, zu gestalten und zu kommunizieren.

Schlüsselpartner
Schlüssel-aktivitäten
Schlüssel-ressourcen
Werteversprechen
Kundenbeziehung
Kanäle
Kundensegmente
Kostenstruktur
Einnahmequellen

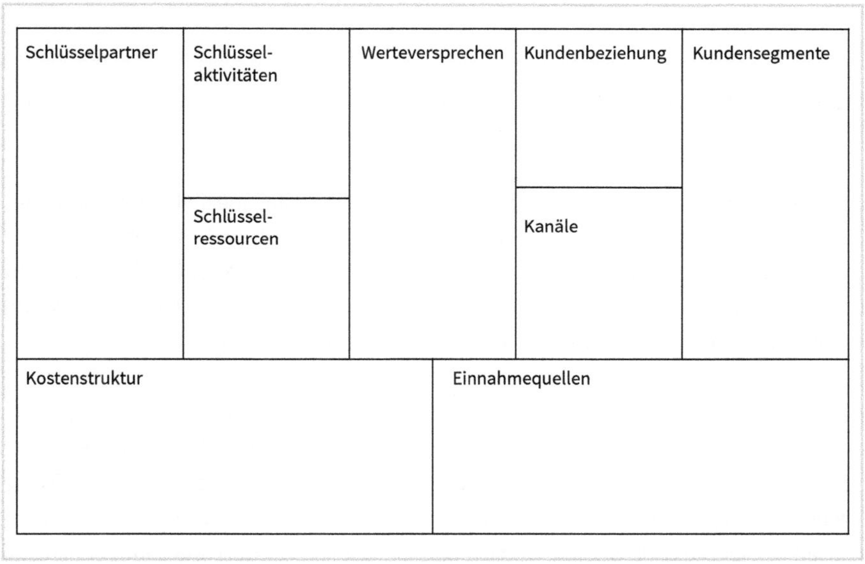

Abb. 14: Business Model Canvas (Quelle: eigene Darstellung, in Anlehnung an Strategyzer, o. D.)

Das BMC ist die Basis für viele weitere Modelle, wie zum Beispiel das Lean Canvas, das speziell für Start-ups und Unternehmer entwickelt wurde, um eine innovative Idee für ein neues Produkt oder eine neue Dienstleistung schnell und einfach als Geschäftsidee zu strukturieren und zu kommunizieren. Zudem gibt es beispielsweise auch das Social Business Model Canvas (s. Abb. 15). Das Social Business Model Canvas ist eine modifizierte Version des BMC, die speziell für soziale Unternehmen oder Unternehmen mit sozialen und nachhaltigen Zielen entwickelt wurde. Es ermöglicht, soziale und ökologische Auswirkungen in den Geschäftsmodellentwurf einzubeziehen und ermöglicht es Unternehmen, ihre sozialen Ziele und wirtschaftlichen Aspekte miteinander zu verknüpfen (vgl. Böhmann et al., 2013).

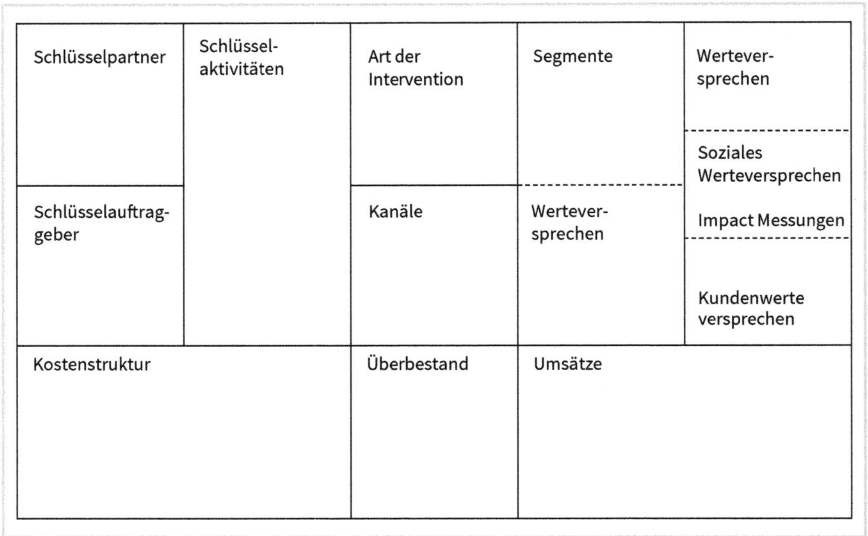

Schlüsselpartner	Schlüsselaktivitäten	Art der Intervention	Segmente	Werteversprechen Soziales Werteversprechen Impact Messungen Kundenwerte versprechen
Schlüsselauftraggeber		Kanäle	Werteversprechen	
Kostenstruktur		Überbestand	Umsätze	

Abb. 15: Social Business Model Canvas (Quelle: eigene Darstellung, in Anlehnung an Social Innovation Lab, 2013)

Das Sustainable Business Model Canvas (s. Abb. 16) ist eine spezielle Anpassung des Business Model Canvas, die darauf ausgerichtet ist, nachhaltige Geschäftsmodelle zu entwickeln und zu beschreiben (vgl. CASE Knowledge Alliance, o. D.). Es ermöglicht Unternehmen, ökonomische und nachhaltige Ziele miteinander zu verknüpfen und ihre Auswirkungen auf Umwelt und die Gesellschaft zu berücksichtigen.

Zusätzlich zu den in Abbildung 14 dargestellten Segmenten des BMC enthält das Sustainable Business Model Canvas die übergeordnete *Nachhaltigkeitsmission und -vision* des Unternehmens, die mit dem Geschäftsmodell erfüllt werden soll. Das spezifische *Nachhaltigkeitsproblem*, das durch das Geschäftsmodell gelöst werden soll, wird beschrieben. Auf dieser Basis soll die *nachhaltige Lösung* erläutert werden. Ebenso soll beschrieben werden, wie das Geschäftsmodell das identifizierte Nachhaltigkeitsproblem lösen oder mildern wird. Weiterhin sollen die *Nachhaltigkeitsziele*, die Ihr Unternehmen für seine Nachhaltigkeitsleistungen setzen möchte, wie bspw. Reduzierung von CO_2-Emissionen, Abfallvermeidung oder soziale Integration erläutert werden. Außerdem liegt ein besonderer Augenmerk auf der Messung der Nachhaltigkeitsauswirkungen mit Kennzahlen, welche die Fortschritte hinsichtlich der Erreichung der Nachhaltigkeitsziele messen und verfolgen sollen.

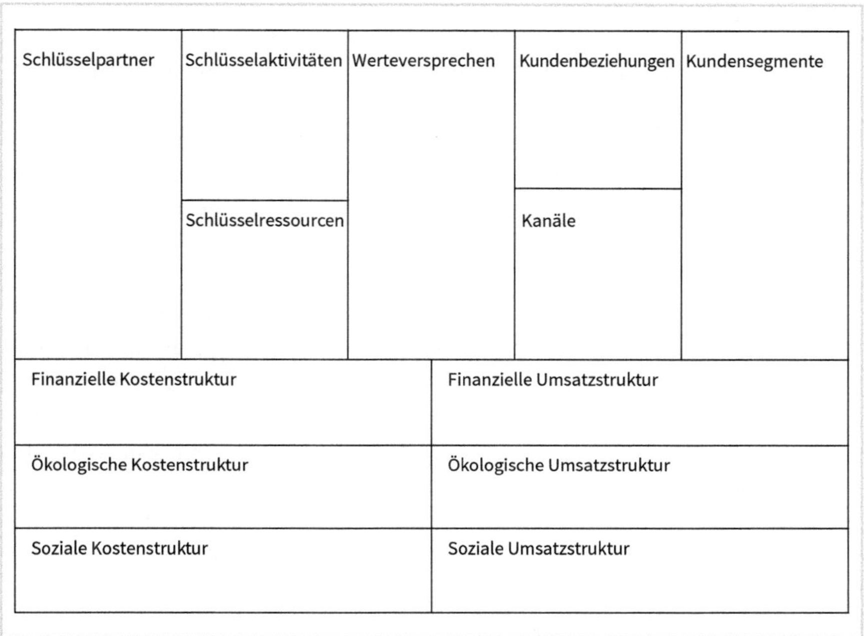

Schlüsselpartner	Schlüsselaktivitäten / Schlüsselressourcen	Werteversprechen	Kundenbeziehungen / Kanäle	Kundensegmente

Finanzielle Kostenstruktur	Finanzielle Umsatzstruktur
Ökologische Kostenstruktur	Ökologische Umsatzstruktur
Soziale Kostenstruktur	Soziale Umsatzstruktur

Abb. 16: Sustainable Business Model Canvas (Quelle: eigene Darstellung, in Anlehnung an CASE Knowledge Alliance, o. D.)

Im Rahmen einer Boston Consulting Group Studie zum Thema »Sustainable Business Model Innovation« wurden mehr als 100 Unternehmen untersucht, die Sustainable Business Model Innovation praktizieren. Es wurde festgestellt, dass die fortschrittlichsten dieser Unternehmen, also die »Spitzenreiter«, ökologische, gesellschaftliche und finanzielle Prioritäten kombinieren, um ihre Kerngeschäftsmodelle neu zu denken und sogar die Grenzen des Wettbewerbs zu verschieben (vgl. Young & Gerard, 2021). Mit diesem Ziel vor Augen haben Unternehmen damit begonnen, Geschäftsmodellinnovationen zur Transformation ihres Kerngeschäfts zu nutzen. Neue nachhaltige Geschäftsmodelle sollen es Unternehmen ermöglichen, innerhalb der planetaren Grenzen, aber auf wirtschaftlich tragfähige Weise zu agieren. Bei der Geschäftsmodellinnovation kann es darum gehen, gesamten Geschäftsszenarien zu überdenken, aber auch das System (den Markt) in Frage zu stellen, in dem das Unternehmen tätig ist. Da es sich um eine Reihe mehrdimensionaler Aktivitäten handelt, ist die Umsetzung von Geschäftsmodellinnovationen ehrgeizig und komplex. Im Erfolgsfall kann die Schaffung neuer Geschäftsmodelle einem Unternehmen jedoch dank des First-Mover-Status und einer erhöhten internen Kapazität für transformative Veränderungen einen Wettbewerbsvorteil verschaffen (vgl. Loetscher & Kreis, 2018).

Aber allzu oft gelingt es Unternehmen nicht, sich anzupassen, und sie klammern sich an veraltete Geschäftsmodelle, die nicht mehr die Ergebnisse liefern, die sie brauchen. Das eigene Geschäftsmodell an sich verändernde Umwelt-, Klima und Kundenbedingungen anzupassen und gleichzeitig maximalen Stakeholderwert zu generieren, ist eine der herausforderndsten Disziplinen im Bereich des Unternehmertums, wie Foss und Saebi (2017) in ihrem Forschungsmodell zur Geschäftsmodellinnovation darlegen. Zu den größten Herausforderungen von Geschäftsmodellinnovation gehört höchstwahrscheinlich der Mangel an Verständnis und Fähigkeit, in Geschäftsmodellen zu denken, sowie die Hürde, die Kultur des Unternehmens zu überwinden (vgl. Lang, 2020; vgl. Foss & Saebi, 2017).

Zusätzlich stehen Unternehmen gerade vor großen Herausforderungen wie der digitalen und nachhaltigen Transformation, was sich zusätzlich stark auf Strategie, Geschäftsmodell, Kunden, Wettbewerb, Portfolio, Prozesse und auswirkt. Darüber hinaus haben Andreini und Bettinelli (2017, o. D.) einen umfassenden Überblick über mehrere Treiber und Einflussfaktoren von BMI erstellt. Dazu gehören Aktivitäten (Wissensmanagement, Corporate Entrepreneurship CE-Prinzipien, technische Innovationsförderung, ...), externe Stakeholder (Partnerschaften, Risikokapitalgesellschaften, mehrere Stakeholder), Umweltfaktoren (Nachhaltigkeitsmöglichkeiten, kultureller Kontext, ...), organisatorische Merkmale (Fähigkeiten des Top-Managements, ...), Service (gemeinsame Wertschöpfung aus einer servicedominanten Logik, Umstellung auf Serviceorientierung, ...) und Sonstiges.

Gleichzeitig ist genau diese Disziplin notwendig für das Weiterbestehen von Unternehmen, gerade in Zeiten des Klimawandels. Durch Geschäftsmodellinnovationen können somit nicht nur die Herausforderungen der Zukunft gemeistert werden, sondern maßgebliche Wettbewerbsvorteile generiert werden, die durch Produkte und Dienstleistungen bereits ausgeschöpft sind. Geschäftsmodellinnovationen versprechen nicht nur höhere Renditen zu erzielen als Produkt- oder Prozessinnovationen, sie können auch Risiken minimieren sowie zusätzliche Möglichkeiten zur Diversifizierung und gemeinsamen Wertschöpfung bieten (vgl. Most, 2023). Um diese Vorteile zu realisieren, sind Unternehmen zunehmend interessiert an der Gestaltung und Implementierung gesamtheitlich verantwortungsbewusster, nachhaltiger und zirkulärer Geschäftsmodelle (s. Abb. 17).

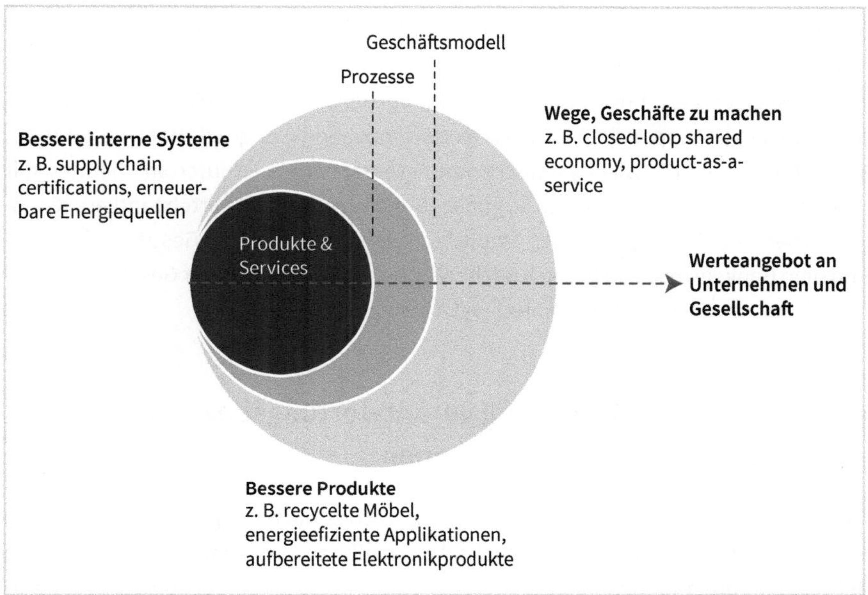

Abb. 17: Innovation Framework (Quelle: eigene Darstellung, in Anlehnung an Loetscher & Kreis, 2018)

Wagen Sie den Blick über den Tellerrand. Stellen Sie sich das Geschäftsmodell auf verschiedenen Ebenen vor. Angenommen, Ihr Unternehmen wächst in den nächsten Jahren um das Drei- oder Fünffache. Wo könnten sich Herausforderungen oder Chancen ergeben? Was passiert mit den externen Effekten, die das Unternehmen verursacht? Wie verändern sich Risiken und Chancen? Identifizieren Sie Innovationschancen oder »strategische Interventionspunkte« (vgl. Young & Gerard, 2021). Dies sind Punkte, an denen gezielte Maßnahmen oder Innovationen die Stakeholder-Dynamik verändern, sich positiv auf Umwelt- oder Gesellschaftsprobleme auswirken, die Schwachstellen des Geschäftsmodells verringern oder sogar neue Möglichkeiten für den Geschäftswert schaffen könnten. BMI soll proaktiv als Chance gesehen und genutzt werden, als Prozess der strategischen Transformation. Erfahrungsgemäß sind Krisen, wie auch aktuell die Klimakrise, ideale Chancen, um sich neu zu erfinden und interne Herausforderungen zu meistern.

Nachhaltige und zirkuläre Geschäftsmodellinnovation bedeutet zum einen, das Geschäftsmodell von innen heraus gesamtheitlich und entlang der Wertschöpfungskette auf Basis ökologischer und gesellschaftlicher Kriterien zu innovieren. Nachhaltigkeits- und Kreislaufwirtschaftsprinzipien werden hier im bestehenden Geschäftsmodell verankert, um dieses in Balance mit Gesellschaft und Natur messbar zu innovieren. Zum anderen zielt nachhaltige und zirkuläre Geschäftsmodellinnovation darauf ab, neue Geschäftsmodelle kundenorientiert mit Fokus auf regenerative, wirtschaftlich und gesellschaftliche Ziele zu entwickeln und zu skalieren. Hier spricht man unter anderem auch von Company Building oder Venture Building (vgl. Most, 2023).

Geschäftsmodelle sind das Herz des Unternehmens – verantwortungsbewusste Geschäftsmodellinnovation sind seine Überlebenschance (vgl. Most, 2023). Mit dem in diesem Buch vorgestellten Ansatz der verantwortungsbewussten Geschäftsmodellinnovation (engl. »Responsible Business Model Innovation«) zeige ich einen gesamtheitlichen Ansatz, der die wichtigsten Erkenntnisse der bereits erläuterten Theorien mit meinen praktischen Erfahrungen aus über 10 Jahren Arbeit mit Mittelständlern, Großkonzernen und Start-ups aus der produzierenden Industrie, dem Gesundheitswesen und dem Bankenwesen im Bereich nachhaltiger und kreislauffähiger Geschäftsmodelle, Prozesse und Systeme kombiniert (vgl. Most, 2023).

4.2 Die 5 Ps zur Gestaltung verantwortungsbewusster Geschäftsmodellinnovationen

Sie fragen sich, was wir tun können, um eine gerechte, nachhaltige und zirkuläre Wirtschaftswelt zu gestalten? Welche Möglichkeiten gibt es, um verantwortungsbewusst mit zielführenden Innovationen der bestehenden Geschäftsmodelle den erforderlichen Wandel herbeizuführen? Verantwortungsbewusste Geschäftsmodellinnovation (engl. Responsible Business Model Innovation) ist ein gesamtheitlicher Ansatz, der einen Fahrplan dafür bietet und u.a. auch die sozialen und ökologischen Aspekte integriert (vgl. Most, 2023).

Der verantwortungsbewussten Geschäftsmodellinnovation liegt ein gesamtheitlicher Ansatz zugrunde, der auf fünf Säulen – den 5 Ps – fußt (s. Abbildung 18):

- Purpose,
- People,
- Products,
- Processes,
- Performance.

Responsible Business Model Innovation				
Purpose	**People**	**Product**	**Processes**	**Performance**
Welche Wirkung wollen wir in Bezug auf wirtschaftlichen, ökologischen und sozialen Wert sowie gegenüber Stakeholdern (Kunden, Partnern, Mitarbeitern) erzielen?	Wer sind meine Stakeholder? Für wen schaffe ich Werte und welche Fähigkeiten benötigen wir, um ein verantwortungsvolles Geschäftsmodell zu schaffen?	Welche nachhaltigen und zirkulären Produkte und Dienstleistungen biete ich an? Welchen Wert möchte ich innerhalb des neuen Geschäftsmodells generieren?	Welche Prozesse, Partner und Technologien brauchen wir, um ein nachhaltiges und zirkuläres Geschäftsmodell erfolgreich zu etablieren?	Wie sieht die ideale Infrastruktur und Organisationsstruktur aus, um das neue Geschäftsmodell nachhaltig und profitabel zu etablieren?

Abb. 18: Responsible Business Model Innovation (Quelle: eigene Darstellung, in Anlehnung an Most, 2023)

Dieser Ansatz basiert auf mehreren Jahren praktischer Erfahrung in Zusammenarbeit mit führenden Industrieunternehmen. Weiterhin basiert der Ansatz auf bereits vorgestellten Methoden zur Geschäftsmodellinnovation wie dem BMC und dem St. Gallen Business Model Navigator. Da jedoch in beiden Ansätzen der »Purpose« fehlt, aber die Frage nach dem »Warum?«, dem höheren Sinn des Unternehmens heute wichtiger denn je ist, wurde u. a. der Responsible Business Model Innovation Ansatz entwickelt. Darum geht es bei den in Abbildung 18 dargestellten 5 Ps (vgl. Most, 2023):

Purpose – der höhere Sinn als DNA verantwortungsbewusster Geschäftsmodelle: Dem Zweck des Geschäftsmodells, engl. Purpose, wird im Sinne der verantwortungsbewussten Geschäftsmodellinnnovation eine neue Bedeutung gegeben. Es geht darum, die Frage auf das »Warum?« zu beantworten. Es geht darum, zu hinterfragen, welchen Einfluss das derzeitige Geschäftsmodell auf Ökologie, Ökonomie, Gesellschaft sowie deren Stakeholder (Kunden und Mitarbeiter) hat, ob das Geschäftsmodell überhaupt eine sinnvolle Daseinsberechtigung im Sinne seiner ökologischen und gesellschaftlichen Auswirkungen hat und welcher positive Impact in Zukunft mit dem neuen oder angepassten Geschäftsmodell erzeugt werden soll (vgl. Most, 2023).

People – der Mensch im Zentrum der verantwortungsbewussten Innovation: Die Bedürfnisse der Kund:innen, Partner:innen und Mitarbeiter:innen verändern sich. Die Frage »Wer?« von dem Geschäftsmodell betroffen ist und welche ökologischen und gesellschaftlichen Ziele diese Stakeholder verfolgen, gibt Aufschluss darüber, wie nachhaltige Geschäftsmodelle der Zukunft gestaltet werden müssen. Damit wird sichergestellt, dass das entsprechende Geschäftsmodell intern den Bedürfnissen der Mitarbeiter:innen entspricht und extern den Stakeholderbedürfnissen sowie deren Nachhaltigkeitszielen. Aufgrund der sich schnell verändernden Umwelteinflüsse und damit einhergehenden Bedürfnisse, können an dieser Stelle auch neue Märkte und Technologien entstehen, wie beispielsweise im Bereich Green Cement, Green Hydrogen und erneuerbaren Energien, die für Unternehmen neue Wachstumschancen bieten (vgl. Most, 2023).

Products – zirkuläres Produktdesign, nachhaltige Dienstleistungen und Lösungen: Das »Was?« beschreibt das Werteversprechen des Geschäftsmodelles in Form von Produkten, Dienstleistungen und Lösungen und zeigt auf, wo die Potenziale eines nachhaltigen Portfolios liegen. Produkte sollen regenerativ, energie- und ressourcenschonend designt werden und Materialkreisläufe sollen geschlossen werden. Großes Potenzial liegt hierbei im Bereich des zirkulären Produktdesigns. Weiterhin ist die Nutzungsdauer der Produkte zu verlängern, sodass sich deren Lebenszyklus verlängert, z. B. durch Reparatur, Wiederverwendung und Aufbereitung (Refurbishment) oder Refabrikation (Remanufacturing). Dadurch ist der ökologische Fußabdruck möglichst gering. Produkte verantwortungsbewusst zu konstruieren und zu entwickeln, betrifft jedoch auch gesellschaftliche Aspekte. So müssen auch sozial-gesellschaftliche

Faktoren beispielweise in Bezug auf die Rohstoffentnahme und neue Technologien unter ethischen Gesichtspunkten betrachtet werden (vgl. Most, 2023).

Processes – Verantwortungsbewusstsein entlang der Wertschöpfungskette: Prozesse zu gestalten, die es ermöglichen, Komponenten wiederzuverwenden und passende Vertriebs- sowie Umsatzkanäle zu entwickeln, welche die Nutzungsdauer von Produkten und Lösungen verlängern, sind Beispiele, wie man durch Veränderung von einzelnen Komponenten eines Geschäftsmodells, dessen Kern gesamtheitlich innovieren kann. Doch es geht darüber hinaus um sämtliche Geschäftsprozesse eines Unternehmens und die Frage »Wie?« diese unter ökologischen, gesellschaftlichen und unternehmenspolitischen Gesichtspunkten neugestaltet werden können. Spätestens seit dem Lieferkettensorgfaltspflichtengesetz hat das Thema Verantwortung entlang der gesamten Wertschöpfungskette und die Zusammenarbeit mit verantwortungsbewussten Partnern einen hohen Stellenwert bekommen (vgl. Most, 2023).

Performance – wirtschaften in Balance mit Gesellschaft und Natur: Ziel der verantwortungsbewussten Geschäftsmodellinnovation ist es, ein profitables Geschäftsmodell in Balance mit Natur und Gesellschaft aufzubauen. Die Frage »Wie viel?« monetären Wert ein Geschäftsmodell generieren muss, um profitabel und gleichzeitig verantwortungsbewusst zu sein, ist für den nachhaltigen Erfolg essenziell. Der Impact von Geschäftsmodellen muss messbar und transparent aufgezeigt werden können, in Form von finanziellen sowie nicht-finanziellen Kennzahlen, die wiederum ökologische, gesellschaftliche, unternehmenspolitische Ziele in sich tragen. Nur was gemessen werden kann, kann auch gemanagt werden (vgl. Most, 2023).

Im folgenden Kapitel 5 werde ich detailliert auf die einzelnen Ps eingehen. Doch zuvor noch das sehr inspirierende Gespräch, das ich mit Erik Wirsing geführt habe und Ihnen nicht vorenthalten möchte:

Im Gespräch mit Erik Wirsing (DB Schenker)

Erik Wirsing ist seit mehr als 23 Jahren bei DB Schenker in diversen Positionen tätig und leitete neben verschiedenen IT-Bereichen seit 2011 auch den Innovationsbereich für die Schenker Deutschland AG. Seit 2016 verantwortet er den Bereich Innovation für DB Schenker global und ist in dieser Funktion als »Vice President Global Innovation« Teil von Global Ventures & Innovation im CEO Ressorts der Schenker AG. Der Fokus seines Bereiches liegt u.a. auf der Erforschung/Beobachtung gesellschaftlicher und technischer Trends (z.B. Digitalisierung, 3-D-Druck, autonomes Fahren, alternative Antriebe, Smart Devices, Cargo Drohnen), deren Auswirkungen auf die Logistikbranche sowie die Ableitung zukünftiger Geschäftsmodelle für die Logistik von Morgen. Weiterhin verantwortet er das eigene DB Schenker Lab, alle Start-up Aktivitäten und innovative Pilotprojekte. Sein Motto beschreibt er als »Wer steht, der geht«!

Was bedeutet für dich Nachhaltigkeit als Innovationstreiber?
Nachhaltigkeit als Innovationstreiber bedeutet für mich, dass die Notwendigkeit, nachhaltige Praktiken in Unternehmen einzuführen, Innovationen und Veränderungen in Geschäftsmodellen vorantreibt. Es geht darum, ökologische, soziale und ökonomische Aspekte in Einklang zu bringen und innovative Lösungen zu finden, die langfristig sowohl für das Unternehmen als auch für die Gesellschaft von Vorteil sind.

Die Bedeutung von Nachhaltigkeit als Innovationstreiber ist heute größer denn je. Unternehmen erkennen zunehmend, dass sie ökologische und soziale Herausforderungen angehen müssen, um wettbewerbsfähig zu bleiben und ihr langfristiges Überleben zu sichern. Nachhaltigkeit bietet die Möglichkeit, ineffiziente und umweltschädliche Prozesse zu überdenken und durch nachhaltigere Alternativen zu ersetzen. Dies erfordert innovative Ansätze, um Ressourcen effizienter zu nutzen, Emissionen zu reduzieren, erneuerbare Energien zu integrieren und Kreislaufwirtschaftskonzepte zu implementieren.

In der Logistikbranche zum Beispiel besteht die Möglichkeit, durch innovative Transport- und Lieferlösungen die Umweltauswirkungen zu verringern. Neue Technologien wie Elektrofahrzeuge, Wasserstoffantriebe, Cargo-Bikes für Innenstädte, autonome Lieferdrohnen oder intelligente Routenoptimierungssysteme können dazu beitragen, den CO_2-Fußabdruck zu reduzieren und gleichzeitig die Effizienz und Wirtschaftlichkeit zu verbessern. Nachhaltigkeit als Innovationstreiber eröffnet Unternehmen die Chance, Vorreiter in ihren Branchen zu sein und sich einen Wettbewerbsvorteil zu verschaffen.

Darüber hinaus führt Nachhaltigkeit als Innovationstreiber zu neuen Geschäftsmöglichkeiten und Marktchancen. Verbraucher*innen werden immer umweltbewusster und legen zunehmend Wert auf nachhaltige Produkte und Dienstleistungen. Unternehmen, die diese Nachfrage bedienen und innovative Lösungen anbieten können, werden einen größeren Marktanteil gewinnen. Nachhaltigkeit fördert auch den Aufbau von Partnerschaften und Kooperationen, da die Zusammenarbeit entlang der gesamten Lieferkette erforderlich ist, um nachhaltige Ziele zu erreichen.

Insgesamt ist Nachhaltigkeit als Innovationstreiber ein Paradigmenwechsel, der Unternehmen dazu zwingt, über traditionelle Geschäftsmodelle hinauszudenken und nach neuen, nachhaltigen Ansätzen zu suchen. Es erfordert Offenheit für Veränderungen, den Mut, neue Ideen zu erproben, und die Bereitschaft, von Fehlern zu lernen. Durch nachhaltige und zirkuläre Geschäftsmodellinnovationen können Unternehmen nicht nur ihre Wettbewerbsfähigkeit stärken, sondern auch einen positiven Beitrag zur Umwelt und Gesellschaft leisten.

Wie wirkt sich dies auf das Geschäftsmodell, auf die Strategie und Führung in deinem Bereich aus?
Die Auswirkungen von Nachhaltigkeit als Innovationstreiber auf das Geschäftsmodell, die Strategie und die Führung in meinem Bereich sind vielfältig.

Zunächst einmal erfordert Nachhaltigkeit eine Neuausrichtung des Geschäftsmodells. Es geht darum, nachhaltige Produkte und Dienstleistungen zu entwickeln und in das Angebot zu integrieren. Dies kann die Entwicklung neuer Technologien, die Implementierung von Kreislaufwirtschaftskonzepten oder die Förderung umweltfreundlicher Praktiken in der gesamten Lieferkette umfassen. Das Geschäftsmodell muss darauf abzielen, ökonomische Ziele mit ökologischen und sozialen Zielen in Einklang zu bringen.

Die Nachhaltigkeitsstrategie eines Unternehmens wird zu einem entscheidenden Erfolgsfaktor. Es geht darum, klare Ziele und Maßnahmen zur Reduzierung des ökologischen Fußabdrucks zu definieren und diese in die Unternehmensstrategie zu integrieren. Dies erfordert eine strategische Neuausrichtung, um Nachhaltigkeit als Wettbewerbsvorteil zu nutzen und die Bedürfnisse und Erwartungen der Stakeholder zu erfüllen. Die Strategie sollte auch die Zusammenarbeit mit Partnern und Zulieferern zur Förderung nachhaltiger Praktiken umfassen.

Die Führung spielt eine entscheidende Rolle bei der Gestaltung einer nachhaltigen Zukunft für das Unternehmen. Die Führungskräfte müssen eine klare Vision für Nachhaltigkeit entwickeln und diese in der gesamten Organisation kommunizieren. Sie müssen eine Kultur der Nachhaltigkeit fördern, in der Innovation und Veränderung unterstützt werden. Dies erfordert auch die Förderung von Mitarbeiterbeteiligung und -engagement, um innovative Ideen und Lösungen zu generieren. Die Führung muss auch das Bewusstsein für die Risiken und Chancen im Zusammenhang mit Nachhaltigkeit schärfen und entsprechende Maßnahmen ergreifen.

Für ein Unternehmen wie DB Schenker bedeuten diese Veränderungen, dass es notwendig ist, die Logistik von morgen proaktiv zu gestalten. Obwohl Zukunftsszenarien wie die Teleportation von Gütern und Personen theoretisch denkbar sind, bleiben wir vorerst auf die aktuellen Rahmenbedingungen angewiesen. Daher ist es entscheidend, dass DB Schenker sich auf die Gegenwart konzentriert und einen Plan entwickelt, wie es seine Logistik in eine nachhaltige Richtung lenken möchte. Dies beinhaltet die Entwicklung und Umsetzung von Innovationen und neuen Technologien, die die Umweltauswirkungen reduzieren und die Effizienz steigern.

Trotz beeindruckender Zahlen und der Positionierung als einer der größten Logistiker der Welt ist es wichtig, dass DB Schenker den Innovationsgeist bewahrt und sich aktiv auf die Zukunft vorbereitet. Die Vergangenheit zu reflektieren und in die Zukunft zu antizipieren, ist entscheidend, um relevant zu bleiben und mögliche Herausforderungen frühzeitig zu erkennen. Stillstand ist keine Option, und nur durch kontinuierliche Innovation und Anpassungsfähigkeit kann DB Schenker den Anforderungen einer nachhaltigen und zirkulären Logistik gerecht werden.

Was bedeutet der zunehmende Fokus auf Nachhaltigkeit für Stakeholder – Partner, Kunden und Mitarbeiter?
Der zunehmende Fokus auf Nachhaltigkeit hat Auswirkungen auf verschiedene Stakeholder-Gruppen, darunter Partner:innen, Kund:innen und Mitarbeiter:innen.

Für Partner:innen, insbesondere in der Lieferkette, bedeutet der Fokus auf Nachhaltigkeit eine verstärkte Zusammenarbeit und Transparenz. Unternehmen werden zunehmend darauf achten, dass ihre Partner nachhaltige Praktiken anwenden und Umweltauswirkungen minimieren. Es entstehen neue Anforderungen und Standards an Dokumentation und Transparenz über den CO_2-Ausstoß über die gesamte Supply Chain. Diese gilt es zu erfüllen, um langfristige Partnerschaften aufrechtzuerhalten. Teilweise beginnen Verlader zudem heute schon ihre Auftragsvergaben und Tender mit Anforderungen rund um CO_2-Neutralität zu versehen. Die Gewichtung dieser Variable in der Auftragsvergabe wird dabei von Jahr zu Jahr entscheidender und kann schon heute ein Wettbewerbsvorteil sein.

Kund:innen werden immer anspruchsvoller und achten vermehrt auf nachhaltige Produkte und Dienstleistungen. Sie erwarten von Unternehmen, dass diese umweltbewusst handeln und ihren ökologischen Fußabdruck reduzieren. In einigen Ausschreibungen ist dies bereits ein Must-Have! Ohne klare Konzepte zur CO_2-Reduktion oder gar Neutralität wird man als Logistiker in der Zukunft keine relevante Rolle mehr für Verlader spielen können. Der Fokus auf Nachhaltigkeit bietet Unternehmen deshalb die Möglichkeit, Kund:innen zu gewinnen und zu binden, indem sie ihre Bedürfnisse nach umweltfreundlichen Lösungen erfüllen. Eine der größten Herausforderungen dabei ist jedoch die aktuelle Verfügbarkeit des nötigen Equipments für die Logistik. Von Fahrzeugen bis hin zur Ladeinfrastruktur wird dies in den kommenden Jahren einen gehörigen Teil der Investitionsnotwendigkeiten der Branche binden.

Für Mitarbeiter:innen hat der Fokus auf Nachhaltigkeit ebenfalls Auswirkungen. Nachhaltigkeit wird zu einem immer wichtigeren Faktor bei der Wahl des Arbeitgebers. Mitarbeiter:innen möchten in Unternehmen arbeiten, die ihre Werte teilen und einen positiven Beitrag zur Gesellschaft leisten. Unternehmen müssen eine nachhaltige Unternehmenskultur fördern, Mitarbeiter:innen in Entscheidungsprozesse einbeziehen und Weiterbildungsmöglichkeiten bieten, um nachhaltiges Denken und Handeln zu fördern. In Bewerbungsgesprächen ist dabei zunehmend erkennbar, dass neben dem Gehalt auch der Wertbeitrag eines Unternehmens an der Gesellschaft, sein Beitrag für diese und vor allem der Umgang mit nachhaltigen Technologien ein zunehmender Faktor in der Entscheidungsfindung für oder auch gegen ein Unternehmen ist.

Die aktuellen Herausforderungen und Trends, wie die Digitalisierung und der Fachkräftemangel, erfordern ebenfalls Aufmerksamkeit. Unternehmen müssen innovative Lösungen finden, um Prozesse effizienter zu gestalten und qualifizierten Nachwuchs anzuziehen. Die COVID-19-Pandemie hat zudem gezeigt, dass Nachhaltigkeit und Widerstandsfähigkeit eng miteinander verbunden sind. Unternehmen müssen agil sein und sich an veränderte Bedingungen anpassen können.

DB Schenker erkennt die Verantwortung für Nachhaltigkeit bei allen Mitarbeitern und setzt auf die Unterstützung des Gesamtvorstandes. Gerade im Kontext langfristiger Investitionen und eines nicht immer unmittelbar messbaren Ertrages ist es wichtig, dass Strategien und Vorgehen vor allem vom Top-Management gestützt, gewollt und gefördert werden. Nachhaltigkeit muss deshalb integraler Bestandteil der Unternehmensstrategie sein und wird in Bezug auf Umweltauswirkungen, Mitarbeiterwohlbefinden, Kundenwert und die Integration der Sustainable Development Goals (SDG) der Vereinten Nationen betrachtet. DB

Schenker betont die Bedeutung von Nachhaltigkeit als Wettbewerbsvorteil und legt Wert auf eine ganzheitliche Betrachtung des Themas.

Welche Bedeutung hat für dich das »richtige« Team und welche Fähigkeiten sind aus deiner Sicht essenziell, um immer wieder Bestehendes zu hinterfragen und neue Wege zu gehen?
Das »richtige« Team spielt eine entscheidende Rolle, wenn es darum geht, Bestehendes zu hinterfragen und neue Wege zu gehen. Es besteht aus engagierten und vielfältigen Menschen, die eine gemeinsame Vision teilen und bereit sind, innovative Ideen voranzutreiben. Gerade im Kontext einer Nachhaltigkeitsstrategie gilt es deshalb in den kommenden Jahren vieles zu verproben, neue Sichtweisen zuzulassen und auch Fehler zuzulassen, um dann entscheiden zu können, welche Lösungen sich implementieren und vor allem auch skalieren lassen. Einfach nur abwarten ist dabei keine Alternative, denn sonst wird das eigene Unternehmen schnell in der Mittelmäßigkeit verschwinden und Morgen keinen Wertbeitrag für seine Kunden mehr stellen können. Es braucht deshalb möglichst diverse Teams, die offen und neutral an Technologien, Lösungen, Herausforderungen und Anforderungen herangehen und die vor allem in der Lage sind, in Ökosystemen zu denken und auch zu handeln. Nur solche Teams werden über die eigenen Unternehmensgrenzen hinweg nachhaltig neues implementieren können.

Ein wesentlicher Aspekt ist die Offenheit für Veränderungen und das Hinterfragen des Status quo. Teammitglieder sollten die Fähigkeit haben, bestehende Annahmen, Prozesse und Geschäftsmodelle kritisch zu hinterfragen. Sie sollten bereit sein, konventionelles Denken aufzubrechen und neue Perspektiven einzunehmen.

Kreativität, Neugierde und Innovationsfähigkeit sind ebenfalls von großer Bedeutung. Das Team sollte in der Lage sein, neue Ideen zu generieren und unkonventionelle Lösungsansätze zu entwickeln. Dies erfordert ein Umfeld, das Kreativität fördert und Fehler als Chance zur Verbesserung betrachtet. Gerade eine solche individuelle Innovations-DNS aller Teammitglieder ist es, die nachhaltige, zirkulare Geschäftsmodellinnovationen ermöglichen wird. Denn eines ist klar: Nachhaltigkeit heißt immer Teamwork!

Teamwork und Zusammenarbeit sind somit entscheidend, um verschiedene Kompetenzen und Sichtweisen zu integrieren. Ein diverses Team mit unterschiedlichen Hintergründen, Erfahrungen und Fachkenntnissen kann zu einem holistischen und innovativen Ansatz führen. Die Fähigkeit zur Zusammenarbeit, Kommunikation und gegenseitigen Unterstützung ist daher unerlässlich.

Agilität und Anpassungsfähigkeit sind weitere wichtige Fähigkeiten. Das Team sollte in der Lage sein, sich schnell an neue Herausforderungen und Veränderungen anzupassen. Flexibilität und die Bereitschaft, aus Fehlern zu lernen und sich kontinuierlich weiterzuentwickeln, sind essenziell, um innovative Lösungen zu finden.

Neben diesen Fähigkeiten ist eine positive Einstellung zum Wandel und zur kontinuierlichen Verbesserung entscheidend. Das Team sollte den Mut haben, Risiken einzugehen und neue Wege zu gehen, auch wenn sie mit Unsicherheit verbunden sind. Die Bereitschaft, aus Erfolgen und Misserfolgen zu lernen, ist ein wichtiger Bestandteil eines innovativen Teams. Dies kann natürlich auch nur funktionieren, wenn dies durch die Unternehmenskultur und vor allem die Führungsriege gedeckt ist. Fehler sind da, um sie zu machen und um daraus zu lernen. Wir glauben deshalb auch daran, dass ein Unternehmen unbegrenzt viele Fehler zulassen sollte und auch muss. Aber im besten Fall bitte jeden Fehler nur einmal!

Zusammenfassend lässt sich sagen, dass das »richtige« Team eine Mischung aus kritischer Denkfähigkeit, Kreativität, Zusammenarbeit, Agilität und Anpassungsfähigkeit sowie einer positiven Einstellung zum Wandel sein sollte. Diese Fähigkeiten ermöglichen es dem Team, bestehende Ansätze zu hinterfragen und innovative Lösungen zu finden, um den Herausforderungen einer nachhaltigen und zirkulären Geschäftsmodellinnovation gerecht zu werden.

Welche Rolle spielen neue Märkte und Technologien in diesem Zusammenhang?

Neue Märkte und Technologien spielen eine entscheidende Rolle bei der Förderung von Nachhaltigkeit, der Umsetzung von zirkulären Geschäftsmodellen und der Umsetzung einer nachhaltigen Logistik. Sie bieten Chancen für innovative Ansätze, um Umweltauswirkungen zu reduzieren, Ressourceneffizienz zu steigern und innovative Lösungen zu entwickeln, die sowohl ökologische als auch ökonomische Vorteile bieten. Dies fördert die Zusammenarbeit, den Wissensaustausch und beschleunigt die Entwicklung und Einführung neuer Technologien und Geschäftsmodelle. Unternehmen, die diese Chancen erkennen und proaktiv nutzen, können sich als Vorreiter positionieren und langfristig erfolgreich sein.

Einige Aspekte, die die Rolle neuer Märkte und Technologien verdeutlichen:

In Bezug auf neue Märkte eröffnen sich durch den wachsenden Fokus auf Nachhaltigkeit und Circular Economy verschiedene Geschäftsmöglichkeiten. So z. B. entwickeln sich Plattformlösungen, die eine Transparenz über die gesamte Supply Chain darstellen und in einem weiteren Schritt auch Optimierungsvorschläge bringen. Aktuell sind somit Beratungsmodelle rund um den Status quo, aber auch im Kontext der Erfüllung von regulatorischen Vorgaben interessante Einsatzfelder. Unternehmen, die in der Lage sind, nachhaltige Produkte und Dienstleistungen anzubieten, können von einer steigenden Nachfrage profitieren. Verbraucher:innen werden zunehmend umweltbewusster und suchen schon heute nach nachhaltigen Alternativen. Dies schafft Raum für innovative Produkte, die Ressourcen effizient nutzen, recycelbar sind oder einen geringeren ökologischen Fußabdruck haben. Was dabei aktuell zu beobachten ist, ist das viele Firmen zwar CO_2-Reduktionsziele in ihren Strategien verankert haben, aber oft noch keine Operationalisierung dieser. Es gilt deshalb in den kommenden Jahren Technologien von Elektro über grünem Wasserstoff und Brennstoffzellen, zu verproben, zu integrieren und vor allem zu evaluieren, was zur eigenen Organisation und auch zu den jeweiligen Kunden passt und sich dann vor allem skalieren lässt.

Technologien spielen deshalb eine Schlüsselrolle bei der Transformation hin zu nachhaltigen und zirkulären Geschäftsmodellen. Durch den Einsatz von Technologien wie künstlicher Intelligenz, Internet of Things, Blockchain und erneuerbaren Energien können Prozesse optimiert, Ressourcen besser verwaltet und Emissionen reduziert werden.

Im Logistikbereich gibt es bereits vielversprechende Ansätze. Zum Beispiel ermöglicht die Nutzung von Elektrofahrzeugen und alternativen Antrieben in der Transportbranche eine Verringerung der CO_2-Emissionen. Die Implementierung von intelligenten Logistiklösungen kann zu einer effizienteren Routenplanung und einer Reduzierung des Leerlaufs führen. Außerdem können Blockchain-Technologien eine transparente und vertrauenswürdige Rückverfolgbarkeit entlang der Lieferkette gewährleisten.

Zusammengefasst ergeben sich folgende Vorteile:

1. Innovationspotenzial: Neue Märkte und Technologien bieten ein enormes Innovationspotenzial für die Logistikbranche. Sie ermöglichen die Entwicklung umweltfreundlicherer Transport- und Logistiklösungen, beispielsweise durch den Einsatz von Elektrofahrzeugen, autonomen Fahrzeugen, alternativen Kraftstoffen, erneuerbaren Energien und intelligenten Logistiksystemen. Diese Technologien können helfen, Emissionen zu reduzieren und Effizienzsteigerungen zu erzielen.
2. Effizienzsteigerung: Neue Technologien wie Big Data, künstliche Intelligenz, das Internet der Dinge (IoT) und Blockchain bieten Möglichkeiten zur Optimierung von Transportrouten, zur Überwachung von Lieferketten, zur Vermeidung von Leerfahrten und zur Reduzierung von Verschwendungen. Durch den Einsatz dieser Technologien können Logistikunternehmen ihre Effizienz steigern, was zu einer Verringerung des Energieverbrauchs und der CO_2-Emissionen führt.

3. Marktanforderungen und Kundenpräferenzen: Der zunehmende Fokus auf Nachhaltigkeit in der Gesellschaft hat auch Auswirkungen auf den Markt und die Kundennachfrage. Kunden legen verstärkt Wert auf nachhaltige und umweltfreundliche Logistiklösungen. Neue Märkte und Technologien ermöglichen es Unternehmen, auf diese Anforderungen zu reagieren und innovative Produkte und Dienstleistungen anzubieten, die den Nachhaltigkeitsbedürfnissen gerecht werden.
4. Wettbewerbsfähigkeit: Unternehmen, die frühzeitig in neue Märkte und Technologien investieren und nachhaltige Lösungen anbieten, können ihre Wettbewerbsfähigkeit stärken. Nachhaltigkeit wird zunehmend zu einem differenzierenden Faktor und kann dazu beitragen, neue Kunden zu gewinnen, bestehende Kundenbeziehungen zu stärken und neue Geschäftsmöglichkeiten zu erschließen.
5. Regulatorische Anforderungen: Die Einführung strengerer Umweltauflagen und Vorschriften durch Regierungen und internationale Organisationen fördert die Entwicklung und den Einsatz nachhaltiger Technologien in der Logistik. Neue Märkte und Technologien können dazu beitragen, diese Anforderungen zu erfüllen und die Einhaltung der Vorschriften sicherzustellen.

Die Teilnahme an Initiativen wie der »Clean Skies for Tomorrow« und der »Getting to Zero Coalition« zeigt das Engagement von Unternehmen wie DB Schenker, neue Technologien und Märkte zu erschließen. Solche Initiativen bringen relevante Akteure aus verschiedenen Branchen zusammen, um gemeinsam an Lösungen für die Reduzierung von Emissionen und den Übergang zu nachhaltigen Alternativen zu arbeiten. Dies fördert die Zusammenarbeit, den Wissensaustausch und beschleunigt die Entwicklung und Einführung neuer Technologien und Geschäftsmodelle.

Gibt es Beispiele für Innovationen in eurem Unternehmen, in denen Nachhaltigkeit oder Kreislaufwirtschaft der klare Treiber war/ist?
DB Schenker hat in der Tat einige Beispiele für Innovationen, bei denen Nachhaltigkeit und Kreislaufwirtschaft treibende Kräfte sind:

1. Produktlinie »Circular Economy Logistics«: DB Schenker hat eine eigene Produktlinie namens »Circular Economy Logistics« entwickelt, um seine führende Expertise im Bereich Reverse Management zu nutzen. Das Unternehmen investiert in die Zukunft der Rücknahme, Reparatur und Aufbereitung von elektronischen Geräten. Das Ziel besteht darin, sich im modularen Reverse Management zu profilieren und den Kunden einen One-Stop-Shop anzubieten. Als Diamantmitglied in der »Reverse Logistics Association« ist DB Schenker das einzige Logistikunternehmen mit diesem Status.
2. »Getting to Zero Coalition« in der Seefracht: DB Schenker ist der »Getting to Zero Coalition« beigetreten, einem starken Bündnis von mehr als 110 Unter-

nehmen aus den Bereichen Schifffahrt, Energie, Infrastruktur und Finanzen. Die Koalition wird von wichtigen Regierungen und IGOs unterstützt und setzt sich dafür ein, dass bis 2030 kommerziell nutzbare emissionsfreie Hochseeschiffe mit emissionsfreien Kraftstoffen in Betrieb genommen werden. Dieses Ziel ist für die Seeschifffahrt in greifbare Nähe gerückt.

3. Modernisierung und Dekarbonisierung des eigenen Fuhrparks und Übernahme der Verantwortung für die Reduzierung der Emissionen, die durch den Fahrzeugbetrieb entstehen. So wurden bereits 1.500 vollelektrische mittelschwere LKW der Marke Volta Trucks geordert. Der europäische Einsatz der Volta Zero Trucks ist ein wichtiger Meilenstein für Schenker und auch für Volta Trucks da es der bisher größte Auftrag dieser Art in Europa ist. Das Feedback der Fahrer und Transportunternehmer wird in die Serienproduktion des vollelektrischen Volta Zero einfließen. Mit dem Onboarding der ersten 150 Volta Zero-Serienfahrzeuge ist DB Schenker in der Lage, mit mehr als 330 eTrucks von 7,5t bis 19t in 124 Städten in 22 Ländern sowie rund 70 Cargo-Bikes emissionsfrei zu liefern – eine eFlotte, die im Transportsektor ihresgleichen sucht.

Darüber hinaus hat DB Schenker ehrgeizige Ziele für die Reduzierung der CO_2-Emissionen und die Erreichung der globalen Klimaziele festgelegt. Das Unternehmen strebt an, bis 2040 vollständig CO_2-neutral zu sein und bis 2030 bereits 50 Prozent der Emissionsreduktion im Vergleich zum Referenzjahr 2019 zu erreichen. Um diese Ziele zu erreichen, investiert DB Schenker in Innovation, neue Technologien und alternative Antriebe wie Elektromobilität und Wasserstoff.

Diese Beispiele zeigen, dass Nachhaltigkeit und Kreislaufwirtschaft bei DB Schenker eine wichtige Rolle spielen. Das Unternehmen setzt auf innovative Ansätze und investiert in zukunftsfähige Lösungen, um seinen Beitrag zur Reduzierung von Umweltauswirkungen zu leisten und eine nachhaltigere Logistikbranche zu fördern.

Welche Strukturen und Prozesse (intern/extern) müssen neu gedacht werden, um Nachhaltigkeit in den bestehenden Geschäfts- und Innovationsprozesse zu verankern?
Um Nachhaltigkeit in die bestehenden Geschäfts- und Innovationsprozesse zu integrieren und in ihnen zu verankern, sind sowohl interne als auch externe Strukturen und Prozesse entscheidend. Hier sind einige wichtige Aspekte zu berücksichtigen:

1. Interne Strukturen und Prozesse:
   a) Nachhaltigkeitsstrategie: Es ist wichtig, eine klare Nachhaltigkeitsstrategie zu entwickeln, die die langfristigen Ziele und Verpflichtungen des Unternehmens definiert. Diese Strategie sollte in die Unternehmensvision und -mission integriert werden. Weiterhin muss diese auch in verschie-

denen Bereichen fest verankert und mit klaren Aufträgen versehen sein. Innovationsbereiche können dabei Technologien scouten, verproben und implementieren, während Sustainability Bereiche sich entlang von Transparenz, Reporting, und der Kundenkommunikation aufstellen.

b) Nachhaltigkeitsbeauftragter: Die Benennung eines Nachhaltigkeitsbeauftragten oder einer entsprechenden Abteilung ist entscheidend, um die Verantwortung für die Nachhaltigkeitsagenda im Unternehmen zu übernehmen und die Umsetzung von nachhaltigen Praktiken zu koordinieren. Je nach Größe eines Unternehmens sollte dies in allen Geschäftsfeldern, Einheiten, Regionen und auch Kommunikationsbereichen verankert sein. Zu viele Beauftragte in einem Unternehmen für dieses Thema ist aktuell faktisch nicht möglich, da es Teil der DNA des Unternehmens sein muss und somit Bestandteil des Denkens und Handelns von allen.

c) Nachhaltigkeitsziele und Leistungsmessung: Es sollten klare und messbare Nachhaltigkeitsziele festgelegt werden, die regelmäßig überwacht und bewertet werden. Dies erfordert die Implementierung von geeigneten Leistungskennzahlen und die Berichterstattung über Nachhaltigkeitsindikatoren. Beispiele dafür sind der Carbon Footprint, der CO_2-Ausstoß je beförderte Frachttonne, der Einsatz von nachhaltigen Fahrzeugen im Gesamtfuhrpark, die Ratio an wiederverwendeten Verpackungsmaterialien, die prozentuale Reduktion von Fahrkilometern durch Routenoptimierungen und auch der Einsatz von SAF (Sustainable Aviation Fuel) in der Luftfracht, der Einsatz von Sustainable Marine Biofuel in der Seefracht und auch der Ration des Energieeinkaufs für alle Gebäude. Wenn man es also ernst meint, gilt es nicht geringeres als das Gesamtwirken eines Unternehmens auf seine Nachhaltigkeit hin zu monitoren und auch zu optimieren.

d) Schulung und Bewusstseinsbildung: Mitarbeiterinnen und Mitarbeiter sollten über Nachhaltigkeitsziele, -praktiken und -verfahren informiert und geschult werden, um das Bewusstsein und Engagement für Nachhaltigkeit im gesamten Unternehmen zu stärken.

2. Externe Strukturen und Prozesse:

   a) Zusammenarbeit mit Partnern und Lieferanten: Eine nachhaltige Logistik erfordert eine enge Zusammenarbeit mit Partnern und Lieferanten, um Nachhaltigkeitsstandards entlang der gesamten Lieferkette sicherzustellen. Es sollten Kriterien für die Auswahl von Partnern und Lieferanten entwickelt werden, die deren Nachhaltigkeitsleistung berücksichtigen. Die ist heute oft noch ein Marketing oder Differenzierungsthema, wird aber schon Morgen zu einem Must-Have werden und somit die Überlebensfähigkeit von Unternehmen definieren.

   b) Kundenkommunikation: Die Kommunikation von Nachhaltigkeitsinitiativen und -fortschritten gegenüber den Kunden ist wichtig, um Vertrauen aufzubauen und das Bewusstsein für nachhaltige Angebote und Lösungen zu schärfen. Transparente Berichterstattung und Zertifizierungen können hier eine Rolle spielen. In diesem Kontext etablieren sich zunehmend CO_2-Monitoring-Plattformen die in Echtzeit oder auch nachgelagert als Reporting, Unternehmen dabei helfen ihren Status quo zu bestimmen und Handlungsfelder abzuleiten. EcoTransit.org, Nxtlog.ai oder auch diverse Start-ups, die bis hin zur Verarbeitung von Satellitendaten sind dabei nur einige Beispiele die in den kommenden Jahren zunehmend an Bedeutung gewinnen werden.

c) Regulatorische Anforderungen: Es ist wichtig, die geltenden regulatorischen Anforderungen im Bereich Nachhaltigkeit zu verstehen und zu erfüllen. Unternehmen sollten überwachen, wie sich Vorschriften entwickeln, um frühzeitig auf Veränderungen reagieren zu können.

Die Integration von Nachhaltigkeit in bestehende Geschäfts- und Innovationsprozesse erfordert einen ganzheitlichen Ansatz und eine enge Zusammenarbeit zwischen verschiedenen Abteilungen und externen Partnern. Es ist wichtig, dass Nachhaltigkeit als Querschnittsthema in die Unternehmenskultur und die Entscheidungsfindung eingebettet wird. Durch die Neugestaltung von Strukturen und Prozessen können Unternehmen sicherstellen, dass Nachhaltigkeit in allen Unternehmensbereichen aktiv berücksichtigt wird und Innovationen in Richtung einer nachhaltigeren Zukunft vorantreibt.

Was bedeutet der zunehmende Fokus in Sachen Nachhaltigkeit für euren langfristigen Geschäftserfolg?

Der zunehmende Fokus auf Nachhaltigkeit hat eine direkte Auswirkung auf den langfristigen Geschäftserfolg von Unternehmen in der Logistikbranche. Hier sind einige Aspekte zu beachten:

1. Wettbewerbsfähigkeit und Marktposition: Nachhaltigkeit wird zu einem immer wichtigeren Faktor bei der Auswahl von Logistikdienstleistern. Unternehmen, die nachhaltige Logistiklösungen anbieten, können ihre Wettbewerbsfähigkeit stärken und ihre Marktposition verbessern.
2. Kostenreduktion und Effizienzsteigerung: Nachhaltige Maßnahmen können zur Kostenreduktion beitragen, indem sie beispielsweise den Energieverbrauch, den Ressourcenverbrauch und die Abfallentsorgung optimieren. Durch die Implementierung effizienterer Prozesse und den Einsatz umweltfreundlicher Technologien können Unternehmen ihre Betriebskosten senken und ihre Rentabilität steigern.
3. Risikominderung: Die Reduzierung von Umweltauswirkungen und die Einhaltung von Nachhaltigkeitsstandards helfen Unternehmen, Risiken im Zusammenhang mit strengeren Umweltvorschriften und möglichen Reputationsschäden zu minimieren. Unternehmen, die frühzeitig auf nachhaltige

Praktiken setzen, sind besser vor regulatorischen Risiken und Imageverlusten geschützt.

4. Kundenbindung und Kundenzufriedenheit: Nachhaltigkeitsinitiativen können zur Kundenbindung beitragen, indem sie den Bedürfnissen und Erwartungen umweltbewusster Kunden gerecht werden. Unternehmen, die umweltfreundliche und nachhaltige Logistiklösungen anbieten, können Kunden langfristig binden und ihre Zufriedenheit steigern.

Um einen Weg hin zu einer klimaneutralen Logistik zu beschreiten, sind verschiedene Maßnahmen erforderlich:

1. Analyse und Bewertung: Eine umfassende Analyse der aktuellen CO_2-Emissionen und Umweltauswirkungen im Logistikbetrieb ist der erste Schritt. Es ist wichtig, den Ausgangspunkt zu kennen, um geeignete Maßnahmen zu identifizieren und Fortschritte zu messen.
2. Effizienzsteigerung: Durch die Optimierung von Transport- und Lagerprozessen, die Nutzung umweltfreundlicher Technologien (z. B. Elektromobilität, alternative Kraftstoffe) und die Förderung von effizienten Routenplanungen können Unternehmen den Energieverbrauch und die Emissionen reduzieren.
3. Erneuerbare Energien: Die Nutzung erneuerbarer Energien wie Solarenergie oder Windkraft kann dazu beitragen, den Energieverbrauch zu reduzieren und den Anteil der erneuerbaren Energien im Logistikbetrieb zu erhöhen.
4. Kooperationen und Partnerschaften: Durch Zusammenarbeit mit Lieferanten, Transportunternehmen, Kunden und anderen Stakeholdern können gemeinsame Initiativen entwickelt werden, um Nachhaltigkeitsziele zu erreichen. Beispielsweise können Konsolidierungsrouten oder gemeinsam genutzte Lagerflächen zur Reduzierung von Transportkilometern beitragen.
5. Investition in innovative Technologien: Unternehmen sollten in innovative Technologien und Lösungen investieren, die dazu beitragen, den CO_2-Fußabdruck der Logistik zu reduzieren, wie z. B. autonome Fahrzeuge, elektrische Lastenfahrräder oder intelligente Routenoptimierungssysteme.
6. Transparente Berichterstattung: Die Berichterstattung über die Nachhaltigkeitsleistung und die Fortschritte auf dem Weg zur Klimaneutralität ist entscheidend. Unternehmen sollten über ihre Maßnahmen und Ergebnisse offen und transparent kommunizieren, um das Vertrauen der Kunden und anderer Stakeholder zu gewinnen.

Ein Weg hin zu einer klimaneutralen Logistik erfordert eine langfristige Strategie, kontinuierliche Anstrengungen und eine ganzheitliche Betrachtung entlang der gesamten Lieferkette. Es ist wichtig, die Herausforderungen anzuerkennen und schrittweise Maßnahmen umzusetzen, um eine nachhaltigere und klimaneutrale Logistik zu erreichen.

Welche Herausforderungen gibt es noch zu meistern?
Es gibt mehrere Herausforderungen, die noch gemeistert werden müssen, um eine nachhaltige Logistik umzusetzen:

1. Verfügbarkeit und Kosten neuer Technologien: Obwohl es bereits eine Vielzahl von innovativen Technologien gibt, die den CO_2-Fußabdruck der Logistik reduzieren können, sind viele davon noch nicht in ausreichender Menge verfügbar oder zu teuer. Dies kann die breite Anwendung solcher Technologien in der Logistikbranche erschweren. Es ist wichtig, dass Hersteller und Lieferanten nachhaltiger Technologien ihre Produktionskapazitäten erhöhen und die Kosten senken, um eine größere Marktdurchdringung zu ermöglichen.
2. Kundenakzeptanz und Zahlungsbereitschaft: Kunden sind oft nur ungern bereit, für nachhaltige Konzepte und Dienstleistungen einen höheren Preis zu zahlen. Dies stellt eine Herausforderung für Logistikunternehmen dar, die nachhaltige Lösungen anbieten möchten. Es ist wichtig, Kunden von den langfristigen Vorteilen und der Werthaltigkeit nachhaltiger Logistik zu überzeugen und gleichzeitig den wirtschaftlichen Nutzen für sie transparent darzustellen.
3. Komplexität der Lieferkette: Die Lieferketten in der Logistik sind oft komplex und global. Die Integration nachhaltiger Praktiken entlang der gesamten Lieferkette kann eine Herausforderung darstellen. Es erfordert die Zusammenarbeit mit verschiedenen Akteuren, von Lieferanten über Transportunternehmen bis hin zu Kunden, um nachhaltige Prozesse zu implementieren und zu koordinieren. Unternehmen müssen sich dabei weiterentwickeln von einem einst geschlossenen Innovationsansatz in dem es galt sich möglichst eigenständig und differenziert aufzustellen, über einem Open Innovation Ansatz, in welchem Wissen aktiv geteilt wird, hin zu einem Ökosystem oder auch Value Network zu entwickeln, in welchem neben dem Teilen von Wissen auch gemeinsam Themen angegangen und umgesetzt werden.
4. Infrastruktur und regulatorische Rahmenbedingungen: Eine nachhaltige Logistik erfordert auch die entsprechende Infrastruktur und regulatorische Rahmenbedingungen. Dies umfasst zum Beispiel den Ausbau von Ladeinfrastruktur für Elektrofahrzeuge, den Ausbau erneuerbarer Energien und die Schaffung von Anreizen für umweltfreundliche Lösungen. Es ist wichtig, dass Regierungen und Behörden die notwendigen Maßnahmen ergreifen, um die Entwicklung und Umsetzung nachhaltiger Logistik zu unterstützen.

5. Veränderung der Denkweise und Unternehmenskultur: Eine nachhaltige Logistik erfordert eine Veränderung der Denkweise und eine Anpassung der Unternehmenskultur. Es ist notwendig, dass Unternehmen Nachhaltigkeit als integralen Bestandteil ihrer Geschäftsstrategie betrachten und Mitarbeiter auf allen Ebenen für nachhaltiges Denken und Handeln sensibilisieren. Dies erfordert oft einen kulturellen Wandel und eine kontinuierliche Weiterbildung der Mitarbeiter. Dies muss dabei nicht immer direkt das große Ganze sein, sondern es gilt auch im Kleinen Menschen mitzunehmen, zu sensibilisieren und vor allem auf die Notwendigkeit einzustellen. Der Auftrag und auch die Daseinsberechtigung von dezidierten Sustainability Bereichen muss es somit sein, dass Ziel zu haben nicht mehr nötig zu sein. Die ist erreicht, wenn einfach das Gesamtunternehmen und somit alle Mitarbeiter so agieren, denken und vor allem handeln.

Die Bewältigung dieser Herausforderungen erfordert eine gemeinsame Anstrengung von Unternehmen, Regierungen, Technologieanbietern und Kunden. Durch Innovation, Zusammenarbeit und einen ganzheitlichen Ansatz können die Herausforderungen angegangen und eine nachhaltige Logistik in Zukunft weiter vorangetrieben werden.

Unternehmensbeschreibung

Die Logistikbranche steht vor der Herausforderung, Nachhaltigkeit in ihre Geschäftsprozesse zu integrieren. DB Schenker hat erkannt, dass dies eine langfristige strategische Ausrichtung erfordert. Durch den Fokus auf Nachhaltigkeit werden positive Auswirkungen für die Stakeholder wie Kunden, Partner und Mitarbeiter erzielt. Neue Märkte und Technologien spielen eine entscheidende Rolle bei dieser Transformation. DB Schenker ist Mitglied von Initiativen wie »Clean Skies for Tomorrow« und »Getting to Zero Coalition«, die den Übergang zu klimaneutralen Lösungen in der Luft- und Seefracht vorantreiben. Das Unternehmen hat auch innovative Ansätze wie die »Circular Economy Logistics« eingeführt, um elektronische Geräte zurückzunehmen, zu reparieren und aufzubereiten. Es hat sich das ehrgeizige Ziel gesetzt, bis 2040 vollständig CO_2-neutral zu sein. Allerdings bestehen noch Herausforderungen, wie die Verfügbarkeit und die Kosten neuer Technologien sowie die Kundenbereitschaft, mehr für nachhaltige Konzepte zu zahlen. Dennoch bieten neue Märkte und Technologien großes Potenzial, um Umweltauswirkungen zu reduzieren, Effizienz zu steigern und Kundenanforderungen zu erfüllen.

Zusammenfassung

Ein Geschäftsmodell legt grundlegend fest, wie ein Unternehmen seine Aktivitäten plant, entwickelt und ausführt, um Werte für Stakeholder zu schaffen und Gewinne zu erzielen. Ein Geschäftsmodell besteht aus zwei wesentlichen Elementen: dem Werteversprechen (engl. Value Proposition) und dem Betriebsmodell (engl. Operating Model).

Entsprechend dem St. Gallen Business Model Navigator gibt es, wie in der Abbildung 13 gezeigt, vier Dimensionen eines Geschäftsmodells: der Kunde, das Werteversprechen, die Wertschöpfungskette und der Wirtschaftlichkeitsfaktor.

Das BMC ist zumeist die Basis für die Analyse, Definition und Visualisierung von Geschäftsmodellen. Viele weitere Ansätze, wie auch der Sustainable-Business-Model-Ansatz, basieren darauf.

Nachhaltige und zirkuläre Geschäftsmodellinnovation bedeutet zum einen, das Geschäftsmodell von innen heraus gesamtheitlich und entlang der Wertschöpfungskette auf Basis ökologischer und gesellschaftlicher Kriterien zu innovieren. Prinzipien der Nachhaltigkeit und Kreislaufwirtschaft werden im bestehenden Geschäftsmodell verankert, um es in Balance mit Gesellschaft und Natur zu bringen. Verschiedene Geschäftsmodelle können innerhalb ein und derselben Strategie zum selben Ziel führen.

Geschäftsmodelle sind das Herz des Unternehmens – verantwortungsbewusste Geschäftsmodellinnovation dessen Überlebenschance. Mit diesem Ziel vor Augen haben Unternehmen damit begonnen, Geschäftsmodellinnovationen zur Transformation ihres Kerngeschäfts zu nutzen. Neue nachhaltige Geschäftsmodelle sollen es Unternehmen ermöglichen, innerhalb der planetaren Grenzen, aber auf wirtschaftlich tragfähige Weise, zu agieren. Das eigene Geschäftsmodell an sich verändernde Umwelt-, Klima und Kundenbedingungen anzupassen und gleichzeitig maximalen Stakeholderwert zu generieren, ist jedoch eine der herausforderndsten Disziplinen im Bereich des Unternehmertums.

Durch Geschäftsmodellinnovationen können nicht nur die Herausforderungen der Zukunft gemeistert, sondern auch maßgebliche Wettbewerbsvorteile generiert werden. Geschäftsmodellinnovationen versprechen nicht nur, höhere Renditen zu erzielen als bloße Produkt- oder Prozessinnovationen, sie können auch Risiken minimieren sowie zusätzliche Möglichkeiten zur Diversifizierung und gemeinsamen Wertschöpfung bieten. Um diese Vorteile zu realisieren, interessieren sich Unternehmen zunehmend für die Gestaltung und Implementierung gesamtheitlich verantwortungsbewusster, nachhaltiger und zirkulärer Geschäftsmodelle.

Responsible Business Model Innovation ist ein gesamtheitlicher Ansatz, der einen systematischen Wandel hervorruft und Geschäftsmodelle mit messbarem sozialem und ökologischem Impact kreiert. Der verantwortungsbewussten Geschäftsmodellinnovation liegt ein gesamtheitlicher Ansatz zugrunde, der sich nach den folgenden fünf Säulen kategorisieren lässt: Purpose, People, Products, Processes, Performance (5 Ps).

5 »Purpose« – Warum das »Warum« über Ziel, Weg und Ankunft bestimmt

Fulfillment comes when we live our lives on purpose.
Simon Sinek, 2016

5.1 Warum die Frage nach dem »Warum« über Wettbewerbsvorteile entscheidet

Das Wichtigste beim Betreten von Neuland ist es, die richtigen Fragen zu stellen. Im Unternehmenskontext wird dies auch »Scoping« genannt. Mithilfe von Scoping lassen sich komplexe Planungs-, Management- und Herstellungsprozesse definieren. In den meisten Unternehmen beginnt dieser Prozess meist mit der Frage »Welches Produkt oder welche Dienstleistung wird verlangt?« (vgl. von Weizsäcker et al., 2010, S. 41). Die meisten Organisationen funktionieren auf folgenden Ebenen: »Was?« die Organisation tut, »wie?« sie es tut und »warum?« sie es tut. Den bedeutenden Unterschied macht das »Warum?«. Es entscheidet darüber, warum manche Unternehmen gesamtheitlich erfolgreicher sind als andere: bei Mitarbeitern, Partnern, Kunden und am Markt (vgl. Sinek, 2011).

Dem »Warum?« wird bisher in vielen Geschäftsmodellen, auch in Methoden wie dem St. Gallen Business Model Navigator, die entscheidende Bedeutung im Hinblick darauf zugeschrieben, wie sicher es ist, dass das Geschäftsmodell profitabel ist. Doch obwohl die Wirtschaftlichkeit essenziell ist, sollte das »Warum?« einer Organisation den Sinn und Zweck ihres Bestehens beschreiben. Der Unternehmenszweck, engl. Purpose, definiert, wofür eine Organisation steht.

Forschungsergebnisse der Harvard Business Review zeigen, dass der Begriff »Purpose« auf drei unterschiedliche Aspekte abzielen kann. Aus allen drei lässt sich ein aussagekräftiges »Warum?« entwickeln (vgl. Sinek, 2011, S. 6):

1. *Kompetenz*: Hier geht es um die Funktion, die ein Produkt erfüllt (Beispiel: »First Move the World« von Mercedes).
2. *Kultur*: Hier geht es um die Absicht, mit der ein Unternehmen geführt wird (Beispiel: »To Live and Deliver WOW« von Zappos).
3. *Ursache*: Hier geht es um »das soziale Wohl, das wir anstreben« (Beispiel: Patagonias »Wir wollen unseren Heimatplaneten retten« oder Teslas »Um den Übergang der Welt zu nachhaltiger Energie zu beschleunigen«).

Die Frage nach dem »Warum?« führt fast unweigerlich zu ganz neuen Entwürfen von Geschäftsmodellen, die sich dramatisch ändern können und auch sollten, aber dennoch ähnliche Leistungen wie die bisherigen bieten sollen. Wie Branchenstudien zeigen, gibt es bereits eine Menge von Optionen, die sowohl die Bedürfnisse der Gesellschaft besser befriedigen als auch zu einer wesentlich geringeren Umweltbelastung führen als vorherige Lösungen (vgl. von Weizsäcker et al., 2010, S. 42).

An dieser Stelle kommt das Systemdenken ins Spiel. In dem Buch »Whole System Design« wird beschrieben, dass das Denken in Systemen und die richtigen Fragen zu stellen weit mehr Gestaltungsoptionen und -lösungen bieten, als wir zunächst glauben (vgl. Stasinopoulos, 2009). Dabei definiert man alternative Ziele und/oder kommt mit alternativen Wegen zum Ziel. Bei der Frage nach dem »Warum?« sollte ein Automobilkonzern beispielsweise auf das Ziel der »Mobilität« kommen. Im nächsten Schritt sollte sich dann das Unternehmen die Frage stellen, ob Mobilität und geringere Umweltbelastung nicht miteinander verbunden werden können. Dies beantwortet gesamtheitlich die Frage, ob das Geschäftsmodell des Unternehmens mit dem Zweck, u. a. Fahrzeuge zu produzieren, einem nachhaltigen Unternehmenszweck dient.

Damit sich ein Unternehmen glaubhaft mit seinem Purpose positionieren kann, sollte es in der öffentlichen Wahrnehmung möglichst wenig mit gegenläufigen negativen Assoziationen und Skandalen behaftet sein. Die Unternehmensmarke sollte insbesondere als ehrlich, authentisch, verantwortungsvoll, nachhaltig und zukunftsfähig gesehen werden. Nur dann kann das Unternehmen seinen Purpose allen Interessensgruppen überzeugend und glaubwürdig vermitteln. Hier ist verantwortungsbewusste Kommunikation essenziell (s. Kapitel 11).

Purpose lässt sich sogar messen. Der Globeone Purpose Readiness Index (PRI) ist das Ergebnis einer der größten Vermessungen der Glaubwürdigkeit deutscher Unternehmen hinsichtlich ihres Purposes und ihres positiven Beitrags zu einer »besseren Welt«. Für den Index wurden im Jahr 2022 mehr als 4.300 Konsumenten befragt und rund 130 Organisationen wurden hinsichtlich ihrer Zukunftsfähigkeit, Nachhaltigkeit, Authentizität und gesellschaftlichen Relevanz bewertet.

Laut dem PRI 2022 überzeugt nur jedes Zehnte bewertete Unternehmen. Im Lichte der globalen Multi-Krisen sind Unternehmen jedoch stärker denn je gefragt, ihren positiven Beitrag zur Gesellschaft aufzuzeigen. Leider verfügen aber nur ein Zehntel der erforschten Unternehmen und Institutionen über die geeignete Ausgangsbasis, um in diesem sich schnell verändernden Umfeld mit einem gesamtheitlichen, authentischen Sinn zu überzeugen.

Lassen Sie uns an dieser Stelle kurz reflektieren: Ist Ihnen der Purpose Ihres Unternehmens oder Geschäftsmodells bewusst? Wenn ja, wie lautet er konkret? Wenn nein, können Sie dies als Anlass nehmen, die Frage nach dem »Warum?« nun zu stellen.

5.2 Über Purpose zu Stakeholderloyalität und Profitabilität

Haben Sie sich schon einmal gefragt, warum es einigen Unternehmen gelingt, bei ihren Kunden und Mitarbeitern eine größere Loyalität und ein größeres Engagement zu wecken als anderen, und warum sie gleichzeitig auch noch Jahr für Jahr enorme monetäre Erfolge erzielen und aufrechterhalten können?

Laut Simon Sinek denken und handeln sehr erfolgreiche und inspirierende Organisationen auf sehr ähnliche Art und Weise. Organisationen und deren Geschäftsmodelle funktionieren auf folgenden Ebenen: »was« die Organisation tut, »wie« sie es tut und »warum« sie es tut. Ihr »Warum« ist jedoch der bedeutende Unterschied zwischen erfolgreichen und weniger erfolgreichen Organisationen (vgl. Sinek, 2011).

Stellen Sie sich eine Welt vor, in der wir morgens gut gelaunt und motiviert aufstehen, uns auf die Arbeit freuen, uns dort sicher fühlen und am Ende des Tages zufrieden und mit dem Gefühl, etwas bewirkt zu haben, nach Hause zurückkehren. Dieser Welt können wir ein Stück näherkommen, wenn wir die Frage nach dem »Warum« geklärt haben – oder anders ausgedrückt: wenn der Purpose stimmt.

Wie wichtig es ist, an erster Stelle die Frage nach dem »Warum« zu stellen, beschreibt auch Simon Sinek, dessen TedTalk über den »Goldenen Kreis« (s. Abbildung 19) einer der meist gesehenen TedTalks überhaupt ist. Die Ideen, die der Goldene Kreis veranschaulicht, sind sicherlich nicht neu. Simon Sinek hat den »Purpose«, den Unternehmenszweck, nicht erfunden. Es ist ihm jedoch gelungen, diese Idee, die es schon seit Jahrtausenden gibt, auf eine einfache, leicht verständliche und umsetzbare Weise zu erfassen und damit für enorme Wirkung zu sorgen.

Das »Warum« ist der Sinn und Zweck, der jeden von uns antreibt. Es bietet eine klare Antwort auf die Fragen:

1. Warum stehen Sie jeden Morgen auf?
2. Warum existiert Ihre Organisation über Ihre Produkte, Ihr Wachstum und Ihren Gewinn hinaus?
3. Warum sollte es irgendjemand kümmern, was Sie mit Ihrem Unternehmen erreichen wollen?

Geld verdienen ist nach Simon Sinek kein »Warum«. Einnahmen, Gewinne, Gehälter und andere monetäre Kennzahlen sind einfach Ergebnisse dessen, »was« wir tun.

Beim »Warum« geht es darum, mit unserem Beitrag etwas zu bewirken. Das »Warum« inspiriert uns.

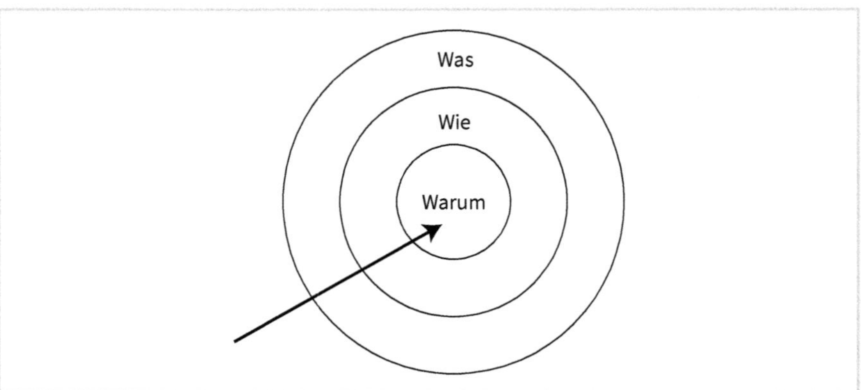

Abb. 19: Goldener Kreis (Quelle: eigene Darstellung, in Anlehnung an Sinek, 2011)

Menschen kommunizieren auf natürliche Weise von außen nach innen (vgl. Abbildung 19). Sie beginnen beim »Was« gehen über das »Wie« und enden beim »Warum«. Oft gehen sie von der am einfachsten zu erklärenden oder zu verstehenden Sache über zur schwierigsten Sache. Im Unternehmenskontext sagen sie ihrem Gegenüber, was sie tun, sprechen darüber, wie sie sich von anderen unterscheiden oder worin sie besser sind, und erwarten dann ein bestimmtes Verhalten oder Ergebnis, wie z. B. einen Kauf, eine Abstimmung oder Unterstützung. So vermarkten und kommunizieren die meisten Organisationen.

Das Problem besteht darin, dass das Was und Wie gewöhnlich nicht zum Handeln anregen. Fakten und Zahlen sind rational sinnvoll, aber Menschen treffen Entscheidungen nicht ausschließlich auf der Grundlage von Fakten und Zahlen. Mit dem Zweck des Unternehmens zu beginnen, ist das, was inspiriert.

Organisationen mit der Fähigkeit zu inspirieren, beginnen ihre Kommunikation mit dem Warum. Wenn sie zuerst den Zweck oder die Ursache ihres Handelns kommunizieren, »öffnen« sie bei ihrem Gegenüber den Teil des Gehirns, der das Verhalten beeinflusst. Das meine ich, wenn ich von inspirieren spreche. Dazu ein Beispiel eines Medizintechnikunternehmens, beginnend mit ihrem Warum:

- Warum: Wir schaffen Lösungen für die Chance auf ein gesundes Leben aller Menschen.
- Wie: Wir verfügen über spezielles Fachwissen für Medizin und Technologie. Wir stellen unsere Kunden und Patienten an die erste Stelle und verwenden nur die neuesten und besten Technologien und Methoden.
- Was: Wir sind ein führendes Medizintechnikunternehmen, das nicht nur Medizinprodukte entwickelt; wir schaffen Lösungen für ein gesundes Leben.

Ein weiteres Beispiel aus der Praxis: Bereits im Jahr 2004 hat sich das US-amerikanische Unternehmen Newlight die Frage gestellt, was wäre, wenn Newlight die Technologie der Natur nutzen könnte, um Luft und Treibhausgase in Materialien umzuwandeln, die zur Regeneration des Planeten beitragen? (Newlight Technologies, o. D.). Das Unternehmen hat auf dieser Basis ein Geschäftsmodell inklusive Produkten und Prozessen mit einem starken Purpose entwickelt und gleichzeitig eine wirtschaftliche Lösung zu dem drängenden Emissionsproblem gefunden: ein kostengünstiges, leistungsstarkes Biomaterial, das CO_2-negativ ist (vgl. Jørgensen & Pedersen, 2018, S. 25).

Wenn die Menschen bei diesem Unternehmen nun tatsächlich an ihr »Warum« glauben und ausgehend von ihrem »Warum?« denken, handeln und kommunizieren, werden sie Menschen anziehen, die an das glauben, woran sie glauben, und Teil ihrer Mission sein wollen. Wenn Sie von innen nach außen führen, werden sich Mitarbeiter inspiriert fühlen und zusammenhalten. Und dieses Gefühl erreicht gleichermaßen die Kunden sowie andere Stakeholder immer wieder.

Untersuchungen zeigen, dass mehr als zwei Drittel der Verbraucher beim Kauf auf Nachhaltigkeit achten. 47 Prozent der Verbraucher würden für ein nachhaltiges Produkt mehr bezahlen und über ein Drittel würde sogar 25 Prozent mehr bezahlen. Diese Zahl wird noch steigen: Die Generation Z ist eine recht neue Käufergruppe, dennoch haben 68 Prozent im vergangenen Jahr einen umweltfreundlichen Kauf getätigt und sie legen mehr Wert auf Nachhaltigkeit als jede Generation zuvor. Laut einer Umfrage aus dem Jahr 2020 kehren Kunden am ehesten wegen der Qualität des Produkts zu einer Marke zurück, nachhaltige Geschäftspraktiken liegen jedoch knapp dahinter. Tatsächlich geben 68 Prozent der Verbraucher an, dass sie motiviert sind, einer Marke treu zu bleiben, weil sie wissen, dass sie dieselben Werte teilen. Bei Nachhaltigkeit geht es nicht nur darum, Ihre eigenen Geschäftspraktiken umweltfreundlicher zu gestalten: Moderne Kunden möchten auch, dass Sie ihnen dabei helfen, sich nachhaltiger zu verhalten. Hierbei ist es wichtig zu verstehen, wie Sie mit Ihren Lösungen, Produkten und Dienstleistungen dem Kunden dabei helfen können, nachhaltiger zu werden. Kunden suchen nach authentischen Marken und die Marken, die herausstechen, sind diejenigen, die nicht nur ihre eigenen nachhaltigen Praktiken fördern, sondern ihren Kunden dabei helfen, selbst nachhaltiger zu handeln (vgl. Veldwijk, 2020).

Ein Beispiel ist hierzu ist die Marke Love Nature von Henkel. Mit dem Purpose »Pioneers at heart for the good of generations« führte Henkel bzw. dessen Tochterunternehmen Love Nature GmbH die ökologischen Reinigungsmittel erst im Jahr 2020 ein (vgl. Henkel, 2023). Anfang des Jahres 2023 konnte die Marke Love Nature ihren Wert bereits um elf Prozentpunkte in die Höhe schrauben – mit rund 82 Prozent ist auch der absolute Wert im Vergleich zu anderen Unternehmen der Untersuchungen des Handelsblatts überdurchschnittlich hoch (vgl. Handelsblatt, 2023).

Purpose und Profit schließen sich also nicht aus. Tatsächlich tragen die im PRI integrierten Faktoren im Mittel über 40 Prozent zur Bewertung einer Marke bei. Insofern ist es sinnvoll, sich auch aus einer wirtschaftlichen Perspektive heraus mit dem Thema Markenwahrnehmung zu beschäftigen (vgl. Purpose Readiness Index Deutschland 2022, 2023). Larry Fink schrieb in seinem Brief an CEOs 2019 Folgendes zum Thema Profit und Purpose: »Der Unternehmenszweck ist der übergeordnete Zweck eines Unternehmens, der über die alleinige Gewinnorientierung hinausgeht. Ziel ist es, entweder im lokalen Umfeld des Unternehmens oder im globalen Marktumfeld ein nachhaltiges Wertschöpfungsversprechen zu definieren und zu liefern, welches in direktem Zusammenhang mit der Wertschöpfung des Unternehmens steht.« (vgl. Fink, 2019).

In diesem Buch geht es um beide Ansätze: Um die Verantwortlichkeiten und Chancen im Hinblick auf nachhaltigere Ökonomien. Am wichtigsten ist jedoch die Frage, wie die Unternehmen Nachhaltigkeit und Rentabilität in Einklang bringen können.

Dass Purpose und Profit sich nicht ausschließen, kommuniziert auch Anna Alex, Serial-Entrepreneur und Investorin.

Im Gespräch mit Anna Alex (Gründerin und Unternehmerin, u. a. Outfittery, Planetly, Nala Earth)

Anna Alex ist Unternehmerin und Investorin mit Fokus auf Sustainability und Climate Action. Ihr erstes erfolgreiches Start-up Outfittery hat sie bereits 2012 gegründet, ihr zweites Start-up Planetly hat sie innerhalb von zwei Jahren verkauft. Nun setzt sie sich mit ihrem dritten Start-up Nala Earth für Biodiversität ein.

Was bedeutet für dich Sustainability als Innovationstreiber?

1. Zum einen bedeutet Nachhaltigkeit als Innovationstreiber, dass man eine neue Brille aufsetzt, um auf das eigene Geschäftsmodell, die eigenen Geschäftsprozesse und Lieferketten zu schauen. Es ist auch ein Blick in den Spiegel insofern, dass Unternehmen sich fragen müssen, ob diese es schaffen, überhaupt noch einen anderen Blick einzunehmen.
2. Den zweiten Hebel stellen abgekapselte, gesonderte Mitnahmeeffekte dar, die Unternehmen anspornen, wie z. B. die Tatsache, dass ich, wenn ich CO_2 einspare, auch Kosten einspare. Um dies festzustellen, wird der ökologische Fußabdruck ausgerechnet. Dabei haben wir bereits häufig gesehen, dass diese Analyse Aufschluss über operative Fakten gibt, die teilweise nicht einmal bewusst waren: Als sich eine COO, an die unsere CO_2-Analyse ging, fragte, wo der Fußabdruck herkam, musste sie feststellen, dass Einmalpaletten im Werk

verwendet wurden. Dieses Beispiel zeigt plakativ, wie sinnvoll es ist, nach einer gewissen Zeit Bestehendes zu hinterfragen. Unternehmen müssen verstehen, dass sie, wenn sie überleben und Einsparpotenziale erreichen wollen, gewisse Kennzahlen messen und reporten müssen.
3. Regulierungen sind ein weiterer Innovationstreiber, da sich manche, vor allem träge Unternehmen erst bewegen, wenn sie dazu gezwungen sind.
4. Durch den Fokus auf Nachhaltigkeit verändert sich auch die Unternehmenswelt. Die Rolle des CSOs bringt Diversität mit. Ohne genaue Zahlen zu kennen, fällt auf, dass CSOs oftmals etwas jünger sind, was das Thema Altersdiversität in Vorständen positiv beeinflusst, zum anderen sind es auch häufiger Frauen, die diese Rolle verantworten, was positiv zur Geschlechtergleichheit beiträgt. Das gibt dem ganzen einen neuen Blick, was absolut spannend ist.
5. Ein weiterer Treiber ist die Digitalisierung. Wenn ein Unternehmen wirklich die Supply Chain nachhaltig gestalten will, muss die gesamte Lieferkette transparent digital dargestellt werden. Eine funktionierende Lieferkette basiert auf einer intakten Natur.

Mit deinem neuen Start-up Nala Earth stehen Natur und Biodiversität im Mittelpunkt deines innovativen Geschäftsmodells: Warum ist der Fokus auf Biodiversität so wichtig für Unternehmen, deren Strategie und deren Geschäftsmodell?
Weil über 50 Prozent des globalen Gross Domestic Product (GDP) direkt von einer intakten Natur abhängen. Die Natur erbringt uns eine Dienstleistung, englisch »Nature Service«, die wir nicht bezahlen: Die Natur säubert die Luft, säubert das Wasser und vieles mehr. Da wir diese Dienstleistung, die die Natur bringt, nicht einpreisen, nutzen wir sie so lange, bis die Natur zusammenbricht. Ein Beispiel aus dem Alltag der meisten Menschen: Wenn ich Bananen einkaufe, gibt es aus finanzieller Perspektive betrachtet kein Incentive, um nachhaltige Produkte zu kaufen. Dieses Beispiel lässt sich ausweiten: Unternehmen beuten so lange die Natur aus, bis sie zusammenbricht und die Kippunkte in dem ganzen Ökosystem überschritten werden, bis u. a. die Ozeane keine Fische mehr haben, keine Ernten mehr möglich sind etc. Deswegen müssen wir auch aus der Risikoperspektive für den Fokus auf Biodiversität sorgen. Wie kann ich Biodiversität integrieren, welche Chancen ergeben sich für mich daraus, all das sind Fragen, die sich Unternehmen stellen müssen. Laut CBD (Convention on Biological Diversity) sind 75 Prozent der größeren Unternehmen abhängig von einer intakten Natur.

Inwiefern kann die Natur und Biodiversität Treiber für Innovation sein? Gibt es über euer eigenes Start-up hinaus Beispiele aus deiner Praxis?
Inspiriert von der Kreislaufwirtschaft, in der es keinen Abfall gibt, gibt es Beispiele für ressourcenschonende und regenerative Modelle. Dabei wird immer klarer, wie wichtig Fläche ist.

Bis 2030 sollen im Rahmen des globalen Biodiversitätsrahmens, auch bekannt als »30 by 30«, mindestens 30 Prozent der Land-, Süßwasser- und Ozeanflächen der Welt erhalten werden. Momentan sind wir bei 16 Prozent Land und 17 Prozent Wasser. Das heißt aber auch, dass Land wertvoller wird, weil es verknappt. Gerade im Bereich Landwirtschaft, der im Übrigen keine intakte Biodiversität darstellt, muss durch regenerative Agrarwirtschaft ein Umdenken stattfinden komplett im Einklang mit der Natur.

Wie kann Kreislaufwirtschaft dabei helfen, Biodiversität aufrecht zu erhalten und zu regenerieren?
Geschäftsmodelle auf Basis von Kreislaufwirtschaft sind ressourcenschonender, die Frage, wo Ressourcen entnommen werden müssen, wird bewusster gestellt, Abfall und Verschmutzung wird vermieden, vor allem auch in Bezug auf Meere und Tiefseeverschmutzung. Jedes Produkt wird von Anfang bis zum Ende durchgedacht und neu designt oder angepasst, damit kein Abfall oder keine Verschmutzung entsteht.

Was müssen Unternehmen tun, um Biodiversität in bestehenden Geschäftsmodellen zu verankern?
Das kommt auf Unternehmen und Branche an, jedoch ist die Messbarkeit immer wichtig: Ziele setzen, berichten, messen, ob die Ziele erreicht werden, prüfen, wie nah man an die eigenen Operations kommt. Für hohe Biodiversität ist es wichtig zu wissen, wo Land umgewandelt wurde, weil dies ein starker Treiber ist. Bei Nala schauen wir auf das Wasser: Welchen Wasserstress gibt es beispielsweise in welcher Region, in der ich mit meinem Unternehmen Standorte habe?

Ich erinnere mich an eine Keynote auf der Hannover Messe 2022, bei der du über die Wichtigkeit der Messbarkeit von Impact sprachst. Welche Kennzahlen gibt es?
Kennzahlen unterscheiden sich je nach Branche und Unternehmen, L'Oreal beispielsweise ist schon weit vorne mit einem sogenannten »Biodiversity Pledge«, mit dem Ziel, die gleiche Fläche an Land, die man 2019 hatte, auch in 2023 beizubehalten, d.h., auf weniger Land produktiver Arbeiten. Weiterhin ist die Kennzahl über den Wasserverbrauch wichtig, um den lokalen Wasserstress zu überwachen und zu optimieren. Die Kennzahl »Proximity to highly intact nature«, beschreibt beispielsweise, dass keine Fabrik in einem gewissen Abstand zu z.B. Naturschutzgebieten stehen darf. Weiterhin sind alle Arten von Verschmutzung als Kennzahl relevant.

Wie könnte dein Unternehmen helfen, Impact messbar zu machen und somit auch managen zu können?
Wir bauen eine globale Datenbank mit vielen Daten, um den Zustand der Natur in den verschiedenen Gebieten zu verstehen. Das umfasst unter anderem

akademische Datenbanken, Satellitenbilder und eigene AI-Modelle, auf deren Basis wir verschiedene Standorte aus der Naturperspektive aufzeigen, und zeigen, wo Potenziale, Abhängigkeiten und Risiken sind.

Welche Herausforderungen gibt es noch zu meistern in Bezug auf Biodiversität in Unternehmen?

1. Die Diskrepanz zwischen der öffentlichen Wahrnehmung, die noch immer nicht verstanden hat, wie bedrohlich diese Krise ist, und die der Experten, die ganz klar davon sprechen, dass Biodiversität das nächste große Thema ist.
2. Viele Unternehmen sind noch überwältigt vom Klimareporting und von internen Ressourcenengpässen. Die Rolle des CSO ist an dieser Stelle enorm wichtig, damit man schneller mit den richtigen Leuten in Kontakt kommt, die Technologie ist da, globales Commitment ist da, jetzt muss es »nur noch« in die Köpfe einsickern.
3. Kompetenzen aufbauen.

Welche positiven Praxisbeispiele und Lösungen gibt es bereits?

L'Oreal, mit der bereits eingeführten Biodiversity Pledge, der Softwarehersteller Salesforce, mit seiner Nature Positive Strategy und allgemein die Taskforce on Nature-related Financial Disclosures (TNFD) und deren über 1.100 Mitglieder und 22 Sektoren, die die größten Abhängigkeiten und Einflüsse auf die Natur aufzeigen. Die Mitgliederübersicht findet man im Übrigen über folgenden Link: https://tnfd.global/engage/tnfd-forum/#map.

Welche drei Tipps/Quick-Wins gibst du Intra- und Entrepreneuren für die Entwicklung und Skalierung nachhaltiger sowie zirkulärer Geschäftsmodelle mit?

1. Interne Kommunikation & Change Management: Der »War of Talents« ist zwar verschoben, die Belegschaft verlangt aber, das Unternehmen umzustellen. Die CSOs sollten ihre Kommunikation nach innen richten und vermitteln, warum das Thema so wichtig ist, sowie Leute nach Ideen und Meinungen abfragen. Dies hat viel mit Change Management zu tun.
2. Rationalisieren: Langfristig auf stabilen Füßen zu stehen, geht stark einher mit Rationalisierung. Dafür muss man Zahlen/KPIs finden.
3. Management Commitment: Ich bin im Beirat bei Coroplast, deren Inhaberin, Nathalie Mecklenburger, absolut innovativ ist. Seit man dort das interne Carbon Pricing eingeführt hat, hat sich die Nachhaltigkeitsdiskussion zu einer eher rationalen Diskussion verändert.

Unternehmensbeschreibung

Nala Earth ermöglicht es, die Auswirkungen von Unternehmen auf die Natur zu messen. Als Komplettlösung ermöglicht ihnen Nala Earth, die komplexe Welt der

Natur und der Artenvielfalt zu verstehen und den ersten Schritt zur Verbesserung des ökologischen Fußabdrucks von Unternehmen zu machen.

Auswirkungen von Unternehmen unter anderem auf Wasserknappheit, Entwaldung und die Bedeutung der biologischen Vielfalt können überwacht werden.

Zusammenfassung

Das Wichtigste beim Betreten von Neuland ist es, die richtigen Fragen zu stellen.

Das »Warum« einer Organisation sollte den Sinn und Zweck des Bestehens eines Unternehmens beschreiben und definieren, wofür eine Organisation steht. Geld verdienen ist kein »Warum«. Einnahmen, Gewinne, Gehälter und andere monetäre Kennzahlen sind Ergebnisse dessen, »was« wir tun. Beim »Warum« geht es um den Beitrag, den wir leisten, um etwas zu bewirken. Das »Warum« inspiriert uns. Wenn die Menschen, die Teil eines Unternehmens sind, nun tatsächlich an dessen »Warum« glauben und, ausgehend von diesem »Warum«, denken, handeln und kommunizieren, werden sie Menschen anziehen, die glauben, woran sie glauben, und Teil ihrer Mission sein wollen. Die Frage nach dem »Warum« führt fast unweigerlich zu anderen, neuen Entwürfen von Geschäftsmodellen, wodurch sich die bestehenden Modelle dramatisch ändern können, und dennoch ähnliche Leistungen bieten. Wie Branchenstudien zeigen, gibt es bereits eine Menge von Optionen, die sowohl die Bedürfnisse der Gesellschaft besser befriedigen als auch zu einer wesentlich geringeren Umweltbelastung führen als vorherige Lösungen. In Systemen zu denken und die richtigen Fragen zu stellen, bietet somit weit mehr Gestaltungsoptionen und -lösungen, als wir zunächst glauben.

Purpose lässt sich sogar messen. Der Globeone Purpose Readiness Index (PRI) ist das Ergebnis einer der größten Vermessungen der Glaubwürdigkeit deutscher Unternehmen hinsichtlich ihres Purposes und ihres positiven Beitrags zu einer »besseren Welt«.

Die 17 UN SDGs können maßgebliche Inspirationsquelle, Treiber und Kompass für Unternehmen sein, um sich darüber klar zu werden, welchem Purpose das Unternehmen langfristig dienen will, welche Ziele für das jeweilige Unternehmen relevant ist und wie diese erreicht werden sollen. Dies umfasst ökonomische, ökologische und soziale Aspekte. Dabei unterstreicht die Agenda 2030 die gemeinsame Verantwortung aller Akteure: Politik, Wirtschaft, Wissenschaft, Zivilgesellschaft.

Die ersten Schritte, die Unternehmen auf dem langen Weg zur Nachhaltigkeit jedoch gehen, ergeben sich meist aus dem Gesetz. Die Unternehmen, die eine Vorreiterrolle einnehmen und bereits über das Notwendige hinaus strengere Regeln einhalten, bevor diese offiziell durchgesetzt werden, erleben First-Mover-Vorteile bei der Förderung von Innovationen. Weiterhin erkennen Unternehmen, die in Sachen Compliance Vorreiter sind, Geschäftschancen als Erste.

Im Rahmen des European Green Deal und der Sustainable Finance Strategy der EU gibt es eine Reihe von Neuerungen, die die Transparenz bezüglich des Einbeziehens von Nachhaltigkeitskriterien in Entscheidungsprozesse für Investitionen erhöhen sollen. Die drei wichtigsten neuen EU-Regularien zur Unternehmenstransparenz sind die EU-Taxonomie, die CSRD und die vor allem auf Finanzunternehmen zugeschnittene SFDR.

6 »People«: Mit den richtigen Menschen an Bord zu neuen Geschäftsmodellen

If we get the right people on the bus, the right people in the right seats, and the wrong people off the bus, then we'll figure out how to take it someplace great.
Jim Collins

6.1 Mit den richtigen Menschen an Bord erfolgreich Geschäftsmodelle innovieren

Als ich anfing, die Nachhaltigkeit von Unternehmen zu erkunden, waren die Verantwortlichen für Corporate Social Responsibility und Nachhaltigkeitsthemen in der Regel machtlose Kommunikationsmanager oder Assistent:innen der Geschäftsführung mit geringem Budget, denen mehr oder weniger freiwillig die Aufgabe übertragen wurde, solche Themen als einen kleinen Teil ihrer Stellenbeschreibung zu verwalten. Weder Corporate Responsibility noch Nachhaltigkeitsthemen waren an der Spitze der Organisation verankert. Darüber hinaus handelte es sich bei den relativ wenigen Stakeholdern innerhalb der Unternehmen, die sich um diese Themen kümmerten, überwiegend um Aktivisten, die diese Agenda aus intrinsischer Motivation vorantreiben.

Heute spreche ich jedoch mit Geschäftsführern und Vorständen über nachhaltige und zirkuläre Geschäftsmodelle und das Thema Nachhaltigkeit und seine Auswirkungen auf Geschäftsmodelle ist branchenübergreifend zu einer strategischen Priorität geworden – manchmal als Bedrohung, aber immer häufiger als Chance empfunden. Das bedeutet noch lange nicht, dass wir schon da angekommen sind, wo wir sein wollen. Es zeigt jedoch, dass nicht nur das Thema in den Vorstands- und Chefetagen angekommen ist, sondern auch das Bewusstsein, dass Veränderungen notwendig sind; nicht allein wegen der zunehmenden Regularien, die Unternehmen zur Veränderung zwingen, sondern darüber hinaus weisen die zunehmenden Forschungsergebnisse darauf hin, dass Unternehmen gleichzeitig nachhaltig und profitabel sein können und Nachhaltigkeit eine immer größer werdende Bedeutung in Sachen Wettbewerbsvorteil hat (vgl. Jørgensen & Pedersen, 2018).

Gleichzeitig verhalten sich jedoch noch immer viele Führungskräfte so, als müssten sie sich zwischen dem ökologischen und gesellschaftlichen Nutzen der Entwicklung nachhaltiger Geschäftsmodelle, Produkte oder Prozesse und den damit verbundenen Kosten entscheiden. Wenn man lange genug mit CEOs spricht, insbesondere in den USA oder in Europa, kommen deren Bedenken klar zum Ausdruck: »Nachhaltigkeit kostet.« »Kunden sind nicht bereit, mehr für nachhaltige Produkte zu zahlen, schon gar nicht während einer Rezession.« »Wenn wir unsere Geschäftstätigkeit nachhaltig und zirkulär gestalten und ›grüne‹ Produkte entwickeln, sind wir gegenüber Konkurrenten in Entwicklungsländern benachteiligt.«

Aus diesem Grund verorten noch immer viele Führungskräfte die Notwendigkeit, nachhaltig zu werden, im Bereich der sozialen Verantwortung des Unternehmens und betrachten dieses Thema daher als losgelöst von den Geschäftszielen. Durch die unterschiedliche Priorisierung hat sich der Kampf zur Rettung des Planeten teils zu einem Kampf zwischen Regierungen, Unternehmen und Verbraucheraktivisten entwickelt. Eine Lösung, die von Politikexperten und Umweltaktivisten vorgeschlagen wird, ist eine immer strengere Regulierung, da freiwilliges Handeln allein nicht ausreicht. Eine andere Gruppe schlägt vor, Verbraucher aufzuklären und zu organisieren, damit sie Unternehmen dazu zwingen, nachhaltiger zu werden. Obwohl sowohl Gesetzgebung als auch Aufklärung erforderlich sind, können die Probleme nicht schnell genug oder vollständig gelöst werden (vgl. Nidumolu et al., 2009).

»First Who, Then What« oder auch »The right people on the bus«, sozusagen die richtigen Leute »im Bus« zu haben, ist ein Konzept, das unter anderem von John Collins im Buch »Good to Great« entwickelt wurde. Es beruht darauf, dass diejenigen, die großartige Geschäftsmodelle und Organisationen aufbauen, sicherstellen, dass sie die richtigen Leute ins Boot – oder wie Collins es ausdrückt »in den Bus« – holen und die richtigen Leute auf den Schlüsselplätzen haben, wenn es darum geht, eine Mission zu erreichen. Nach dem initialen »Warum« wird somit immer zuerst darüber nachgedacht, wen man ins Boot holt, um eine gewisse Mission zu erreichen, noch bevor konkret über das »Was« nachgedacht wird. Wenn Sie mit Chaos und Unsicherheit konfrontiert sind, wie dies bei Innovationen fast immer der Fall ist – und wie es auch für die heutige Lage in Sachen Klimawandel und Nachhaltigkeitstransformation gilt, zumal Sie unmöglich vorhersagen können, was alles auf Sie zukommt –, besteht die beste Strategie darin, Leute zu haben, die sich an alles anpassen und hervorragende Leistungen erbringen können, egal, was als Nächstes kommt. Eine großartige Vision ohne großartige Menschen ist irrelevant (vgl. Collins, 2001).

Geschäftsmodell-Innovatoren sollten drei Aspekte verstehen:

Erstens: Wenn Sie mit »Wer« und nicht mit »Was« beginnen, können Sie sich leichter an eine sich verändernde Welt anpassen. Wenn die Leute hauptsächlich »in den Bus« einsteigen, weil er an einen bestimmten Ort fährt, kann es zu Unzufriedenheit führen, wenn dieser nach einiger Zeit die Richtung ändert und vermeintlich an einen ganz anderen Ort fährt. Wenn die Leute jedoch im Bus sind wegen der anderen Personen und wegen einem höheren Sinn, dann ist es in Ordnung, die Richtung zu ändern, um an das Ziel zu kommen. Dabei steht der »Bus« selbstverständlich sinnbildlich für das Team, das neue Wege geht.

Zweitens: Wenn man die richtigen Leute im Bus hat, lässt sich das Problem, wie man die Leute motiviert und managt, weitgehend lösen. Die richtigen Leute müssen nicht streng gemanagt oder motiviert werden; sie werden durch den inneren Drang und Purpose motiviert, die besten Ergebnisse zu erzielen und an der Schaffung von etwas Großartigem mitzuwirken.

Drittens spielt es auch keine Rolle, ob Sie die richtige Richtung finden, wenn Sie die falschen Leute haben. Sie werden immer noch kein großartiges Geschäftsmodell und Unternehmen haben.

Ein weiteres Forschungsprojekt hat zu einem interessanten Ergebnis im Hinblick auf Führungskräfte geführt: Danach kommt es nicht darauf an, **wie** Führungskräfte entlohnt werden, sondern darauf, **welche** Führungskräfte entlohnt werden. Wenn die richtigen Führungskräfte an Bord sind, werden diese alles in ihrer Macht Stehende tun, um ein großartiges Unternehmen aufzubauen, und zwar nicht wegen der monetären Vergütung, die sie dafür »bekommen«, sondern weil sie durch einen »höheren Zweck« motiviert werden. Das bloße Vergütungspaket wir das nicht erreichen. Die hervorragenden Unternehmen handeln nach dieser Maxime: Die richtigen Leute werden die richtigen Dinge tun und die besten Ergebnisse liefern, zu denen sie fähig sind, unabhängig vom Anreizsystem (vgl. Collins, 2001).

Verstehen Sie mich bitte nicht falsch, natürlich sind Vergütung und Anreize wichtig. Der Zweck eines Vergütungssystems sollte jedoch nicht vorwiegend darin bestehen, die falschen Leute zu den richtigen Verhaltensweisen zu bewegen, sondern vor allem darin, die richtigen Leute in den Bus zu bekommen und sie dort zu halten.

Fragen Sie sich also konkret: Wer sind die wichtigsten Stakeholder im System? Für wen kreiere ich Wert und welche Fähigkeiten benötigen wir, um das neue, nachhaltige und zirkuläre Geschäftsmodell zu entwickeln? An dieser Stelle kommt das zweite »P« für »People« ins Spiel (s. Abbildung 20).

People

Wer sind meine Stakeholder? Für wen schaffe ich Werte und welche Fähigkeiten benötigen wir, um ein verantwortungsvolles Geschäftsmodell zu schaffen?

Abb. 20: People (Quelle: eigene Darstellung)

Doch nicht nur die Mitarbeiter:innen sind essenziell, um die nachhaltige Transformation zu meistern. Ökologisch und gesellschaftlich verantwortungsbewusste Kunden sind genauso wichtig. Gerade in Zeiten des nachhaltigen und verantwortungsbewussten Wirtschaftens kann es sich ein Unternehmen nicht mehr erlauben, mit unethisch handelnden oder maßgeblich umweltverschmutzenden Unternehmen zusammenzuarbeiten. Eine klare Beschreibung der Zielgruppe und Kunden ist nicht nur wichtig, um die Bedürfnisse der Kund:innen zu verstehen, sondern auch, um darauf basierend Ableitungen für neue Geschäftsmodelle, Produkte und Dienstleistungen zu generieren.

Die Rolle des Chief Sustainability Officer

Laut Deloitte hat weniger als ein Viertel der befragten Unternehmen derzeit (noch) keinen verantwortlichen Chief Sustainability Officer (CSO) oder eine ähnliche Position im Unternehmen (z.B. einen Head of ESG) besetzt (vgl. Deloitte, 2021). Auch ist es noch immer häufig so, dass sich CSOs, sofern es sie gibt, häufig wie PR-Manager zeigen – deren Hauptaufgabe es ist, den vielen Stakeholdern des Unternehmens eine ansprechende Geschichte über Nachhaltigkeitsinitiativen des Unternehmens zu erzählen, um Reputationsrisiken abzuwehren (vgl. Deloitte, 2021).

Glücklicherweise ändert sich an dieser Stelle gerade einiges. Die Rolle des CSOs geht weg davon, lediglich Botschaften zu vermitteln, sie entwickelt sich hin zur tatsächlichen Integration wesentlicher ESG-Themen (Umwelt, Soziales und Governance) und deren Verankerung in der Unternehmensstrategie. Diese entscheidende Veränderung erfordert eine enge Zusammenarbeit mit anderen Mitgliedern des Top-Managements und einen aktiven Dialog mit Stakeholdern und Investoren. Zwei Faktoren haben diesen Übergang vorangetrieben. Erstens erkennen Investoren und die Führungsebene zunehmend, dass Nachhaltigkeit ein wesentlicher Faktor für die finanzielle Leistung von Unternehmen und deren Wettbewerbsvorteil ist. Zweitens kam es in den Vereinigten Staaten und in Europa zu einer zunehmenden Gegenreaktion gegen Investoren, die ESG in ihre Entscheidungsprozesse einbeziehen, jedoch die Praktiken des klassischen Kapitalismus weiterzuführen. Dies hat Organisationen dazu veranlasst, ihren Fokus von öffentlicher Kommunikation und Öffentlichkeitsarbeit auf direktere Interaktionen mit wichtigen Interessengruppen und Stakeholdern sowie Shareholdern zu verlagern.

Unternehmen benötigen differenziertere und gründlichere Diskussionen über die Kompromisse und Konflikte, die zwischen den Interessen der Stakeholder sowie zwischen Umwelt-, Sozial- und Governance-Fragen bestehen. Beispielsweise steht ein Hersteller von Elektroautos, der sich beeilen muss, umweltfreundliche Fahrzeuge auf die Straße zu bringen, vor der Herausforderung, möglicherweise Kobalt aus Konfliktgebieten in Afrika zu beziehen. Genauso, kann ein Lebensmittelunternehmen, das Bio-Lebensmittel von weit entfernten Standorten bezieht, mehr Kohlenstoffemissionen verursachen, als wenn es Lebensmittel aus der Region beziehen würde.

Der CSO sollte genau diese Art von Diskussionen leiten. Doch nicht nur das. Der CSO sollte in die Strategie und Kapitalallokation einbezogen werden. Der CSO sollte stark mit Stakeholdern zusammenarbeiten und in der gesamten Organisation, einschließlich vonseiten des Vorstands und des Führungsteams, mit ausreichenden Nachhaltigkeitsressourcen und Fachwissen unterstützt werden.

Hier gibt es jedoch noch viel zu tun. Laut Harvard Business Review hat eine Überprüfung von 200 Nachhaltigkeitsberichten im Jahr 2022 einen erheblichen Mangel an differenzierten Diskussionen über Kompromisse und Prioritäten aufgezeigt. Beispielsweise erstellen viele Organisationen in diesen Nachhaltigkeitsberichten eine sogenannte »Wesentlichkeitsmatrix«, um entscheidende ESG-Themen zu identifizieren, aber die meisten unterscheiden nicht zwischen wertschöpfenden und ethischen Bedenken oder zwischen Maßnahmen zur Risikominderung und strategischen Chancen (vgl. Eccles, 2023). Sie konzentrieren sich sowohl auf kleinere Probleme als auch auf existenzielle Bedrohungen. Das Ergebnis ist meist eine lange Liste von ESG-Themen und inspirierenden Zielen, jedoch gibt es hinsichtlich der Einzelheiten der Umsetzung kaum überzeugende Maßnahmen.

6.2 Neue Kompetenzen und die Fähigkeit, Gelerntes zu vergessen

Warum erneuern wir regelmäßig unsere Garderobe, wollen immer die neuesten Smartphones oder renovieren unsere Küchen alle zehn Jahre, aktualisieren aber kaum unsere Überzeugungen und Ansichten? Warum lachen wir über Menschen, die zehn Jahre alte Computer benutzen, aber halten dennoch an der Meinung fest, die wir vor zehn Jahren gebildet haben?

Für zu viele von uns werden unsere Denkweisen zu Gewohnheiten, die wir nicht mehr hinterfragen. Eine solche geistige Bequemlichkeit führt dazu, dass wir in aller Regel die Einfachheit den Veränderungen vorziehen, da Veränderungen neue Gewohnheiten hervorbringen und damit alte Routinen herausfordern. Wir versäumen es, die Überzeugungen, die wir in der Vergangenheit gebildet haben, an die Herausforderungen anzupassen, mit denen wir in der Gegenwart konfrontiert sind. Zudem sind die meisten von uns stolz auf ihr Wissen und ihre Expertise – und darauf, ihren Überzeugungen und Meinungen treu zu bleiben. Das ist sinnvoll in einer stabilen Welt, in der wir dafür belohnt werden, dass wir von unseren Ideen überzeugt sind.

Das Problem besteht jedoch darin, dass wir in einer sich schnell verändernden und unsicheren Welt leben, in der wir genauso viel Zeit mit Umdenken verbringen müssen wie mit Nachdenken. Der bekannte Organisationspsychologe Adam Grant beschreibt treffend den Vorteil des Hinterfragens und der Fähigkeit, das Unbekannte besser annehmen können. Umdenken ist eine Fähigkeit, aber auch ein Mindset. Wir haben bereits viele der mentalen Werkzeuge, die wir brauchen. Mentale Stärke und Intelligenz sind jedoch keine Garantie dafür, dass wir umdenken, Gelerntes vergessen und offen für Neues sind (vgl. Grant, 2021).

Europa und die Welt muss ein neues Wirtschaftsmodell übernehmen, das Menschen Wohlstand bietet und sich dabei auf die Ziele Gerechtigkeit und vollständige Nachhaltigkeit sowie Regeneration unseres Planeten konzentriert. Für dieses neue Modell und die neue Art des nachhaltigen und regenerativen Wirtschaftens müssen wir auf internationaler Ebene zusammenarbeiten, das auf einem gemeinsamen faktenbasierten Verständnis der Welt gründet. Die derzeitige Unwissenheit sowie die Tatsache, dass selbst in den Industrieländern, in denen die Fakten zugänglich sind, viele Menschen sich nicht mit dem Thema auseinandersetzen, ist jedoch das größte Problem (vgl. Rosling et al., 2019). Weiterhin ist es unabdingbar, Gelerntes zu vergessen und neue Kompetenzen aufzubauen. Insbesondere das Denken in linearen Systemen und Prozessen muss durch kreislauffähiges Denken und Handeln ersetzt werden: abfallfreies Design von Produkten, zirkuläre Materialien, Wertschöpfungsnetzwerke anstatt lineare Lieferketten, Rücknahme und Wiederaufbereitung anstatt Neuverkauf und viele weitere Beispiele, die grundlegend ändern, wie Unternehmen der Zukunft wirtschaften.

Was das bedeutet? Umdenken und Kompetenzaufbau. Und zwar in Sachen Nachhaltigkeit. Nachhaltigkeit ist mittlerweile ein Thema, das auf jeder Konferenz und in jedem Unternehmen angekommen ist. Die Unwissenheit über dieses Thema ist jedoch noch weit verbreitet.

Für differenzierte Gespräche über ESG und Strategie sind hochkarätige Talente an der Spitze der CSO-Abteilung erforderlich. Traditionell kamen CSOs aus den Bereichen des gemeinnützigen Engagements oder der Öffentlichkeitsarbeit und berichteten an Abteilungen, die für Public Relations, Kommunikation, Marketing oder öffentliche Ordnung zuständig sind. Da sich die CSO-Rolle jedoch in Richtung der Top-Management-Ebene verlagert hat, zieht sie interne Kandidaten mit unterschiedlichem Funktionshintergrund an. Unabhängig von ihrem Hintergrund benötigen CSOs von heute die Fähigkeiten, Nachhaltigkeitsbemühungen mit den Hauptzielen des Unternehmens zu verbinden und sicherzustellen, dass Ressourcen und Maßnahmen darauf ausgerichtet sind, langfristige Werte zu schaffen (vgl. Eccles, 2023).

Innovationskompetenzen für Nachhaltigkeit

Die nachfolgenden acht Aufgaben eines CSOs wurden ursprünglich für die Rolle des Chief Innovation Officer entworfen. Da sich das Tool als leistungsstark erwies, wurde es für die neu geschaffene Position des CSO überarbeitet, da ein CSO, genau wie ein CIO, enorme Veränderungen, Neuerungen und einen Kulturwandel vorantreiben muss. Es weist der CSO-Rolle acht verschiedene Aufgaben zu:

1. **Einhaltung gesetzlicher Vorschriften.** Der CSO sorget für die Einhaltung der Nachhaltigkeitsregularien und -vorschriften, die für jede Branche, jeden Prozess, jedes Produkt und jede Art von Zusammenarbeit mit Unternehmen gelten. Er bewertet die Regularien in Bezug auf deren Risiken und setzt interne Richtlinien mit dem richtigen Team um.
2. **ESG-Überwachung und Berichterstattung.** Der CSO sammelt ESG-Daten und Kennzahlen gemäß der relevanten Berichtsstandards. Er vergleicht sie mit Branchenkollegen. Zudem bereitet er die Fertigstellung und Kommunikation des ESG-Berichts des Unternehmens vor für Transparenz und Buy-In.
3. **Überwachung des Portfolios an Nachhaltigkeitsprojekten.** Er plant, koordiniert, überprüft den Fortschritt und verfolgt die Ergebnisse, um verschiedene operative Bemühungen zu koordinieren.
4. **Verwaltung der Stakeholder-Beziehungen.** Der CSO fördert den kontinuierlichen Dialog mit internen und externen Stakeholdern, um konstruktive, transparente Beziehungen aufzubauen und von deren Bedürfnissen zu lernen.
5. **Aufbau organisatorischer Fähigkeiten.** Er soll Lücken identifizieren und geeignete Bildungsinitiativen zur Weiterqualifizierung und/oder Beschaffung der fehlenden Fähigkeiten ergreifen. Zudem identifiziert er innovative Möglichkeiten zur Skalierung der neuen Fähigkeiten. Darüber hinaus teilt und verbreitet er Wissen und Best Practices.
6. **Förderung des kulturellen Wandels.** Der CSO soll dabei helfen, den Purpose zu definieren und zu kommunizieren, um die Transformation voranzutreiben. Er soll den kulturellen Wandel im gesamten Unternehmen fördern – auch durch Kompetenzaufbau. Ferner soll er Denkänderungen auf der Grundlage konkreter Verhaltensweisen fördern und Routinen etablieren, um den Wandel zu verstärken und eine glaubwürdige »Tatsächlichkeit« der Führungskräfte zu gewährleisten.
7. **Erkunden und Experimentieren.** Er fördert die Offenheit gegenüber dem externen Innovationsökosystem und die Zusammenarbeit mit Partnern. Zudem soll er Freiräume schaffen, um neue Technologien, -lösungen und -praktiken zu entwickeln und zu testen.
8. **Einbettung von Nachhaltigkeit in Prozesse und Entscheidungsfindung.** Der CSO soll Nachhaltigkeit im Kern der Geschäftsmodelle verankern. Er soll wichtige Prozesse und zugehörige Produkte und Messmechanismen für Entscheidungen dahingehend überarbeiten, dass sie eine gute Basis für Entscheidungen liefern.

Teilweise kombinieren Nachhaltigkeitsverantwortliche auch Innovation und Nachhaltigkeit. Bei der Holcim AG, einem der größten Baustoffproduzenten der Welt, kombinierte Magali Anderson, bis September 2023 als Chief Sustainability and Innovation Officer tätig und bereits seit Oktober 2019 Mitglied des Group Executive Committee, die Bereiche Nachhaltigkeit und Innovation.

Auch bei Nike berichtet CSO Noel Kinder, der seine Karriere in den Bereichen Lieferkette und Fertigung begann, an den Präsidenten für Innovation und den COO. Nachhaltigkeit ist ein wesentliches Thema beim Produktdesigns und bei Innovation des Unternehmens. Kinder glaubt, dass Nachhaltigkeit ein Katalysator für Innovation ist. Zwei aktuelle Beispiele sind Space Hippie und Nike Forward. Space Hippie ist Nikes Schuh mit dem niedrigsten CO_2-Fußabdruck, der auf recycelten Materialien basiert. Innovationen, die aus diesem Bemühen resultierten, wurden auf andere Produkte übertragen. Nike Forward ist eine Bekleidungsinnovation, die weitaus weniger Herstellungsschritte als üblich erfordert und so den CO_2-Fußabdruck reduziert.

CSOs brauchen in ihrem Team Experten für relevante Themen wie Klima, Biodiversität, Lieferketten und Menschenrechte, aber sie benötigen auch die Zusammenarbeit von Einzelpersonen aus verschiedenen Geschäftsbereichen und Funktionen, in denen Nachhaltigkeit entscheidend für den Erfolg ist. Diese Personen, die oft durch Nachhaltigkeitsausschüsse miteinander verbunden sind, tragen dazu bei, Nachhaltigkeit in der gesamten Organisation zu verankern. Henkel beispielsweise verteilt 27 Nachhaltigkeitsbotschafter über das gesamte Unternehmen, um sicherzustellen, dass jede Einheit Nachhaltigkeit in ihre Verantwortlichkeiten integriert (vgl. Eccles, 2023).

Die Anwendung des Resilienzdenkens als Übergangsmodell hin zu einer auf Kreislaufwirtschaft basierenden Wirtschaft hat positive und übergreifende Auswirkungen auf die soziale, kulturelle, wirtschaftliche und ökologische Nachhaltigkeit. Das Resilienzdenken erkennt an, dass menschliche Aktivitäten die Biosphäre mittlerweile von lokaler bis globaler Ebene prägen. Gleichzeitig sind menschliche Gesellschaften für ihr Überleben und ihr Wohlbefinden grundsätzlich auf die lebenserhaltende Biosphäre angewiesen (vgl. Elmqvist & Schultz, 2020).

Zum Kompetenzaufbau in Sachen Nachhaltigkeit in Organisationen gehört, neben dem generellen Wissen zur nachhaltigen Entwicklung, der spezifische Aufbau von Wissen im Bereich Sustainable Finance inklusive der bereits erläuterten Compliance- und Reportingrichtlinien sowie dem Design und der Entwicklung nachhaltiger und kreislauffähiger Produkte, Dienstleistungen, Prozesse, Umsatzmodelle und Infrastruktur inklusive erneuerbare Energie für Elektrizität und Wärme sowie nachhaltiges Gebäude- und Transportmanagement.

Für Einkäufer und Konstrukteure bedeutet dies beispielsweise, dass Materialwissenschaftler und -ingenieure hinzugezogen werden und dass eine eigene Kompetenz im Umgang mit alternativen, nachhaltigen und zirkulären Materialien aufgebaut wird, wobei auch deren Herkunft in Bezug auf ethische Lieferketten berücksichtigt wird.

Für den Vertrieb bedeutet dies, den Fokus nicht nur auf Neuverkauf zu legen, sondern nachhaltige Produktalternativen anzubieten und Wiederverwendung sowie

Dienstleistungen zur Verlängerung des Produktlebenszyklus in den Mittelpunkt von Verkaufsgesprächen zu stellen. Dies senkt den Rohstoffbedarf massiv und lässt der Natur wertvolle Ressourcen, um sich regenerieren zu können. Gleichzeitig werden im Dienstleistungsbereich bei Services wie zum Beispiel »Refurbished« und »Remanufactured« oftmals höhere Margen als beim Neuverkauf erzielt und der Kunde spart gleichzeitig Kosten beim Kauf. An dieser Stelle ist es ebenso wichtig, die Kunden in Sachen Nachhaltigkeit und Kreislaufwirtschaft zu schulen. Die Denkweise, dass nur neue Produkte entsprechende Qualität bedeuten, ist schlicht und ergreifend nicht mehr zeitgemäß. Produkte, die beispielsweise mittels Remanufacturing wiederhergestellt wurden, gelten als Neuprodukte – sie erhalten daher die übliche Gewährleistung, was Verbraucherinnen und Verbrauchern zusätzliche Sicherheit gibt. Remanufacturing-Produkte sind mindestens genauso funktional und leistungsfähig wie die ursprüngliche Ware – oder besser.

Wichtig ist an dieser Stelle, dass das Top-Management diese neuen Narrative vorlebt, aktiv kommuniziert und so eine klare Linie vorgibt. So wichtig es auch ist, dass die Verantwortung in Sachen Nachhaltigkeit in der obersten Führungsebene verankert ist, so essenziell ist es, dass die neuen Narrative von jedem Mitarbeiter verstanden werden und Nachhaltigkeit als Aufgabe eines jeden gesehen wird. Deswegen ist es wichtig, als Führungskraft sowie Personal- und Human Resource-Verantwortliche Inhalte bezüglich Nachhaltigkeit und Kreislaufwirtschaft in sämtlichen Onboarding-, Schulungs- und Weiterbildungsprogrammen zu integrieren. Wir haben also gelernt, dass Kompetenzaufbau in Sachen Kreislaufwirtschaft und Nachhaltigkeit nicht nur notwendig ist, um die drängendsten Probleme unserer Zeit zu lösen, sondern auch, um wettbewerbsfähig zu sein. Bei Kunden, Mitarbeitern und am Markt. Auf die betroffenen Stakeholder werden wir im Folgenden eingehen.

6.3 Bedürfnisse der Stakeholder – heute und morgen

Der Begriff der Stakeholder bezeichnet im Allgemeinen all jene Gruppen, die von den Aktivitäten eines Projekts betroffen sind. Wer an Stakeholder denkt, denkt aber gewöhnlich im ersten Moment an den Auftraggeber eines Projektes, den Kunden. An Mitarbeiter:innen, die Gesellschaft oder den Planeten denkt in diesem Kontext kaum jemand. Für nachhaltige und zirkuläre Geschäftsmodelle, deren Kern die Prinzipien der nachhaltigen Entwicklung und Kreislaufwirtschaft sind, sind jedoch genau diese zusätzlichen Stakeholder relevant (vgl. Steubel, 2022). Auf dieser Basis werden Wertversprechen generiert, die nicht nur Kunden einen Mehrwert bringen, sondern sich gleichzeitig positiv auf Mitarbeiter, Gesellschaft und Umwelt auswirken.

Warum ist es wichtig, die Bedürfnisse der Stakeholder so genau zu kennen?
Starten wir beim Kunden: Es ist kein Geheimnis, dass die Bindung bestehender Kund:innen lukrativ ist: Neue Kunden zu gewinnen ist im Durchschnitt etwa fünfmal teurer als die Bindung bestehender Kunden und man weiß inzwischen, dass Kunden im dritten Jahr 67 Prozent mehr ausgeben als neue Kunden (vgl. Veldwijk, 2020).

Doch wie stellen Sie sicher, dass Ihre Kunden zu Ihnen stehen? Seit einigen Jahren liegt die Antwort u. a. im Business-to-Consumer-Segment, insbesondere im Bereich der Nachhaltigkeit. Im Business-to-Business-Segment folgt dies etwas nachgelagert.

Untersuchungen zeigen, dass mehr als zwei Drittel der Verbraucher beim Kauf auf Nachhaltigkeit achten. 47 Prozent der Verbraucher würden für ein nachhaltiges Produkt mehr bezahlen und über ein Drittel würde sogar 25 Prozent mehr bezahlen. Diese Zahl wird noch steigen: Die Generation Z ist eine recht neue Käufergruppe, dennoch haben 68 Prozent im vergangenen Jahr umweltfreundliche Käufe getätigt und sie legen mehr Wert auf Nachhaltigkeit als jede Generation zuvor. Laut einer Umfrage aus dem Jahr 2020 kehren Kunden am ehesten wegen der Produktqualität zu einer Marke zurück, nachhaltige Geschäftspraktiken liegen jedoch knapp dahinter. Tatsächlich geben 68 Prozent der Verbraucher an, dass sie motiviert sind, einer Marke treu zu bleiben, weil sie wissen, dass sie dieselben Werte in Hinblick auf die Nachhaltigkeit teilen.

Bei Nachhaltigkeit geht es nicht nur darum, die eigenen Geschäftspraktiken umweltfreundlicher zu gestalten: Moderne Kunden wünschen sich auch Unterstützung dabei, sich nachhaltiger zu verhalten. Hierbei ist es wichtig zu verstehen, wie man mit seinen Lösungen, Produkten und Dienstleistungen den Kunden dabei helfen kann, nachhaltiger zu werden. Kunden suchen nach authentischen Marken und diejenigen Marken, die herausstechen, sind diejenigen, die nicht nur ihre eigenen nachhaltigen Praktiken fördern, sondern ihren Kunden dabei helfen, auch ihr Verhalten nachhaltiger zu gestalten (vgl. Veldwijk, 2020).

Warum ist es wichtig, Mitarbeiter ebenso als Stakeholder bei der Entwicklung neuer Geschäftsmodelle zu betrachten und deren Bedürfnisse zu analysieren?
Die Millennial-Mitarbeiterstudie von Cone Communications ergab, dass 64 Prozent der Millennials keinen Job annehmen würden, wenn ihr Arbeitgeber keine starke CSR-Richtlinie verfolgt, und 83 Prozent wären einem Unternehmen gegenüber loyaler, das ihnen hilft, sich für soziale und ökologische Belange einzusetzen (vgl. Millennial Employee Engagement Study, 2016). Und den Stimmen, die die Generation Z als »faul« bezeichnen, die lediglich die »Work-Life-Balance« im Auge haben, können wir an dieser Stelle den Wind aus den Segeln nehmen: Nur noch 35 Prozent der Befragten ist eine ausgewogene Work-Life-Balance wichtig. Um finanziell abgesichert zu sein, geben 83 Prozent an, dass der Gehaltsaspekt der wichtigste Faktor bei der Jobwahl ist (vgl. Nordenbrock, 2023). Somit ist es beim »War for Talents« unverzichtbar, sich

auf Corporate Social Responsibility sowie faire Bezahlung zu fokussieren. Das renommierte Magazin Fast Company stellte jedoch fest, dass »die meisten Millennials eine Gehaltskürzung in Kauf nehmen würden, um in einem umweltbewussten Unternehmen zu arbeiten« (vgl. Aziz, 2020). Für jedes Geschäftsmodell, das angepasst oder neu entwickelt wird, müssen sich Unternehmen somit die Frage stellen: Welche Mitarbeiter betrifft das neue Geschäftsmodell, welche Interessen und Perspektiven verfolgt die Zielgruppe, welche Fähigkeiten benötigt diese Art der Stakeholder und wie kann ich diese Interessen mit den weiteren Stakeholder-Interessen vereinbaren?

Darüber hinaus ist es aber nicht nur enorm wichtig, die Kunden und Mitarbeiter als Stakeholder zu betrachten. Wenn es um nachhaltige und zirkuläre Geschäftsmodelle geht, ist es ebenso essenziell, die Gesellschaft und den Planeten als Stakeholder zu sehen.

Die Gesellschaft als Stakeholder zu betrachten, bringt verantwortungsbewusstes Denken und Handeln mit sich. Sofern die Gesellschaft in neuen, innovativen Geschäftsmodellen mitgedacht wird, sollte der Fokus auf ethisch korrekten Lösungen liegen, die sicherstellen, dass Menschen in Sicherheit leben. Ein bestes Beispiel sind derzeitig die Fragen rund um die Entwicklungen von Künstlicher Intelligenz. Ein weiteres positives Beispiel sind die Richtlinien des Lieferkettensorgfaltspflichtgesetzes zur Achtung von Menschenrechten. Es sollen klar definierte Sorgfaltspflichten eingehalten werden, um ethisch korrekte Lieferketten sicherzustellen.

Der Rückgang der Biodiversität ist das Ergebnis eines degenerativen Industriedesigns. Mit dem Planeten als Stakeholder wird sichergestellt, dass gerade in diesem Jahrhundert regeneratives Design oberste Priorität erhält. Kreislaufwirtschaft ist ein hervorragender Weg, um regenerative Ansätze und Lösungen in die Praxis umzusetzen.

Wie können wir die konkreten Anforderungen ermitteln? Dafür eignet sich Stakeholder-Management. Dies hilft dabei, die jeweiligen Interessengruppen (»Stakeholder«) zu identifizieren und an einer Initiative teilhaben zu lassen. Im Rahmen des Stakeholder-Managements werden mittels einer Stakeholder-Analyse die Bedürfnisse der Stakeholder identifiziert und auf dieser Basis Maßnahmen abgeleitet (vgl. Steubel, 2022). Abbildung 21 zeigt auf vereinfachte Weise, wie man die Bedürfnisse einzelner Stakeholder abfragen kann.

WHO Wer sind deine Kunden und die Kunden deiner Kunden? Heute und morgen (Märkte, die du bedienen möchtest, Technologien, die genutzt werden sollen) **Kunden, Mitarbeiter, Gesellschaft, der Planet**	**WHAT** Was sind deren Ziele? Was sind deren Probleme/Frustrationen? **Kundenziele, Mitarbeiterziele, gesellschaftliche Ziele, ökologische Ziele**
WHY Warum kaufen deine Kunden bei dir? Warum kaufen potenzielle Kunden noch nicht bei dir? **Alleinstellungsmerkmal** und die Werte des Unternehmens, die Kunden und Mitarbeiter binden	**HOW** Wie können Sie Ihre Stakeholder bei ihren Problemen/Zielen unterstützen? **Prozesse, Partner und Infrastruktur, um** Werteversprechen zu erfüllen

Abb. 21: Kenne deine Stakeholder (Quelle: eigene Darstellung)

Im Gespräch mit Anita Wälz (Nestlé)

Anita Wälz ist seit Sommer 2020 bei Nestlé Deutschland verantwortlich für Nachhaltigkeit und Kommunikation, davor war sie vier Jahre im Handel bei Lidl Deutschland für die Themen Kommunikation und Nachhaltigkeitsmanagement zuständig; vor dem Wechsel auf die Unternehmensseite hat sie umfangreiche Erfahrungen in internationalen Kommunikationsagenturen gesammelt und Unternehmen quer über Branchen und Disziplinen hinweg beraten.

Was bedeutet für dich Nachhaltigkeit als Innovationstreiber?
Wir stehen vor der großen Herausforderung, gemeinsam als Unternehmen, Politik, Zivilgesellschaft und Gesellschaft, Lösungen für den Klimawandel zu finden. Hierfür müssen wir umdenken, neu denken und in Innovationen investieren. Im Lebensmittelbereich bedeutet dies beispielsweise, neue Produkte auf pflanzlicher, anstatt tierischer Basis zu entwickeln, diese müssen gleichzeitig nahrhaft und erschwinglich sein sowie auch schmecken, und eine sinnvolle Alternative zu Produkten sein, die einen höheren CO_2-Emissions-Fußabdruck haben.

Unser heutiges Verhalten anzupassen, wird meines Erachtens nicht reichen, um die Pariser Klimaziele zu erreichen, sondern wir werden Innovationen und weitere digitale Lösungen brauchen, die Bisheriges ersetzen und Türen öffnen für Neues, das wir vielleicht heute noch gar nicht sehen.

Offenheit für Neues, den Mut auch mal danebenzuliegen mit einer Entwicklung und die ständige Neugierde, etwas völlig anderes auszuprobieren, sind für mich ausschlaggebend, dass wir Nachhaltigkeit sowie Digitalisierung nicht nur als integralen Bestandteil unseres heutigen Alltags sehen, sondern auch als Innovationstreiber für die Zukunft aktiv nutzen.

Wie wirkt sich dies auf das Geschäftsmodell, Strategie und Führung in deinem Bereich/bei Nestlé aus?
Nachhaltigkeit ist seit langem ein fester Bestandteil unseres unternehmerischen Handelns. Als Lebensmittelunternehmen sind wir abhängig von einer intakten Umwelt und funktionierenden Lebensräumen, um gute Rohstoffe wie Weizen, Kräuter, Kakao oder Milch für unsere Produkte zu beziehen und den produzierenden Ländern und Farmer:innen ein nachhaltiges Einkommen zu ermöglichen. Wir sehen es als unsere Verantwortung, nachhaltige Ernährungssysteme zu fördern.

Unser gesamtes Geschäftsmodell ist davon betroffen, nachhaltiger zu werden – wie kaufen wir ein und produzieren mit möglichst geringem CO_2e-Fußabdruck, wie unterstützen wir Erzeugergemeinschaften beispielsweise in der Elfenbeinküste oder Ghana beim Kakaoanbau die Lücke zum existenzsichernden Einkommen zu schließen und wie schaffen wir es, Wasserkreisläufe intakt zu halten. All das findet sich in unserer Unternehmensstrategie sowie im Investitionsbudget für Innovationen und Nachhaltigkeit wieder.

Als Management müssen wir vorausgehen und Nachhaltigkeit vorleben, gleichzeitig kommt jetzt eine junge Generation ins Arbeitsleben, die das aktiv einfordert und viel Potenzial mitbringt, Innovationen noch schneller voranzutreiben.

Was bedeutet der zunehmende Fokus auf Nachhaltigkeit für Stakeholder – Partner, Kunden und Mitarbeiter?
Es gibt heute keine Anspruchsgruppe mehr, die nicht von großen Unternehmen erwartet und aktiv einfordert, dass sie sich nachhaltig aufstellen und handeln müssen. Wer heute noch keine valide Nachhaltigkeitsstrategie hat, wird in ein paar Jahren Schwierigkeiten haben, Kunden und Konsument:innen von sich zu überzeugen.

Ein konkretes Beispiel bei Nestlé Deutschland wie wir gemeinsam mit Partnern versuchen, die Zukunft zu gestalten: Wir haben vor rund zwei Jahren die Klima-Milchfarm ins Leben gerufen. Gemeinsam mit Lieferanten, NGOs und der Wissenschaft versuchen wir, Maßnahmen zu entwickeln, umzusetzen, zu messen und in Kosten umzurechnen, wie beispielsweise ein Milchviehbetrieb möglichst CO_2e-arm werden kann (Kühe stoßen beim Rülpsen und Pupsen viele schädliche Gase aus). Rund 80 Prozent der Treibhausgasemissionen von Nestlé kommen aus den Rohstoffen (Scope 3), und davon in Deutschland rund 50 Prozent aus Milchprodukten. Wir investieren deswegen konkret in Projekte, die einen möglichst großen Einfluss auf die Reduktion von Emissionen aus der Milch haben. Das schaffen wir allerdings nicht allein. Eine Hochschule, weitere Unternehmen und Start-ups unterstützen uns dabei. Beispielsweise testen wir neu entwickelte Güllezusätze, die in Gülle eingerührt werden und dort die Methan- und CO_2-Emissionen während der Güllelagerung unterdrücken und weniger klimaschädliche Emissionen produzieren. Oder ein Futterergänzungsmittel, dass gezielt ein Enzym unterdrückt und so weniger Methan direkt in den Kühen entsteht. Wir versuchen die Entwicklung der Bodengesundheit auf Äckern zu messen und konstant zu halten. Nicht alles klappt auf Anhieb oder bringt die gewünschten Ergebnisse. Dann heißt es neu ausprobieren und weitere Primärdaten sammeln. Die aussichtsreichsten Maßnahmen werden dann von unserem Lieferanten mit vielen weiteren Landwirten und Landwirtinnen geteilt, damit wir möglichst große Skaleneffekte erzielen können.

Von einem so großen Unternehmen wie wir es sind, wird erwartet, dass wir aktiv in solche Programme sowie in Forschung und Entwicklung investieren. Nicht nur unsere Kunden und Konsument:innen, sondern auch die vielen Mitarbeitenden von Nestlé wollen, dass wir unsere Größe nutzen, um nachhaltig und systemisch Dinge zum Besseren zu verändern.

Welche Bedeutung hat für dich das »richtige« Team und welche Fähigkeiten sind aus deiner Sicht essenziell, um immer wieder Bestehendes zu hinterfragen und neue Wege zu gehen?
Für mich kommt es auf das richtige Mindset an und das fängt bei einem selbst an. Auf der einen Seite ist es gut, im hektischen Alltag auf Bestehendes zurückzugreifen, das verlässlich funktioniert. Zum Beispiel, wie wir früher Rohstoffe eingekauft haben – nach Preis und Qualität. Wir wissen jedoch andererseits, dass sich Lieferketten aufgrund verschiedenster Faktoren wie Pandemien, Krieg, unvorhergesehene Wetterereignisse und Klimakrise verändern werden, und wir anders, in Teilen sogar neu denken müssen. Daher diskutieren wir heute intensiv, wie Rohstoffe lokaler eingekauft und beispielsweise ersetzt werden können (europäische Erbsen anstatt amerikanischer Soja für Fleischalternativen). Es wird auch besprochen, welche Produkte noch eine Zukunft haben und welche neue Produktkategorie gegebenenfalls noch kreiert werden muss.

Das Hinterfragen muss gleichzeitig im Managementteam stattfinden, das Wandel ermöglicht und unterstützt. Und es braucht interne Strukturen, die Ideen und Vorschläge von Mitarbeitenden und Teams eine Plattform bieten (zum Beispiel Test & Learn-Programme, R&D Accelerator etc.). Wichtig ist, dass der relevante Whitespace für Unternehmen erkannt wird, Mut zur Veränderung gefördert wird, eine positive Fehlerkultur gelebt wird, etablierte Strukturen für den Innovationsprozess weiterentwickelt werden und auch Budget für die Ideenumsetzung zur Verfügung gestellt wird.

Welche Rolle spielen neue Märkte und Technologien in diesem Zusammenhang?
Künstliche Intelligenz und die weitere Digitalisierung werden einen entscheidenden Hebel haben, um Abläufe zu beschleunigen, bessere Prognosen zu treffen und Kapazitäten für strategische Denkprozesse freizumachen.

Gibt es Beispiele für Innovationen in eurem Unternehmen, in denen Nachhaltigkeit oder Kreislaufwirtschaft der klare Treiber war/ist?
Wir arbeiten daran, unsere Verpackungen nachhaltiger zu gestalten. Wir vermeiden und reduzieren Plastik dort, wo wir können, designen unsere Verpackungen so, dass der Rohstoff Plastik wieder zurück in den Kreislauf gelangt und wiederverwendet wird.

Genauso wichtig ist es, neue Geschäftsmodelle auszuprobieren. Zusammen mit dem Start-Up circolution testen wir aktuell Mehrweg-Verpackungen im Handel. Die Metallbehälter werden von Herstellern von Lebensmitteln befüllt und im Supermarkt verkauft. Verbraucher kaufen das Produkt inkl. eines Pfandbetrags, geben die Verpackung am normalen Pfandautomat zurück. circolution kümmert sich um Inspektion, Reinigung und Transport. Diese Verpackung kann über 80x wiederverwendet werden und spart so erheblich CO_2 ein. Der Test läuft bisher gut, jetzt kommt es darauf an zu prüfen, ob er auch in der Breite funktioniert, um möglichst viele Marken und Supermärkte dazu zu bewegen, mitzumachen. Für mich liegt in Beispielen wie circolution auch der Erfolg: Bestehende Strukturen für nachhaltigere Projekte neu denken und in der Breite nutzen.

Welche Strukturen und Prozesse (intern/extern) müssen neu gedacht werden, um Nachhaltigkeit in die bestehenden Geschäfts- und Innovationsprozesse zu verankern?
Intern: Nachhaltigkeit nicht als zusätzliches Projekt verstehen, sondern als integraler Bestandteil im Alltag; Ideenmanagement strukturiert und prominent im Unternehmen verankern; ausreichend Budget zur Verfügung zu stellen; Mitarbeitende befähigen und fördern, Neues auszuprobieren, zu scheitern und es besser zu machen; Incentivierungen einführen; regelmäßig über Erfolge und Misserfolge berichten und aufzeigen, wo man sich auf der Nachhaltigkeitsreise befindet und was die kurz-, mittel- und langfristigen Ziele des Unternehmens sind.

Extern: Behördliche Strukturen/Genehmigungen verschlanken und beschleunigen (z. B. beim Bau von Biogasanlagen für Landwirte); Staatliche Förderprogramme ausbauen; Standards auf nationaler beziehungsweise europäischer Ebene vorantreiben und Unsicherheiten bei Unternehmen reduzieren (z. B. einheitliche Baseline-Messung für Biodiversität oder CO_2-Reduktionsmessung/-ausweisung); Einführung der neuen CSRD EU-Richtlinie zur Nachhaltigkeitsberichterstattung unterstützend begleiten und Umsetzung möglichst unternehmensfreundlich gestalten.

Was bedeutet der zunehmende Fokus in Sachen Nachhaltigkeit für euren langfristigen Geschäftserfolg?
Wir werden uns ständig weiter verändern müssen und uns immer wieder hinterfragen, ob Bestehendes oder die Art wie wir Wirtschaften nachhaltig genug ist. Im Mittelpunkt steht ein funktionierendes Ernährungssystem, für das eine regenerative Landwirtschaft unabdingbar sein wird. Das schaffen wir jedoch nicht allein als Unternehmen, sondern nur wenn alle Player mitmachen. Bei Nachhaltigkeit geht es bei uns nicht nur um Erfolg, sondern um das Weiterbestehen als Unternehmen das zuverlässig die Menschen mit sicheren und guten Lebensmitteln versorgt.

Welche Herausforderungen gibt es noch zu meistern?
Viele! Wir haben als Nestlé schon einiges bewegt, aber wir müssen Projekte wie unsere Klima-Milchfarm schneller und größer skalieren. Neue Methoden in der Landwirtschaft wie beispielsweise Humusboden bestmöglich erhalten bleiben kann, müssen weiter erforscht werden; es muss weiter Überzeugungsarbeit geleistet werden, dass für mehr Nachhaltigkeit auch mehr investiert werden muss und es diese nicht für umsonst gibt; internationale Standards müssen definiert und implementiert werden. Zudem müssen wir uns überlegen, wie Wachstum für Unternehmen in Zukunft aussieht und wie man ökologische und ökonomische Aspekte gemeinsam voranbringt.

Und ganz wichtig: Mehr Nachhaltigkeit und die dazugehörigen Veränderungen bedeuten nicht nur Verzicht und Verlust für Einzelne, sondern bringen auch sehr viele Vorteile für die Zukunft – diese Haltung und Mindset kann die Entwicklung hin zu mehr Nachhaltigkeit beschleunigen bzw. auch den Weg für mehr Zustimmung und Eigeninitiative ebnen.

Welche Rolle spielen neue Märkte und Technologien in diesem Zusammenhang?
Digitalisierung im Allgemeinen, Digitalisierung in der Landwirtschaft (Beispiel: teilflächenspezifisches Düngen), künstliche Intelligenz, disruptive Ideen und nachhaltige Geschäftsmodelle werden nicht nur wichtiger, sondern früher oder später die Grundlage für erfolgreiches Wirtschaften sein – nicht nur im Vergleich zum Wettbewerb, sondern auch für den Erhalt unserer Umwelt, für weltweite Lebensgemeinschaften und für unsere Gesellschaft.

Unternehmensbeschreibung

Seit mehr als 150 Jahren steht Nestlé als führender Nahrungsmittelkonzern und Global Player mit Standorten in 188 Ländern für die Mission »Good food, Good life« ein. Mit den 2.000 Marken, die Nestlé vereint, und deutschlandweit 8.450 Kollegen wird jeden Tag daran gearbeitet, noch ein bisschen besser zu werden.

Zusammenfassung

Es ist heutzutage unabdingbar, die richtigen Menschen an Bord zu haben, um den Wandel anzustoßen und mit den Unsicherheiten umzugehen, mit denen wir heutzutage täglich konfrontiert sind. Eine großartige Vision ohne großartige Menschen ist irrelevant. Doch nicht nur die Mitarbeiter:innen sind essenziell, um die nachhaltige Transformation zu meistern. Die richtigen Kunden, die ökologische und gesellschaftliche Verantwortung übernehmen, sind ebenso wichtig. Eine klare Beschreibung der Zielgruppe und Kunden ist somit wichtig, um die Bedürfnisse der Kund:innen zu verstehen, aber auch, um darauf basierend Schlussfolgerungen für neue nachhaltige und zirkuläre Geschäftsmodelle, Produkte und Dienstleistungen zu generieren. Die Rolle des CSO nimmt an Bedeutung zu. Für differenzierte Gespräche über ESG und Strategie sind hochkarätige Kompetenzen an der Spitze der CSO-Abteilung erforderlich. Gleichzeitig ist Kompetenzaufbau in jeder Organisationseinheit notwendig.

Der Vertrieb durchläuft eine Transformation weg vom Neuverkauf der bisherigen Produkte hin zu ökologischen Alternativen und Dienstleistungen zur Verlängerung der Produktlebenszyklen, Einkäufer benötigen Kompetenzen über alternative Sourcingquellen und Partner. Innovationskompetenzen für Nachhaltigkeit sind notwendig, um die Transformation zu meistern. Dabei ähneln die Aufgaben eines CSOs dem des Chief Innovation Officers in Bezug auf das Vorantreiben von Veränderungen und Innovationen im Rahmen der nachhaltigen Transformation. Wichtig ist an dieser Stelle, dass das Top-Management diese neuen Narrative vorlebt, aktiv kommuniziert und so eine klare Linie vorgibt. Nicht nur Regularien ändern sich, sondern auch die Bedürfnisse der Stakeholder. Dabei ist es wichtig, neben den Bedürfnissen der Mitarbeiter und Kunden die Bedürfnisse der Gesellschaft und des Planeten zu betrachten.

7 »Products« – Von Produktinnovationen hin zum kollaborativen Ökosystem

The next big thing in design is circular.
Circular Design Guide

7.1 Redesign von Produkten als Antwort auf Minimierung der Umweltauswirkungen

Um unsere Welt, Gesellschaft und Unternehmen zu einer ressourceneffizienteren, klimaneutraleren und schadstofffreieren Kreislaufwirtschaft zu bringen, sind nachhaltigere Produkte erforderlich. Die gute Nachricht: Inzwischen bevorzugt eine bedeutende Anzahl von Konsumenten umweltfreundlichere Angebote und ein Unternehmen kann sich von der Konkurrenz positiv abheben, wenn es als Erstes bestehende Produkte neugestaltet oder neu entwickelt.

Am 30. März 2022 hat die EU-Kommission ein Maßnahmenpaket entschieden, um nachhaltige Produkte zur Norm innerhalb der EU zu machen. Die Vorschläge sind von enormer Bedeutung für die Verwirklichung der Ziele des European Green Deals, der europäischen Wachstumsstrategie zur Umwandlung der EU in eine gerechtere und wohlhabendere Gesellschaft, und für die Umsetzung wichtiger Aspekte des Aktionsplans für die Kreislaufwirtschaft (engl. Circular Economy Action Plan). Sie werden dazu beitragen, die Kreislaufwirtschaftsrate der Materialnutzung zu verdoppeln und die Umwelt- und Klimaziele der EU sowie die Energieeffizienzziele bis 2030 zu erreichen.

Indem die Umweltauswirkungen von Produkten während ihres Lebenszyklus und die Verlängerung ihrer Lebensdauer zukünftig berücksichtigt wird, werden nachhaltigere, kreislauforientierte und ressourceneffizientere Produkte in der EU entstehen. Nachhaltigere Produkte aus den Bereichen Elektronik, Möbel und Textilien sollen zur Widerstandsfähigkeit der EU-Wirtschaft beitragen.

70 %	**Über 90 %**	**Bis zu 80 %**
Zunahme in der Generierung von Abfällen bis 2050 prognostoziert	Biodiversitätsverlust und Wasserstress ist verursacht durch Ressourcenentnahme und Bearbeitung	des ökologischen Fußabdrucks eines Produkts können bereits in der Designphase ermittelt werden

Abb. 22: Warum die EU bestimmte Regularien zu nachhaltigen Produkten fokussiert (Quelle: eigene Darstellung, in Anlehnung an About sustainable products, o. D.)

Effizienter Ressourceneinsatz

Der weltweite Abbau natürlicher Ressourcen hat sich seit 1970 verdreifacht, während die Abfallerzeugung bis 2050 voraussichtlich um 70 Prozent zunehmen wird. Über 90 Prozent des Verlusts der biologischen Vielfalt und des Wasserstresses werden durch den Abbau und die Verarbeitung von Ressourcen verursacht (s. Abbildung 22) (vgl. About sustainable products, o. D.).

Zu den natürlichen Ressourcen gehören (vgl. Richtlinie VDI 4800 Blatt 1):

- »Erneuerbare und nicht erneuerbare Primärrohstoffe zur stofflichen Nutzung,
- Energieressourcen (Energierohstoffe, strömende Ressourcen zur energetischen Nutzung, Strahlungsenergie),
- Umweltmedien wie Wasser, Luft sowie Fläche/Boden, der agrar- und forstwirtschaftlich genutzt wird,
- Ökosystemleistungen wie die Senkenfunktion von Umweltmedien (Boden, Wasser, Luft) und Biodiversität«.

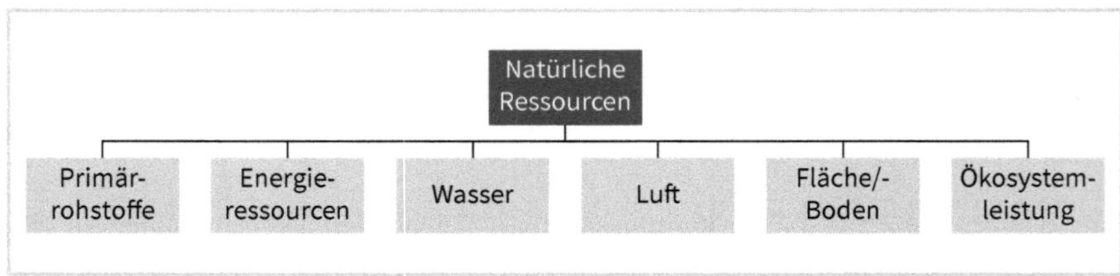

Abb. 23: Natürliche Ressourcen (Quelle: eigene Darstellung, in Anlehnung an Richtlinie VDI 4800 Blatt 1)

Es wird immer schwieriger, einige wichtige Rohstoffe wie Erdöl, Kobalt und schwere Seltene Erden zu beschaffen. Zudem bringt die Nutzung von Rohstoffen über die gesamte Wertschöpfungskette gewisse Umweltbeeinträchtigungen mit sich, die von der Freisetzung von Treibhausgasen über den Schadstoffausstoß in Luft, Wasser und Boden bis hin zur Beeinträchtigung von Ökosystemen und Biodiversität reichen können. Schon jetzt übersteigt die Nutzung von natürlichen Ressourcen die Regenerationsfähigkeit der Erde deutlich (vgl. Bundesumweltministerium, o. D.).

Die Bundesregierung hat 2012 ein umfassendes strategisches Konzept zur Steigerung der Ressourceneffizienz beschlossen. Gemäß der Richtlinie VDI 4800 Blatt 1 wird Ressourceneffizienz (RE) als »das Verhältnis eines bestimmten Nutzens oder Ergebnisses zum dafür nötigen Ressourceneinsatz« definiert (vgl. Einführung in die Ressourceneffizienz, o. D.). Seit 2016 ist darin das Ziel verankert, die Gesamtrohstoffproduktivität zu steigern. Der Indikator zeigt an, welcher Geldwert je Tonne pro eingesetzte Rohstoffe erwirtschaftet wird. Wenn sich der Indikator positiv entwickelt, bedeutet dies eine relative Abnahme des Rohstoffeinsatzes. Die Gesamtrohstoffproduktivität stieg von 2010 bis 2018 um ca. 8 Prozent. Seit dem Jahr 2012 ist das Deutsche Ressourceneffizienzprogramm (ProgRess) ein wichtiger Baustein zur Umsetzung der Deutschen

Nachhaltigkeitsstrategie, der mit ProgRess III fortentwickelt wird (vgl. Bundesministerium für Umwelt, o. D). Auf EU-Ebene spielt Ressourceneffizienz eine zunehmend wichtige Rolle in der Umwelt- und Wirtschaftspolitik. Im Rahmen des EU-Aktionsplans Kreislaufwirtschaft (Circular Economy Action Plan) wurden zahlreiche Maßnahmen zur Stärkung der Ressourceneffizienz umgesetzt.

Es ist auch gelungen, das Thema »Ressourceneffizienz« auf Ebene der G7 und G20 zu verankern. G7 und G20 sind internationale Arbeitsgruppen und umfassen die größten Wirtschaftsnationen sowie – im Fall der G20 – die wichtigsten Schwellenländer. Deutschland ist Teil beider Zusammenschlüsse.

Für das Thema Ressourceneffizienz spielt der tatsächliche »Verbrauch« eine bedeutende Rolle. Bei Nahrungsmitteln, Verpackungen oder Konsumgütern ist z. B. der Verbrauch an Ressourcen zu rechnen, der während des Produktionsprozesses und eventuell bei der Entsorgung der Produkte anfällt. Dieser Faktor wird auch »ökologischer Rucksack« genannt. Für einen Goldring von zehn Gramm Gewicht werden zum Beispiel durchschnittlich 3,5 Tonnen Erdreich bewegt. Um eine Tonne reinen Kupfers aus Gestein zu gewinnen, benötigt man einen Energieeinsatz von 14.000 bis 28.000 Kilowattstunden, so viel Energie verbraucht ein Zweipersonenhalt in Deutschland über einen Zeitraum von vier bis acht Jahren.

Messbarkeit

»Was nicht gemessen werden kann, kann nicht gemanagt werden.«
Peter Drucker

Das Design eines Produkts hat großen Einfluss auf dessen ökologische Nachhaltigkeit. Zahlreiche technische Aspekte haben Auswirkungen auf die Umwelt, darunter u. a. die Zusammensetzung, Lebensdauer, Effizienz und Recyclingfähigkeit des Produkts. Eine Messung der Auswirkungen liefert Erkenntnisse, die Unternehmen daraufhin nutzen können, Designprinzipien anzuwenden, wie u. a. die R-Strategien, die Nachhaltigkeit fördern.

Um auf Geschäftsmodellebene zu bestimmen, worauf man die Bemühungen konzentrieren sollte, sollten Unternehmen die Umweltauswirkungen eines Produkts, die umliegenden Geschäftsprozesse und Wertschöpfungskette über seinen gesamten Lebenszyklus hinweg ermitteln – von der Beschaffung und Herstellung über die Nutzung bis zum Ende der Lebensdauer. Bei der Bewertung sollten unbedingt die zuvor vorgestellten planetaren Grenzen berücksichtigt werden. Darüber hinaus ist es empfehlenswert, mindestens folgende Faktoren als Basis einer Bewertung in Betracht zu ziehen, um einen umfassenden Überblick zu erhalten:

- **Messung der CO_2-Emissionen bzw. des Product Carbon Footprint** entlang der Wertschöpfungskette.
- **Identifikation der verwendeten natürlichen Ressourcen und deren Grad an Zirkularität,** z. B. Materialien, die bei der Beschaffung verbraucht werden, und Wasser, das während der Produktion verwendet wird, Reparierfähigkeit, Wiederverwendbarkeit, Recyclingfähigkeit etc.
- **Analyse der Einflüsse auf das Ökosystem und die Biodiversität** durch Bewertung des Produktlebenszyklus und dessen Auswirkung u. a. auf Land, Süßwasser und Ozeane.
- **Messung der Verschmutzung** durch Bestimmung der Menge an Chemikalien und gefährlichen Gasen, die in jeder Phase des Produktlebenszyklus in die Atmosphäre freigesetzt werden.

Für jeden Faktor sollten Unternehmen Key Performance Indicators (KPIs) auswählen, die mit den allgemeinen Nachhaltigkeitszielen des Unternehmens und mit offiziellen Richtlinien übereinstimmen. Mithilfe dieser KPIs können Fortschritte im Zeitverlauf verfolgt und Ziele festgelegt werden.

Allgemein können folgende Handlungsempfehlungen ausgesprochen werden (vgl. Sustainable Product Design: Sustainable Design Principles, o. D.):

- **Geringe Umweltbelastung**: Verwenden Sie ungiftige, verantwortungsbewusst produzierte und zirkuläre Materialien, die eine geringere Umweltbelastung haben als herkömmliche Materialien.
- **Energieeffizienz**: Nutzen Sie Herstellungsprozesse und produzieren Sie Produkte, die energieeffizienter sind als herkömmliche Prozesse und Endprodukte.
- **Langlebigkeit und Qualität**: Bauen Sie langlebigere und besser funktionierende Produkte, die seltener ausgetauscht werden müssen, was die Auswirkungen der Ersatzproduktion verringert.
- **Standardisierung und Wiederverwendbarkeit**: Entwerfen Sie Produkte für die Wiederverwendung und das Recycling. Machen Sie sie leicht zerlegbar, damit die Teile für die Herstellung neuer Produkte wiederverwendet werden können. Standardisierung kommt Wiederverwendung entgegen. Kundenspezifische, individualisierte Produkte sind schwieriger direkt wiederverwendbar.
- **Designrichtlinien**: Orientieren Sie sich an Leitfäden für nachhaltiges und zirkuläres Design (z. B. Ökosdesign-Richtlinie).
- **Definition des Produktlebenszyklus**: Nutzen Sie Tools zur Lebenszyklusanalyse, um nachhaltigere Produkte zu entwickeln.
- **Servitisierung**: Verlagern Sie den Konsummodus vom persönlichen Besitz von Produkten hin zur Bereitstellung von Dienstleistungen, die ähnliche Funktionen bieten. Einige Beispiele für Unternehmen, die diesen Wandel vollzogen haben, sind Interface Carpets (Teppichfliesen), Xerox (Kopierer-Leasing statt Kauf) und Zipcar (Carsharing).

- **Lokal**: Die Materialien sollten aus nahegelegenen, nachhaltig bewirtschafteten erneuerbaren Quellen stammen, die kompostiert werden können, wenn ihr Nutzen erschöpft ist.

Um nachhaltige Innovationsprioritäten zu identifizieren, müssen Unternehmen genau wissen, wo sie ansetzen können, welche Produkte die höchsten Potenziale in Sachen Nachhaltigkeit haben. Hierzu ist es wichtig, oben genannte KPIs, wie etwa den PCF eines jeweiligen Produktes, und deren Einfluss auf die Umwelt zu kennen.

Unternehmen sind oft überrascht, wenn sie feststellen, dass ein Großteil des Emissionsausstoßes nicht nur durch die eigentlichen Produkte selbst, sondern während der Nutzungsphase von Produkten entsteht.

Nehmen wir beispielsweise Waschmittel: Laut dem Umweltbundesamt werden jährlich 1,3 Tonnen Waschmittel- und Reinigungsmittel gekauft. Viele Inhaltsstoffe belasten die Umwelt und vor allem die Meere (vgl. Selby et al., 2018). Als beispielsweise Procter & Gamble (P&G) vor Jahren bereits Ökobilanzen durchführte, um die Energiemenge für die Nutzung seiner Produkte zu berechnen, stellte sich heraus, dass besonders das Waschen von Kleidungsstücken Haushalte zu Energiefressern machen. P&G schätzte, dass bei einer Umstellung auf Kaltwasserwäsche in den Haushalten 80 Milliarden Kilowattstunden weniger Strom verbraucht und 34 Millionen Tonnen Kohlendioxid weniger ausgestoßen würden. Um die Hygiene- und Sauberkeitsanforderungen der Kunden auch bei Kaltwasserwäsche zu erfüllen, hat das Unternehmen bereits vor Jahren der Entwicklung von Kaltwasserwaschmitteln priorisiert (vgl. Nidumolu et al., 2009).

Herausgestellt hat sich, dass im Schnitt 3 Prozent des Einkommens des jährlichen Strombudgets allein in den USA zum Erhitzen von Wasser zum Wäschewaschen entsteht. Auch die gemeinsame Initiative »Wir drehen runter« von WWF und Ariel zeigt auf Basis von Studien auf, dass kälteres Waschen besser für die Umwelt, den Geldbeutel sowie die Kleidung ist. Warum also ist die durchschnittliche Waschtemperatur in Europa immer noch höher als in Japan, den Vereinigten Staaten oder in Lateinamerika? Ganz einfach: Viele Menschen glauben nicht, dass ihnen das Waschen bei 30 °C die Reinheit und Frische bringt, die sie sich wünschen.

Da ist es wieder einmal – das Mindset-Problem. Ariel hat aus diesem Grund die Rolle der Waschtemperatur bei der Fleckentfernung umfassend erforscht und seine Produkte ständig weiterentwickelt, um auch im Kaltwaschgang hervorragende Ergebnisse zu erzielen. So kann die Temperatur der Waschmaschine heruntergedreht werden und man erhält dennoch eine ausgezeichnete Fleckentfernung und lang anhaltende Frische (vgl. Wäsche waschen in kaltem Wasser, o. D.). Während der aktuellen Rezession hat P&G weiterhin für Kaltwasserprodukte geworben und dabei den Schwerpunkt auf die geringeren Energiekosten und die kompakte Verpackung gelegt. Wenn sich Kaltwasserwaschen weltweit durchsetzt, kann P&G von diesem Trend profitieren.

Um nachhaltige Produkte zu entwickeln, müssen Unternehmen die Anliegen der Verbraucher verstehen und die Produktlebenszyklen sorgfältig prüfen. Hierzu hilft die Produktlebenszyklusanalyse (s. Life Cycle Analyse in Kapitel 7.1.2). Unternehmen müssen lernen, Marketingfähigkeiten mit ihrem Fachwissen zur Ausweitung der Rohstoffversorgung und -verteilung zu kombinieren. Wenn sie in Märkte vordringen, für die sie mehr als nur ihr traditionelles Fachwissen brauchen, müssen sie mit Nichtregierungsorganisationen zusammenarbeiten. Kluge Unternehmen, die trotz der Rezession weiterhin in umweltfreundliche Produkte investiert haben, blicken weit über die Marketingvorteile hinaus und schärfen ihre Kompetenzen, die es ihnen ermöglichen, die Märkte von morgen zu dominieren.

Wie diese Produkte der Zukunft designt werden können, erläutere ich im kommenden Abschnitt.

7.1.1 Ökodesign

Bis zu 80 Prozent der Umweltauswirkungen eines Produkts können bereits in der Designphase ermittelt werden (vgl. About sustainable products, o. D.). Um Produkte zukünftig nachhaltig und zirkulär zu designen und ihre Umweltauswirkungen positiv zu beeinflussen, bedarf es neben den bisher entstandenen, nationalen Richtlinien eines harmonisierten Rahmens für die Einführung von Ökodesign-Anforderungen für Produkte auf EU-Ebene. Mit der Verordnung zum Thema Ökodesign wird ein derartiger Rahmen geschaffen. Dieser Rahmen wurde ursprünglich in der Richtlinie 2009/125/EG des EU-Parlaments und des Rates festgelegt und soll Schritt für Schritt auf so viele Produkte wie möglich ausgeweitet werden.

Um allen Teilnehmern eine Rechtssicherheit zu bieten sowie Hindernisse im Binnenmarkt zu vermeiden, ist es erforderlich, einen harmonisierten Rechtsrahmen für die Festlegung von Ökodesign-Anforderungen für Produkte, die innerhalb der EU in den Verkehr gebracht werden, zu schaffen (vgl. Ausschuss der ständigen Vertreter, 2023).

Mit der ursprünglichen Ökodesign-Richtlinie 2009/125/EG wurden Energieeffizienzanforderungen für 31 Produktgruppen festgelegt. Den Berechnungen der Kommission zufolge konnten dadurch Energieausgaben in Höhe von 120 Milliarden Euro eingespart werden, was zu einem um 10 Prozent niedrigeren jährlichen Energieverbrauch der in ihren Anwendungsbereich fallenden Produkte führte.

Die Europäische Kommission geht davon aus, dass allein durch die 2019 verabschiedeten zehn neuen Ökodesign-Richtlinien, gemeinsam mit den sechs neuen Energielabel-Richtlinien, EU- und europaweit bis 2030 Energie im Umfang von circa 167 Terawattstunden jährlich eingespart werden kann. Dies entspricht einer Minimierung von über 46 Millionen Tonnen CO_2-Äquivalenten und damit circa dem Energieverbrauch, den Dänemark in einem Jahr hat. Somit ist Ökodesign nicht nur eine wichtige Maßnahme zur Optimierung von Energie- und Ressourceneffizienz, sondern ein wichtiger Schritt auf dem Weg zur Begrenzung von CO_2-Emissionen sowie ein erfolgreicher Beitrag zu einer Energiewende und zur Umsetzung von Klimaschutzzielen (vgl. Klimaschutz, o. D.).

Seit Mai 2023 gibt es einen neu verabschiedeten »Vorschlag für eine Verordnung des Europäischen Parlaments und des Rates zur Schaffung eines Rahmens für die Festlegung von Ökodesign-Anforderungen für nachhaltige Produkte und zur Aufhebung der Richtlinie 2009/125/EG« (vgl. Rat der EU, 2023). Die Verordnung stellt eine Erweiterung zu der bisherigen Verordnung dar, um Anforderungen an die ökologische Nachhaltigkeit für nahezu alle Arten von Waren festzulegen, die in der EU in Verkehr gebracht werden. Der Vorschlag sieht weiterhin die Festlegung von Mindestkriterien nicht nur für die Energieeffizienz, sondern auch für die Kreislauffähigkeit und eine allgemeine Verringerung des Umwelt- und Klimafußabdrucks von Produkten vor (vgl. About sustainable products, o. D.).

Die neue Ökodesign-Verordnung soll dazu beitragen, Produkte so zu verändern und zu designen, dass sie den Erfordernissen einer klimaneutralen und ressourceneffizienten Kreislaufwirtschaft entsprechen und das Abfallaufkommen verringert wird. Einige der Anforderungen möchte ich im Folgenden zusammenfassen (vgl. Rat der EU, 2023):

- Verlängerte Produktelebenszyklen, die zur langen Haltbarkeit führen sowie die Verhinderung von vorzeitiger Obsoleszenz von Produkten und Wiederverwendbarkeit von Produkten ist ein Muss für zukünftige Produkte.
- Produkte müssen einfach nachrüstbar und gefahrfrei reparierbar sein.
- Im Design sollte Wert daraufgelegt werden, die Möglichkeiten zur leichteren Bauweise, Überholung und Wartung zu verbessern.
- Wichtig ist die Eliminierung von gefährlichen Chemikalien in Produkten.
- Die Energie- und Ressourceneffizienz von Produkten, einschließlich kritischer Rohstoffe, muss erhöht werden.
- Das Aufkommen an Abfall muss vermieden werden.
- Der Rezyklatanteil in Produkten muss gesteigert werden.
- Wiederaufarbeitung und Recycling muss ermöglicht werden.
- Der CO_2- und Umweltfußabdruck muss reduziert werden.

Nach dem Stand von heute sind meines Erachtens nicht alle der Ökodesign-Anforderungen mit klaren, messbaren Kriterien, welche die Ressourcennutzung betreffen, ausgestattet. Meines Erachtens gibt es hier noch viel Potenzial für konkrete Handlungsempfehlungen. Ein Beispiel von bereits konkreten, messbaren Prozentsätzen zur Wiederverwendung findet man z. B. im Bereich motorisierte Fahrzeuge (vgl. Directive 2005/64/EC, 2005). Damit zukünftig ein wirksamer und harmonisierter Rahmen geschaffen werden kann, muss dafür gesorgt werden, dass es messbare Ökodesign-Anforderungen gibt für physischen Waren, die in Umlauf gebracht oder in Betrieb genommen werden. Dies umfasst ebenso einzelne Bauteile, -gruppen und Zwischenprodukte.

Zusätzlich wird zu der Verordnung ein digitaler Produktpass eingeführt. Der Produktpass enthält Daten zu Materialien, chemischen Substanzen, Ersatzteilen, Kriterien zur Umweltverträglichkeit, Reparierbarkeit oder fachgerechten Entsorgung. Dieser dient auch dazu, verbindliche Anforderungen an die umweltorientierte Vergabe öffentlicher Aufträge zu kontrollieren (vgl. Ausschuss der ständigen Vertreter, 2023). Weiterhin legt der Produktpass Regeln hinsichtlich der Transparenz in Bezug auf die Vernichtung bestimmter unverkaufter Verbraucherwaren fest.

Wichtig in diesem Zusammenhang ist auch die technische Dokumentation, die dazu beiträgt, die Ökodesign-Richtlinie zu erfüllen, indem sie die Unterlagen für die Konformitätserklärung und die Information für die Anwender über die umweltrelevanten Aspekte eines Erzeugnisses erstellt (vgl. Rat der EU, 2023). Anwender profitieren von Vergleichsmöglichkeiten und vor allem von langlebigen, reparaturfähigen Produkten. Hersteller profitieren von einer hohen Akzeptanz auf dem Markt. Die Umwelt profitiert von diesen positiven Veränderungen. Sozusagen eine Win-win-win-Situation.

Die Ökodesign-Verordnung gilt für Produkte mit Ausnahme von folgenden Kategorien:

a) »Lebensmittel im Sinne des Artikels 2 der Verordnung (EG) Nr. 178/2002,
b) Futtermittel im Sinne des Artikels 3 Nummer 4 der Verordnung (EG) Nr. 178/2002,
c) Humanarzneimitteln im Sinne des Artikels 1 Nummer 2 der Richtlinie 2001/83/EG,
d) Tierarzneimittel im Sinne des Artikels 4 Nummer 1 der Verordnung (EU) 2019/6,
e) Lebende Pflanzen, Tiere und Mikroorganismen,
f) Erzeugnisse menschlichen Ursprungs,
g) Erzeugnissen aus Pflanzen und Tieren, die unmittelbar mit ihrer zukünftigen Reproduktion zusammenhängen« (vgl. Rat der EU, 2023).

Die Mindestanforderungen in den Ökodesign-Verordnungen sorgen somit dafür, dass nicht-nachhaltige, ineffiziente Produkte nicht mehr auf dem Markt erlaubt sind und ermöglichen es, Transparenz über den gesamten Produktlebenszyklus herzustellen. Die Wichtigkeit der Betrachtung des gesamten Lebenszyklus wird im Folgenden beschrieben.

7.1.2 Life Cycle Thinking

Life Cycle Thinking (LCT) beschäftigt sich damit, ökologische, soziale und wirtschaftliche Auswirkungen eines Produkts über dessen gesamten Lebenszyklus in die Betrachtung einzubeziehen, angefangen beim Abbau der Rohstoffe über die Produktion bis hin zum Ende des Lebenszyklus. Die Ziele des LCT bestehen darin, den Ressourcen- und Emissionsverbrauch eines Produkts zu reduzieren sowie die sozioökonomische Leistung, also das wirtschaftliche Handeln in einem sozialen und gesellschaftlich-politischen Zusammenhang während des gesamten Lebenszyklus zu verbessern (s. Abb. 24).

LCT stellt die Summe der Instrumente und Maßnahmen dar, um die Ziele mit einem Lebenszyklusansatz zu erreichen, welcher alle Phasen der Lieferkette von Produkten und Dienstleistungen von der Wiege bis zur Bahre (engl. »Cradle-to-grave«) umfasst. Im Laufe der Jahre hat sich LCT weiterentwickelt und Erfahrungen, Methoden und Richtlinien vervielfacht (vgl. Mazzi, 2020).

Die Ziele des LCT werden mithilfe des Life Cycle Managements (LCM) in die Praxis umgesetzt. Bei LCM handelt es sich um ein Produktlebenszyklus-Managementsystem, das Unternehmen dabei hilft, zielgerichtet die mit ihrem Produktportfolio verbundenen ökologischen und sozioökonomischen Belastungen zu minimieren (vgl. Life Cycle Initiative, 2016). Die Integration von LCM in den Unternehmensbetrieb hängt mit den ISO 9000- und 14000-Standards zusammen. Die bisherig den meisten Unternehmen bekannte ISO 9000 legt Anforderungen an ein Qualitätsmanagementsystem für interne Unternehmens- und Geschäftsprozesse fest. ISO 14000 baut darauf auf und fügt Anforderungen an ein Umweltmanagementsystem hinzu, mit dem negative Auswirkungen auf die Umwelt minimiert werden sollen. Sowohl die Integration von LCM als auch die Integration der beiden Standards begünstigt einen Ansatz für kontinuierliche Verbesserung, wie z. B. den Plan-Do-Check-Act-Ansatz, der darauf abzielt, durch ständige Wiederholung des Optimierungsvorganges Prozesse und Produkte zu verbessern.

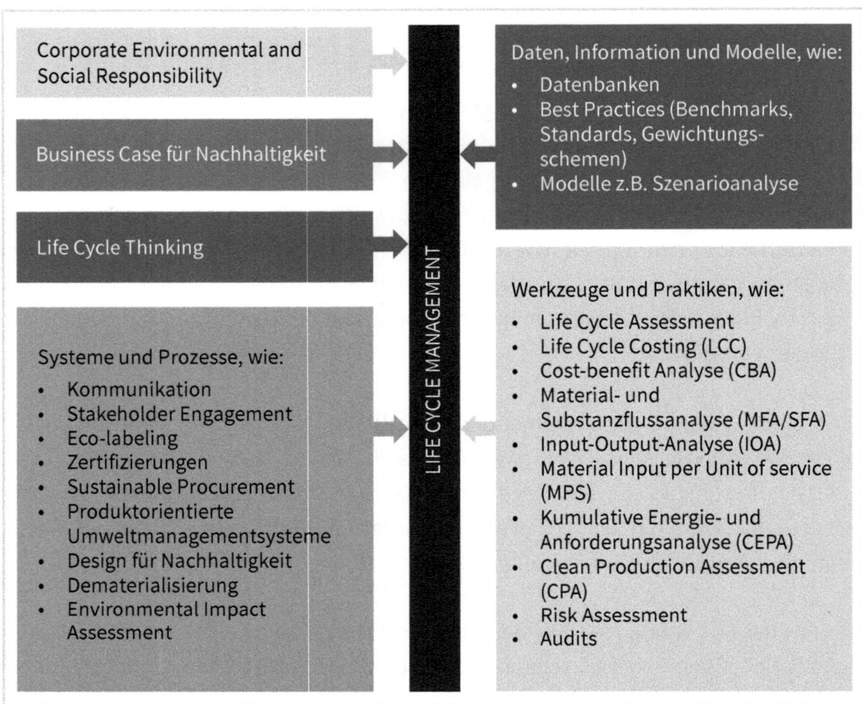

Abb. 24: Life Cycle Management (Quelle: eigene Darstellung, in Anlehnung an Remmen et al., 2007)

Eine der weltweilt bekanntesten Methoden zur Umweltbewertung ist das Life-Cycle-Assessment (LCA), das als die wissenschaftlich am meisten akzeptierte Methode gilt, auch wenn sie komplex ist (vgl. Mazzi, 2020). Um umweltverträgliche Produktionen zu etablieren, ist LCA erforderlich, um zirkuläre und regenerative Technologien in Design, Produktion sowie in die Nutzung von Waren- und Dienstleistungen zu integrieren (vgl. Mazzi, 2020). Tatsächlich handelt es sich bei der LCA um eine quantitative Methode zur Bewertung der Umweltauswirkungen von Produkten (Waren und Dienstleistungen), einschließlich u. a. ihrer Auswirkungen auf das Klima. Das wiederum schließt den Ozonabbau, die Entstehung von Ozon (Smog), die Versauerung und toxikologische Belastung von Ökosystemen sowie die Themen menschliche Gesundheit, Ressourcenknappheit, Wasserverbrauch und Landnutzung, also auch die Auswirkungen auf Biodiversität, ein (Rebitzer et al., 2004).

Im emissionsstarken Bausektor beispielsweise gelten LCAs als besonders entscheidend für die Bewältigung von Fragen der nachhaltigen Entwicklung. Die Notwendigkeit von LCA-Anwendungen in Gebäuden und die Notwendigkeit einer Minimierung des Ressourcen- und Energieverbrauchs sowie der Umweltauswirkungen sind essenziell, um die emissionsstarke Baubranche zu transformieren. LCA kann ebenso bei der Suche und Identifizierung von Innovationspfaden in Gebäuden unterstützen, z. B. in

Bezug auf das Design und die Schaffung von Standards für den Wohnungsbausektor (vgl. Ingrao et al., 2018).

Die LCA-Methodik wird zusammen mit den vier Phasen beschrieben, die in den Normen ISO 14040:2006 und ISO 14044:2006 vorgesehen sind. Die Phasen sind (s. Abb. 25):

Schritt 1: Beginnt man mit der LCA-Methodik, ist die **Ziel- und Umfangsdefinition** essenziell, die die Beschreibung der Ziele sowie die Festlegung der Systemgrenzen umfasst. Die Systemgrenze definiert, welche Teile eines Produktes, einer Dienstleistung, einer Technologie oder eines Prozesses Teil der Betrachtung sind und welche Teile außerhalb des Betrachtungsrahmens liegen. Es kann zwischen technischer, geographischer und zeitlicher Systemgrenze unterschieden werden (vgl. Enargus, 2023). Folgende Punkte müssen in dieser Phase, bezogen auf den Umfang, definiert werden: »Produktsystem; funktionale Einheit; Systemgrenze; Zuweisungen; Wirkungskategorie und Wirkungsbewertungsmethode; Datenanforderungen; Annahmen; Einschränkungen« (vgl. ISO, 2006).

Schritt 2: Die **Bestandsanalyse** ist der zweite Schritt, in dem die zugehörigen **Inputs und Outputs des analysierten Systems** mit dessen Produkten, Prozessen und Technologien hervorgehoben und durch die Zusammenstellung von Daten quantifiziert werden. Dabei geht es um den Verbrauch von Inputs: »Materialien, Nebenprodukte, Abfallströme und Verschmutzung von Luft, Wasser und Boden sind die primären Daten« (vgl. Standardization, 2006), die für die Bestandsanalyse zur Durchführung einer Ökobilanzstudie benötigt werden.

Schritt 3: Der dritte Schritt ist als **Life Cycle Impact Assessment (LCIA)** bekannt und hilft dabei, die »Bedeutung und Relevanz der zukünftigen Umweltauswirkungen eines Systems« (vgl. Standardization, 2006) zu berücksichtigen und zu bewerten, indem Schadstoffe in Wirkungskategorien kategorisiert werden. Diese Wirkungskategorien sind u.a. Klimawandel, Abbau der Ozonschicht, Eutrophierung, Versauerung, Feinstaubbildung.

Schritt 4: Der letzte Schritt besteht in der **Interpretation**. Konkret geht es darum, die Bestandsanalyse und die LCIA-Berichte zu interpretieren, um Richtlinien und Schlussfolgerungen zu erstellen (vgl. ISO, 2006).

Um innovative Produkte der Zukunft designen zu können, sollte von Beginn an die Definition und Messbarkeit der Ökobilanz in diesem Rahmen in das Design neuer Produkte integriert werden.

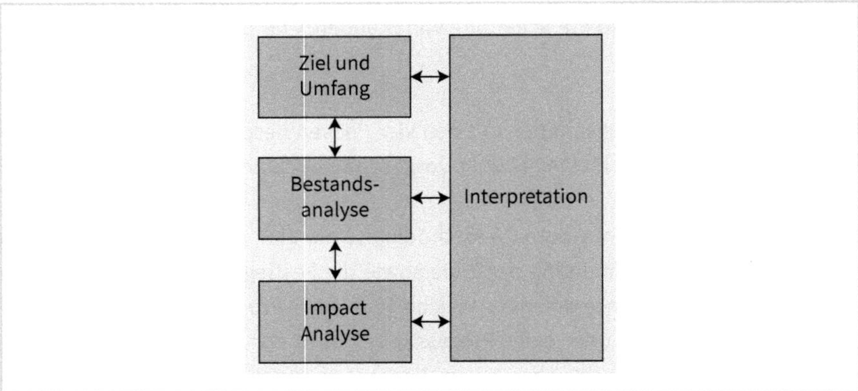

Abb. 25: Lebenszyklusanalyse (Quelle: eigene Darstellung der Phasen einer Ökobilanz, wie in ISO 14040 beschrieben)

Die produzierende Industrie spielt eine wichtige Rolle für die globale Wirtschaft, trägt aber auch zu einem Großteil zur Umweltverschmutzung bei. Angepasste Fertigungsstrategien und innovative Produkte sind erforderlich, um die Umwelt zu entlasten und gleichzeitig den wichtigen Beitrag des verarbeitenden Gewerbes zum wirtschaftlichen Wohlstand aufrechtzuerhalten. Produzierende Unternehmen sind einem zunehmenden Druck seitens Gesetzgebung und Kunden ausgesetzt, ihre eigenen Aktivitäten in Richtung einer nachhaltigeren Produktion zu verbessern. Dafür müssen Ingenieure, Konstrukteure, Designer und Fabrikplaner Verbesserungsmaßnahmen für bestehende Fertigungssysteme sowie innovative Konzepte für neue Maschinen und Anlagen identifizieren. Um mögliche Maßnahmen zur Reduzierung des Energie- und Ressourcenverbrauchs in Fertigungssystemen zu identifizieren, sind Methoden und Werkzeuge wie die Lebenszyklusanalyse zur Bewertung erforderlich.

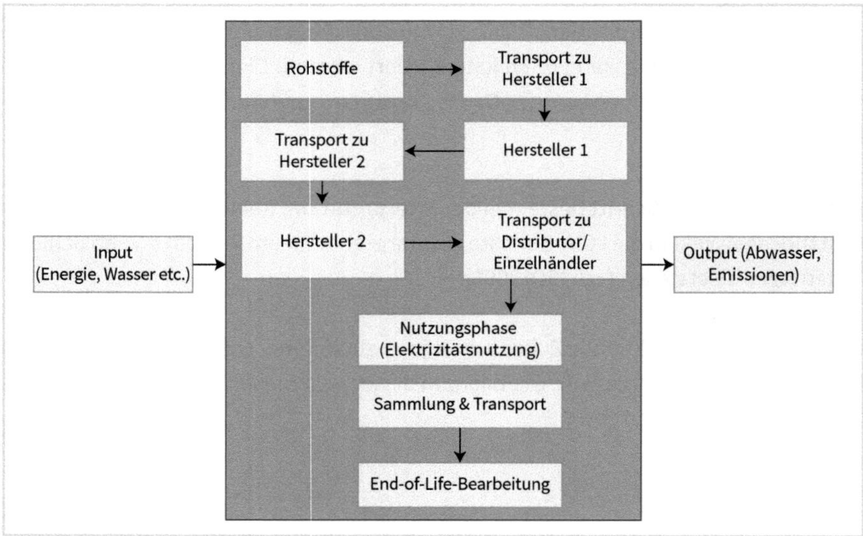

Abb. 26: LCA (Quelle: eigene Darstellung, in Anlehnung an Penn State, 2023)

Es gibt jedoch auch derzeit noch einige Ungenauigkeiten der LCA, die die Verwendbarkeit der Ökobilanzergebnisse beeinträchtigen. Beispielsweise werden aufgrund des statischen Charakters von Ökobilanzdaten und der vorherrschenden Datenlücken häufig nur Durchschnittswerte aus Datenbanken verwendet, um die Umweltauswirkungen vorgelagerter Prozesse und Materialien zu bestimmen. Folglich werden Prozesse und Materialien nicht mit tatsächlichen Werten, sondern nur mit generischen Durchschnittswerten aus Datenbanken beschrieben (vgl. Rödger et al., 2022). Das soll nicht heißen, dass dies in jedem Falle schlecht ist, es bedeutet jedoch, dass in einigen Unternehmen, noch nicht genügend eigene Daten vorhanden sind. In diesem Falle ist der Zugriff auf wissenschaftliche Datenbankdaten oftmals der sinnvolle Weg, um Daten zu erhalten und eine der Möglichkeiten für Unternehmen, sich daran zu orientieren.

Darüber hinaus ist es in herkömmlichen LCAs nicht möglich, dynamische Effekte zeitabhängiger Variablen zu berücksichtigen. Erneuerbare Energiequellen sind aufgrund der Abhängigkeiten, beispielweise vom Wetter, sehr volatil. Wenn diese erneuerbaren Energiequellen nun zur Deckung eines bestimmten Bedarfs (z. B. 700 kWh/Tag) genutzt werden, bedeutet dies nicht, dass ein Produktionssystem mit einem bestimmten Bedarf ausschließlich mit dieser Energiequelle versorgt werden könnte. Übersteigt der Strombedarf einer Produktionsanlage zu einem bestimmten Zeitpunkt das aktuelle Stromangebot aus den verfügbaren Energiequellen, muss der verbleibende Strombedarf aus dem Stromnetz gedeckt werden. Das Nachfrageprofil stimmt so nicht mit dem Angebotsprofil überein, obwohl die Gesamtenergiemengen identisch sein können (vgl. Rödger et al., 2022).

Diese Beispiele unterstreichen, wie relevant Einflüsse dynamischer Effekte in Fertigungssystemen auf die resultierenden Lebenszyklusauswirkungen sowohl des Produkts als auch des Produktionssystems sind. Somit ist eine kombinierte Methodik von LCA und Simulationen zur Analyse dynamischer Effekte und zur Integration volatiler Energiequellen in die Fertigungssteuerung notwendig (vgl. Rödger et al., 2022).

Ein großer Hebel, den Lebenszyklus eines Produktes nachhaltig zu gestalten, ist zirkuläres Design.

7.1.3 Circular Design

Waste is a design flaw.
Kate Krebs

Eines der bekanntesten Zitate in Bezug auf Kreislaufwirtschaft ist obiges Zitat von Kate Krebs, in dem sie darauf aufmerksam macht, dass Abfall ein Designfehler ist. Sie zeigt damit auf, dass Abfall und Umweltverschmutzung nicht einfach so entstehen, sondern das Resultat von Designentscheidungen sind. Die Zerstörung der Natur zur Gewinnung von Ressourcen entsteht ebenso aufgrund der Art und Weise, wie wir Produkte und Materialien designen, entwickeln, herstellen und verwenden. Durch die Verankerung der Prinzipien der Kreislaufwirtschaft während des gesamten Designprozesses können wir dafür Sorge tragen, dass die Wirtschaft in Balance mit Gesellschaft und Natur funktioniert (vgl. We need to radically rethink how we design, o. D.).

Mit Circular Design, deutsch »zirkulärem Design«, können wir die Entstehung von Abfall und Umweltverschmutzung vor dessen Entstehung verhindern.

Circular Design wendet drei Prinzipien der Kreislaufwirtschaft an: **Eliminieren, Zirkulieren und Regenerieren** (vgl. We need to radically rethink how we design, o. D.):

In der Praxis bedeutet das:

1. **Eliminieren von Abfall und Umweltverschmutzung** im Vorfeld durch entsprechende Designentscheidungen: Stellen Sie sich z. B. folgende Fragen: Wie kann ich ein Produkt mit minimalen Materialien designen? Kann ich herkömmliche Materialien durch biologisch abbaubare Materialien ersetzen? Können Materialien eliminiert werden? Können andere Formen des Designs dabei helfen, weniger Abfälle zu generieren?
2. **Auswahl zirkulärer Materialien** die für den wiederholten Umlauf konzipiert sind, die Nutzung von Nebenprodukten oder die Beteiligung an Material- und Produktinnovationen. Stellen Sie sich die Frage, inwiefern sie zirkuläre Materialien einsetzen können. Dies umfasst neben biologisch abbaubaren Produkten u. a. überholte Produkte (Refurbished), reparierte Produkte (Repaired) und wiederhergestellte (Remanufactured) Produkte und anderweitig gebrauchte Produkte.
3. **Regeneration durch Kreislaufwirtschaft**, verbessert lokale Artenvielfalt sowie die Luft- und Wasserqualität. Hier können Sie sich die Frage stellen, ob beispielsweise Abfälle als Quellmaterialien verwendet werden können. Stellen Sie sich die Frage, ob Ihre Produkte so designt sind, dass diese einfach reparierbar sind.
4. Erwägen Sie die **Entwicklung aufeinanderfolgender Zyklen**, in denen biobasierte Materialien in verschiedenen Anwendungen genutzt und sicher in die Erde zurückgeführt werden (vgl. We need to radically rethink how we design, o. D.).

Für Designer liegen die Innovationsherausforderungen vorgelagert (»Upstream«), bevor überhaupt Abfall und Verschmutzung entstehen. Wichtig ist, über die Möglichkeiten der langfristigen Wertschöpfung nachzudenken, anstatt ein lineares Modell fortzusetzen (vgl. Circular Design: Turning ambition into action, o. D.).

Zirkuläres Design von Produkten betrifft meist nicht nur die Veränderung eines Produktes, sondern ebenso die umliegenden Prozesse und Systeme. Die Anwendung der drei Prinzipien für zirkuläres Design innerhalb eines systemischen Denkansatzes hilft uns dabei, die Komplexität des Systemwandels besser zu bewältigen. Es geht dabei darum, ganzheitlich zu analysieren und zu verstehen, welche Produkte, Prozesse und Strukturen miteinander in Beziehung stehen und wie sich diese Systeme im Laufe der Zeit und im Kontext Kreislaufwirtschaft verändern.

Beim zirkulären Design geht es darum, von der umfassenden Vision und den Prinzipien einer zirkulären Zukunft zur Entwicklung und Erprobung von Interventionen zu wechseln, die unmittelbar positive Auswirkungen haben und mit der Zeit immer zirkulärer werden. Es handelt sich um ein kreatives, kollaboratives Unterfangen für Designer, die für die Veränderung von Wirtschaftssystemen in großem Maßstab erforderlich sind.

Design hat die Kraft, Veränderungen herbeizuführen, und diejenigen, die an der Spitze des Wandels stehen, beweisen dies. Einige dieser »Spitzenreiter« erfinden die Art und Weise, wie wir Produkte und Verpackungen wieder zum eigentlichen Hersteller zurückführen können, oder machen Plastikverpackungen für Kosmetika und Haushaltspflegemittel überflüssig, indem sie feste Formulierungen und Konzentrate mit auflösbaren Inhaltsstoffen entwickeln. Andere entwickeln neue Servicemodelle, die dafür sorgen, dass Haushaltsgeräte ausgeliehen, elektronische Geräte repariert und Kleidung verteilt werden können. Um die Entstehung neuer Systeme voranzutreiben, sind Designeingriffe in jedem Sektor erforderlich, von der Art und Weise, wie wir Dinge herstellen und nutzen, bis hin zur Gestaltung von Infrastruktur und Richtlinien, die den Umlauf von Produkten und Materialien in der Wirtschaft ermöglichen.

7.2 Innovation durch naturinspirierte und -basierte Lösungen

Gesunde Ökosysteme sind die Grundlage unseres Lebens, unserer Wirtschaft und Gesellschaft: Sie liefern Nahrung, sorgen für wirtschaftliche Vorteile, unterstützen den Lebensunterhalt, mildern den Klimawandel und schützen Gemeinschaften vor Naturkatastrophen. Obwohl starke Argumente dafür sprechen, in diese Ökosysteme zu investieren, hat die Welt das Potenzial naturbasierter Lösungen (NbS) noch kaum erkannt.

Die Europäische Kommission definiert NbS als »Lösungen, die von der Natur inspiriert und unterstützt werden, die kostengünstig sind, gleichzeitig ökologische, soziale und wirtschaftliche Vorteile bieten und zur Stärkung der Widerstandsfähigkeit beitragen. Solche Lösungen bringen durch lokal angepasste, ressourceneffiziente und systemische Eingriffe mehr und vielfältigere Natur sowie natürliche Merkmale und Prozesse in Städte, Landschaften und Meereslandschaften« (vgl. Nature-based solutions, 2023). NbS müssen daher der Artenvielfalt zugutekommen und die Bereitstellung einer Reihe von Ökosystemdienstleistungen unterstützen

NbS kommen sowohl der biologischen Vielfalt als auch dem menschlichen Wohlbefinden zugute. NbS basieren auf den Vorteilen gesunder Ökosysteme. Naturzentriertes Design betrachtet jedes Designelement als Gesamtsystem, das durch heterogene und komplexe Wechselbeziehungen untrennbar mit seiner Umgebung verbunden ist. Naturzentriertes Design stellt den Wandel der Natur hin zur Pflege der Natur als biologische Ressource dar (vgl. Antonelli, 2020).

Wie eingangs bereits erwähnt, wurde das Potenzial der NbS bisher noch kaum erkannt. Zu den Hindernissen gehören u. a. das mangelnde Bewusstsein für die entscheidende Rolle der Natur bei der Anpassung und der Mangel an verfügbaren Mitteln für Investitionen in naturbasierte Lösungen (NbS). Weniger als 2 Prozent der gesamten öffentlichen internationalen Klimafinanzierung fließen in NbS. Damit wird eine entscheidende Chance verpasst, die Kraft der Natur zu nutzen, um Städte und Gemeinden widerstandsfähiger gegen die Auswirkungen des Klimawandels zu machen (vgl. Nature-based solutions for adaptation, 2022).

Ein Rückgang der Biodiversität und generell ein naturbedingter Verlust stellen für Investoren ein beispielloses systemisches Portfoliorisiko dar. Ein wirtschaftlicher Wert von circa 44 Milliarden US-Dollar hängt mäßig oder stark von der Natur und den von ihr erbrachten Leistungen ab. Allerdings konzentrierten sich die Investitionen in der Regel auf Lösungen rund um klimaorientierte Umwelttechnologien wie erneuerbare Energien und Energieeffizienz. In dem jüngsten, sechsten Bericht des International Panel on Climate Change wird darauf verwiesen, dass NbS für die Dekarbonisierung unerlässlich sind, und es wird aufgezeigt, warum sie den Weg zum Netto-Nullpunkt erheblich unterstützen können (vgl. 7 Innovators scaling the impact of nature-based solutions, 2022).

Die erste Bewertung der weltweiten Finanzierung von NbS, die von dem World Resources Institute und den Climate Finance Advisors zur Unterstützung des »Nature based Solutions Action Track« der Global Commission on Adaptation erstellt wurde, kommt zu dem Ergebnis, dass ein zunehmendes Bewusstsein und Interesse an naturbasierten Lösungen besteht (vgl. Nature-based solutions for adaptation, 2022). Auch die öffentlichen Mittel für die NbS-Ansätze nehmen zu, aber sie reichen nicht aus, um die steigende Nachfrage und Notwendigkeit nach naturbasierten Anpassungslösungen zu decken. Von der Natur inspirierte Lösungen und NbS unterstützen auch wichtige politische Ziele der EU, wie z. B. die EU-Biodiversitätsstrategie für 2030, um biologische Diversität, also biologische Vielfalt, zu fördern. Die Kommission führt aktiv politische Dialoge und Initiativen auf EU- und globaler Ebene, um das Engagement zu fördern, eine breite Wissensbasis aufzubauen und Angebot und Nachfrage auf dem Markt zu stimulieren. Das Ziel der Forschungs- und Innovationspolitik besteht darin, die EU als Vorreiter bei Innovationen mit der Natur zu positionieren, um nachhaltigere und widerstandsfähigere Gesellschaften zu schaffen (vgl. EU Innovationspolitik, 2023).

Neri Oxman, renommierte Architektin, Designerin und 3-D-Pionierin entwickelt und nutzt mit der von ihr gegründete Forschungsgruppe »Mediated Matter« am Massachusetts Institute of Technology and Innovation (MIT) Ansätze für die Entwicklung neuer, biologischer Materialien und Produktionsprozesse, die von der Natur inspiriert sind (vgl. Antonelli, 2020, o. D.).

Neri Oxman prägt den Begriff »Material Ecology«, eine Design- und Produktionsmethode, die Menschen, Technologie und die Natur zusammenbringt und ihren Forschungsansatz und Arbeitsprozess erklärt (vgl. Antonelli, 2020, o. D.). Zwischen den Bereichen Biologie, Design, Materialwissenschaften und digitale Fertigungstechnologien entstehen Schnittstellen, die neue Techniken, Objekte sowie Design- und Produktionsprozesse entstehen lassen. Die Werke von Neri Oxman und ihrem Team wurden z. B. im Pariser Centre Pompidou, im Smithsonian Design Museum und jüngst im MoMA in New York City ausgestellt. Neri Oxman ist wegweisend bei der Suche nach Möglichkeiten, wie digitale Fertigungsverfahren mit der Natur interagieren können. Mit Arbeiten an der Schnittstelle von rechnergestütztem Design, additiver Fertigung, Werkstofftechnik und synthetischer Biologie leitet ihr Labor am MIT ein neues Zeitalter der Symbiose zwischen Mikroorganismen, dem Körper, unseren Produkten und sogar Gebäuden ein.

Auch Michael Pawlyn, ein britischer Architekt, ist bekannt für seine innovativen Objekte, die von der Natur inspiriert sind. Sei es eine Fischgräte, Muschel oder ein Baumzweig – durch seine Reflektion und Inspiration aus der Natur gestaltet er neuartige Objekte. Doch Pawlyn geht, wie auch Neri Oxman, weit über die nachhaltige Gestaltung hinaus. Nachhaltigkeit verringert laut Pawlyn lediglich negative Einflüsse. Aus diesem Grund setzt er für die Zukunft auf regeneratives Design. Design, das die umliegende Natur erneuert. Damit ist er ein Pionier seiner Branche (vgl. Inspiriert von der Natur, 2020).

Auch für die Ressource Sand gibt es bereits naturinspirierte Innovationen, denn keine natürliche Ressource außer Wasser und Luft kommt im Baugewerbe und der Industrie mehr zum Einsatz als Sand, und der droht knapp zu werden. Wenn man an Wüsten denkt, könnte man zwar meinen, es gäbe genug, doch der aus der Wüste stammende Sand ist für die Industrie und als Baumaterial nicht geeignet. Der benötigte Sand muss aus dem Wasser kommen: Meere oder Flüsse geben ihm die Konsistenz, die Zement z. B. erst haltbar macht. Laut ETH Zürich können wir die Nachfrage zusätzlich zu Recycling von Baumaterialien durch Synthese und Substitution maßgeblich entlasten. Im Rahmen der Substitution versucht man, Sand durch andere Stoffe zu ersetzen. Ein Ansatz weltweiter Forscher ist beispielsweise, Baumaterialien mithilfe organischer Substanzen zu kultivieren. Der Ansatz der Synthese beispielsweise beruht auf der Idee, die Sandmengen in den Wüsten für Bauprozesse zu aktivieren. Der Designer

Markus Kayser hat eine Technik erforscht und entwickelt, die Sandpartikel mit gebündeltem Sonnenlicht verschmelzen kann (vgl. Deters, 2022).

Ein weiteres Beispiel für Innovationen, die durch die Natur inspiriert wurden, lässt sich anhand der Pigmentierung von Schmetterlingen erläutern und man kann dabei aufzeigen, wie dies der Industrie helfen könnte (vgl. Penn, 2023). Die farbenfrohen Flügel von Schmetterlingen enthalten mehr als nur ein starkes Pigment, sie besitzen auch die Fähigkeit, Licht in nanoskaligen Gitterstrukturen, also im Größenbereich von ca. 1 bis 100 Nanometern zu streuen, was die Art und Weise verändert, wie wir die Farben der Flügel sehen. Die Erfinder Shu Yang und Dan Janzen arbeiten mit ihrer Forschungsgruppe daran, mithilfe einer einzigartigen holografischen Lithografietechnik ein neues Material zu schaffen, das ähnliche Eigenschaften wie das Schillern und den Abperleffekt (Hydrophobizität) von Schmetterlingshaut besitzt. Sie arbeiten u. a. daran, diese Technologie und das innovative Material zu übertragen, um es als reaktionsfähige Gebäudehülle zu verwenden. Eine Entwicklung, die aus den Erkenntnissen über die Schmetterlingsflügel resultiert, ist die Schaffung einer ölabweisenden Sprühbeschichtung, die transparent und abperlend ist und verwendet werden kann, um z. B. Solarmodule und Gebäude sauberer, trockener und effizienter zu halten (vgl. Learn what makes Dunn-Edwards an Eco-Friendly paint company, 2023). Mit seinem Forschungsteams der University of Pennsylvania erhielt Shu Yang den INSPIRE-Preis, der Forschungsbereiche u. a. aus der Biologie, der Materialforschung, der mathematischen und physikalischen Wissenschaften und der Elektro-, Kommunikations- und Cybersysteme für Maschinenbau vereint.

In ihrem neuen Vorhaben lassen sich Shu Yang und Dan Janzen von Riesenmuscheln inspirieren. Riesenmuscheln haben ein elegantes System zur effizienten Nutzung von Sonnenenergie in Gebieten mit hoher Lichtintensität entwickelt, indem sie Algen verwenden, die für viel geringere Lichtintensitäten geeignet sind. Dies erreichen sie, indem sie Algen in ihrem Gewebe in vertikalen Säulen parallel zum einfallenden Sonnenlicht anordnen. Die Oberfläche des Gewebes ist von Zellen bedeckt, die Iridozyten genannt werden. Diese dienen dazu, das auf die horizontale Oberfläche des Muschelgewebes einfallende Licht gleichmäßig über die viel größeren vertikalen Oberflächen der Algenmikropillaren zu verteilen. Das Forschungsprojekt wird die Fülle der biophysikalischen Komplexität des Systems erforschen, um genau zu verstehen, wie die Riesenmuschel die effiziente Nutzung von Sonnenenergie optimieren kann. Das Design der Muschel wird besonders nützlich sein, um kostengünstige Polymer-Photovoltaik effizient und mit geringer Lichtschädigung in neuartigen Geräten zu nutzen und die Photobioreaktortechnologie zu verbessern (vgl. Yang, 2020).

Es sollte nun klar sein, dass mehr Investitionen in Technologien und Innovationen fließen muss, die NbS in großem Maßstab einsetzen können. In diesem Sinne hat im September 2022 das World Economic Forum die UpLink NatureTech Challenge ins Leben gerufen und zusammen mit der Laudes Foundation, APG Asset Management, CVC Capital, Citigroup, Commonland, IFC und Temasek finanziert und unterstützt.

Einige ausgewählte Innovationen und Projekte möchte ich vorstellen (vgl. 7 Innovators scaling the impact of nature-based solutions, 2022):

- Das Start-up **Earthly** analysiert über 100 Datenpunkte und erstellt immersive 3D-Modelle, um Anlegern eine umfassende Bewertung naturbasierter Lösungen zu ermöglichen.
- **Flash Forest** vereint Unmanned Aerial Vehicle (UAV)-Technologie (dt. unbemanntes Luftfahrzeug), Automatisierung und ökologische Wissenschaft, um nach Waldbränden betroffene Gebiete mithilfe von Drohnen wieder aufzuforsten.
- **NatureMetrics** stellt Naturdaten und Informationen für die DNA-basierte Überwachung der biologischen Vielfalt bereit.
- **Satelligence** hilft Unternehmen dabei, Netto-Null-Emissionen zu erreichen und eine nachhaltige landwirtschaftliche Produktion zu erreichen, indem es den Weg der Produkte vom Baum bis zum Regal verfolgt.
- Das Start-up **Space Intelligence** liefert genaue Karten des Lebensraums, der Waldbedeckung und des Kohlenstoffbestands im Laufe der Zeit und unterstützt so die Erstellung, Entwicklung, Überwachung und Überprüfung von NbS.
- Die Plattform von **Zulu Forest Sciences** bewertet, entwirft und strukturiert optimale Wiederherstellungsprojekte für ein bestimmtes Gebiet in wenigen Minuten. Es kann auf mehreren Ebenen zuverlässig funktionieren, vom einzelnen Landbesitz bis zum Einzugsgebiet oder der gesamten Landschaftsebene.

7.2.1 Bionik & Biomimikry: Naturphänomene als Basis für neue Innovationen

Der Begriff Bionik ist eine Zusammensetzung aus den Wörtern »Biologie« und »Technik«. Das noch junge und übergreifende Forschungsfeld ist noch in seinem Gestaltungsprozess. Um das Zusammenspiel zwischen Biologie und Technik zu verstehen und zu gestalten, werden Strukturen und Prozesse in der Natur beobachtet und analysiert. Dabei präsentiert die Pflanzen- und Tierwelt oft vorbildlich, wie bestimmte Herausforderungen einfach und effizient bewältigt werden können. Die Resultate lassen sich dann als Konzepte, die aus der Natur inspiriert sind, definieren und in technische Lösungen umwandeln.

Die Begriffe Bionik und Biomimikry (oder auch Biomimetik) werden häufig gleichbedeutend verwendet. Es gibt aber Unterschiede: Experten sprechen von Bionik, wenn es um Einzellösungen geht. Von Biomimikry wird gesprochen, wenn sich etwas auf ein ganzes System bezieht (vgl. What is biomimicry?, 2023).

Biomimikry soll uns verständlich aufzeigen, wie das vernetzte Leben funktioniert und wie wir als Menschen uns darin einordnen können. Biomimikry umfasst das Lernen von den Lebensweisen heute lebender Arten und deren funktionale Nachahmung. Ziel ist es, Produkte, Prozesse und Systeme zu schaffen, die unsere größten Designherausforderungen im Gleichgewicht mit allem Leben auf dem Planeten lösen. Mithilfe der Biomimikry können wir nicht nur von der Natur lernen, sondern dabei auch den Planeten und uns selbst regenerieren und heilen. Biomimikry liefert die Vorlagen, die kontext- und branchenübergreifend verändert und angepasst werden können und zudem skalierbar sind (vgl. What is biomimicry?, 2023).

Wie Sie sicherlich noch aus dem Biologiekurs wissen, tragen wir in unseren Zellen, den kleinsten Einheiten unseres Lebens, alle Informationen, die für die Funktion und Erneuerung jeder anderen Zelle erforderlich sind. In der Welt der Massenproduktion, geben Fließbänder jedoch eine Welt aus Komponenten den Handlungsspielraum von Designern und Architekten vor, die dazu ausgebildet wurden über deren Objekte als Baugruppen, bestehend aus vielen Einzelteilen mit bestimmtem Funktionsumfang nachzudenken. In der Natur findet man jedoch keine dieser homogenen Materialien (vgl. Antonelli, 2020, o. D.).

Apropos Zellen: Als biomimetische Biomaterialien werden solche Materialien beschrieben, die über die reine biologische Abbaufähigkeit hinaus Funktionen besitzen, die die »natürliche Gewebeumgebung von Zellen imitieren« (vgl. Arbeitskreis des Fachausschusses Biomaterialien, o. D.). Man beschäftigt sich bereits mit dem Aufbau von biomimetischem Gewebe mittels 3D-Fertigungsverfahren. Der Begriff Biofabrication beschreibt dabei u. a. die »Entwicklung und Züchtung bioartifizieller, zellulärer Gewebe unter Einsatz unterschiedlicher biotechnologischer, biomedizinischer sowie material- und ingenieurwissenschaftlicher Methoden, Prozesse und Verfahren: Dispensen, 3D-Inkjet-Druck, Elektrospinning von synthetischen Materialien und (modifizierten) Biomolekülen« (vgl. Arbeitskreis des Fachausschusses Biomaterialien, o. D.), sind u. a. Beispiele, die insbesondere für die produzierende Industrie von hoher Relevanz sein können und sind.

Bionik und Biomimikry können für die Herausforderungen der Menschheit und unseres Planeten eine große Unterstützung sein. Denken wir z. B. an Tiere und deren Verhalten: Forscher haben das Verhalten von Bienen und Vögeln in Gruppen untersucht, um zu verstehen, wie diese kommunizieren. Anhand von bionischen Schwarmdaten, gibt es bereits erste Konzepte und Versuche, zukünftig autonom fahrende Autos zu steuern. Im Industrie 4.0 Kontext redet man bereits seit geraumer Zeit von der »Schwarmintelligenz« der vernetzten Maschinen und fahrerlose Transportsystemen. Weiterhin könnten die Daten, die aus den Verhalten von Hummeln generiert werden, optimierte Kfz-Routen aufgezeigt werden und so zu umweltfreundlicheren Praktiken beitragen. Auch für geschlossene Kreisläufe und Abfallvermeidung soll Biomimikry zukünftig essenzielle Ansätze liefern (vgl. Wiesböck, 2017), in dem ressourcenschonende Verhaltens- und Arbeitsweisen aus der Natur in unseren Alltag und Industrie repliziert werden.

Beispiele für Anwendungen finden sich unter anderen in den Bereichen des Oberflächendesigns, Konstruktion von Maschinen, Bauwesen und Architektur, Transport, Verbundmaterialien, Robotik, Fashion (vgl. Nachtigall, 2002). Ein Beispiel für Biomimikry im Oberflächendesign ist die Lotusblume. Die Lotusblume besitzt eine außergewöhnliche Struktur aus wasserabweisenden Pflanzenwachsen und einer geeigneten Mikro- bzw. Nanostruktur. Der Lotus-Effekt zur Selbstreinigung wird heute schon bei Lacken, Farben, Putz für Fassaden und anderen Oberflächenbeschichtungen eingesetzt, um Schmutz abzuweisen. Ein weiteres Beispiel ist das haftende Material von Kraken, welches Materialforscher mittlerweile auch schon nachgeahmt haben. Dieses weist eine äußerst filigrane Struktur auf, die auch bei Feuchtigkeit klebt (vgl. Baik et al., 2017).

Ein Beispiel für Biomimikry im Bauwesen ist Aguahoja – eine robotergefertigte, filigrane Struktur aus ökologisch abbaubaren Baumaterialien aus biopolymeren Verbindungen, die Kohlenstoff binden können und gleichzeitig Nährböden für Mikroorganismen bieten. Dadurch können sie Nährstoffe liefern und sich am Ende des Lebenszyklus im Wasser zersetzen. Mit diesem Projekt arbeitet Neri Oxman mit Ihrem Team auf eine Zukunft hin, in der der industriellen Kreislauf von Überproduktion und Obsoleszenz durch die Verwendung reichlich vorhandener natürlicher Materialien gebrochen wird. Durch dieses Projekt soll der natürliche Abbau in die Umwelt ermöglicht werden, um neues Wachstum anzukurbeln (Oxman, 2023).

Ein Beispiel in der Mode ist die Entwicklung synthetischer Spinnenseide. Spinnen produzieren eine Faser, die stärker als Stahl und flexibler als Nylon ist, was sie zu einer realistischen Option für Kleidung macht. Unternehmen wie *Bolt Threads* und *Spiber Inc.* ist es gelungen, eine biotechnologisch hergestellte, synthetische Spinnenseide herzustellen, die zu einem Stoff verwoben werden kann. Dieser Stoff ist nicht nur stark und widerstandsfähig, sondern auch biologisch abbaubar, was ihn zu einer vielversprechenden Alternative zu Stoffen auf Erdölbasis macht (vgl. Bionik und Biomimikry – wenn die Natur als Vorbild dient, 2022).

7.2.2 Nanotechnology als revolutionäre Technologie

Nanotechnologie ist eine Technologie, die einen neuen, revolutionären Ansatz in Forschung und Produktion darstellt und hohes Potenzial für Innovationen, die sich positiv auf unseren Planeten auswirken können, darstellt. Die Nanotechnologie kann der sechsten Kondratjew-Welle zugeordnet werden oder diese gar maßgeblich definieren, da die Technologie einen Paradigmenwechsel in der industriellen Forschung herbeiführen kann (vgl. Wonglimpiyarat, 2005).

Doch was sind überhaupt Nanomaterialien? Nanomaterialien unterliegen regulatorischer Kontrollmechanismen, zum einen durch das allgemeine Chemikalienrecht (REACH) als auch durch branchenspezifische Vorschriften, die deren Verwendung in Produkten wie Bioziden, Kosmetika oder Lebensmitteln betreffen. Am 10.06.2022 hat die EU-Kommission deren überarbeitete Empfehlung für die Definition von Nanomaterialien veröffentlicht und löst die ursprüngliche Definition aus dem Jahr 2011 (2011/696/EU) ab. Die überarbeitete Empfehlung lautet folgendermaßen (vgl. VCI, 2023): »Nanomaterial« ist ein natürliches, bei Prozessen anfallendes oder hergestelltes Material, das aus festen Partikeln besteht, die entweder eigenständig oder als erkennbare konstituierende Partikel in Aggregaten oder Agglomeraten auftreten, und bei dem mindestens 50 Prozent dieser Partikel in der Anzahlgrößenverteilung mindestens eine der folgenden Bedingungen erfüllen.

a) ein oder mehrere Außenmaße der Partikel liegen im Bereich von 1 bis 100 nm;
b) die Partikel haben eine längliche Form, z. B. Röhre, Faser oder Stab, wobei zwei Außenmaße kleiner als 1 nm sind und das weitere größer als 100 nm ist;
c) die Partikel haben eine plättchenartige Form, wobei eines der Außenmaße kleiner als 1 nm ist und die anderen größer als 100 nm sind.«

Herstellungsverfahren von Nanomaterialien können in zwei unterschiedliche Verfahrensrouten eingeteilt werden: das Bottom-up-Verfahren, bei dem Nanomaterialien aus kleineren Bausteinen wie Atomen oder Molekülen synthetisiert werden. Der Topdown-Ansatz hingegen zerkleinert oder strukturiert größere Materialstücke auf der Nanoskala (vgl. Mayer & Krätschmer, 2022, S. 4–14).

Mit den einzigartigen Eigenschaften von Nanomaterialien und -strukturen sowie Produktionstechnologien im Nanometerbereich können essenzielle Beiträge zur nachhaltigen Entwicklung im Sinne von Gesundheitsfürsorge oder Ressourceneffizienz einhergehen (vgl. Bauer et al., 2008).

Die Nanotechnologie ermöglicht technische Innovationen, die dazu beitragen können, Treibhausgasemissionen zu senken und damit zum Klimaschutz beizutragen. Kohlenstoffdioxid ist das wichtigste Treibhausgas und entsteht vorrangig bei der energetischen Nutzung fossiler Rohstoffe. Die meisten Anwendungen nanotechnologischer Innovationen gibt es im Energiesektor. In jeder Stufe der Wertschöpfungskette finden sich Einsatzmöglichkeiten, die entweder bestehende Technologien effizienter machen oder neue, emissionsarme Technologien einführen (s. Abb. 27).

Energiegewinnung	Energiewandlung	Energieverteilung	Energiespeicherung	Energienutzung
Photovoltaik	**Thermoelektrizität**	**Elektrische Leitung**	**Elektrische Energie**	**Thermische Isolierung**
Nanomaterialien (z.B. organische Halbleiter) & Nanobeschichtungen	Nanostrukturierte Halbleitermaterialien für effizientere thermoelektrische Stromerzeugung	Nanofüllstoffe für elektrische Isolierungen Leistungshalbleiter für verlustarme Spannungswandlung Nanostrukturierung und Grenzflächendesign für verbesserte Supraleiter	Nanostrukturierte Elektroden für Lithium-Ionen-Akkus und Superkondensatoren	Nanoporöse Schäume und Gele zur Isolierung
Solarthermie	**Brennstoffzellen**		**Chemische Energie**	**Klimatisierung**
Antireflexbeschichtung, nanooptimierte Wärmetauscher	Nanooptimierte Membranen und Elektroden für effizientere Brennstoffzellen		Nanoporöse Materialien für die Speicherung von Wasserstoff	Kontrolle von Licht und Wärmeflüssen in Gebäuden
Windenergie	**Katalysatoren**		**Thermische Energie**	**Beleuchtung**
Nanomaterialien für leichtere und stabilere Rotorblätter	Nanokatalysatoren mit großer Oberfläche für die optimierte Herstellung chemischer Energieträger		Mikrokapselte Phasenwechselmaterialien für die Klimatisierung	Energiesparende Beleuchtung durch anorganisches Licht und organische LED's

Abb. 27: Nanotechnologische Innovationen im Energiesektor (Quelle: eigene Darstellung, in Anlehnung an Mayer & Krätschmer, 2022, S. 4–14).

Durch die extrem kleinen Einheiten können viel kleinere Produkte mit weniger Materialien hergestellt werden und damit Ressourcen eingespart werden. Ein Beispiel kommt dabei von Trumpf, dem deutschen Marktführer und Laserspezialist, welcher gemeinsam mit dem Optik-Innovator Metalenz an Metaoptiken für Smartphones zusammenarbeitet. Zusammen mit Metalenz veranschaulichte Trumpf, wie Verbraucherelektronikgeräte künftig von viel kleineren und intelligenteren Komponenten profitieren können. Zukünftig werden nur noch die Hälfte und sogar weniger optische Komponenten benötigt, um eine 3D-Szenenbeleuchtung von Smartphone-Kameras zu unterstützen. Nicht nur die Zahl an Komponenten, sondern auch der Raum zwischen den Komponenten kann minimiert werden. Hersteller von Smartphones und Verbraucherelektronik können mit diesen kompakten Komponenten einen technischen Wettbewerbsvorteil erzielen (vgl. Trumpf, 2023). Metalinsen, neuartige optische Bauteile, die Licht nicht wie bisherige Linsen fokussieren, sondern auf nanostrukturierten Oberflächen beruhen (vgl. Fraunhofer, 2023), dürften sich z. B. für Minidrohnen, für medizinische Endoskope oder Augmented-Reality- und Virtual-Reality-Brillen eignen. Ressourcenschonend ist die Technologie: Zukünftig können so weniger als die Hälfte der Komponenten für Beleuchtungsanwendungen gebraucht werden (vgl. Steinacher, 2022).

Aber auch in der Coronakrise half z. B. Nanotechnologie bei der Entwicklung innovativer DNA-Schnelltests. US-Forscher entwickelten einen Sensor aus Kohlenstoff-Nanoröhrchen, der eine Infektion mit Covid-19 innerhalb weniger Minuten ohne Antikörper nachweisen konnte. Das Biotechnologie-Start-up Avisi, welches aus der University of Pennsylvania ausgegründet wurde, forscht und entwickelt an einem nanotechnologisch optimierten Keramikimplantat zum Schutz vor Erblindung durch die Augenkrankheit »Grüner Star«. Ein weiteres Start-up ist Somalytics, welches im November 2021 aus der University of Washington entstand und auf Basis von Kohlenstoff-Nanoröhrchen einen neuen Sensortyp aus Papier entwickelt. Die Technologie reagiert auf menschliche Anwesenheit und könnte sich u. a. für Touchless-Anwendungen, Anwendungen die gestenbasiert sind und keinen direkten physischen Kontakt benötigen, für digitale Schnittstellen oder Eye-Tracking in Virtual-Reality-Headsets ohne Kamera eignen (vgl. Steinacher, 2022).

Allerdings sind nicht alle Veränderungen automatisch nachhaltig und eine gründliche Analyse der Vorteile, die nicht nur wirtschaftlichen Vorteile, sondern auch gesellschaftliche Einflüsse und Auswirkungen auf die Umwelt berücksichtigen, ist von großer Bedeutung. Mögliche Wirkungsmechanismen von Nanopartikeln und -strukturen sind bisher nicht gesamtheitlich und ausreichend verstanden. In Bezug auf neue Technologien und Materialien, die bereits in Produkte und Dienstleistungen verbaut sind, wird das Denken über den Produktlebenszyklus immer wichtiger. Bisher wurden nicht ausreichend viele Arbeiten durchgeführt, um beispielsweise den Aufwand der Materialproduktion und des Recyclings mit den Vorteilen in der Nutzungsphase über wirtschaftliche Überlegungen hinaus zu vergleichen (vgl. Bauer et al., 2008).

Außerdem ist die wirtschaftliche Relevanz der Nanotechnologie nicht zu unterschätzen, da viel kleinere, leistungsfähigere und »intelligentere« Systemkomponenten mit optimierten oder ganz neuen Funktionalitäten mit Nanotechnologie hergestellt werden können und somit Wettbewerbsfähigkeit steigern können. Daher kann die Wettbewerbsfähigkeit von Unternehmen zukünftig entscheidend von der Fähigkeit zur Nutzung der Nanotechnologie abhängen (vgl. Bauer et al., 2008).

Der Markt für Nanotechnologie ist groß. Laut dem Marktforschungsunternehmen Global Industry Analysts (GIA) wurde 2022 der US-Nanotechnologiemarkt auf 14,2 Milliarden US-Dollar geschätzt. Das entspricht etwa 30 Prozent des weltweiten Marktes. Bis 2026 soll dieser Markt durchschnittlich um 10,1 Prozent pro Jahr wachsen (vgl. Steinacher, 2022).

7.3 Value Co-Creation, Open Innovation und Open Business Models: Kollaboration als Befähiger und Erfolgsfaktor für zirkuläre Geschäftsmodelle

Die sechste Welle der Innovation ist in Bewegung und Technologie ist dabei im Herzen dieser Entwicklung. Neue Technologien, wie 3-D-Druck, Materialwissenschaften (u. a. Nanotechnologie) und Computerdesign sowie -engineering (z. B. Künstliche Intelligenz), verbinden Menschen weltweit mit neuen Produkten und Dienstleistungen und kreieren neue Märkte. Wertschöpfungsketten und Werteversprechen ändern sich und neue Mitbewerber kommen hinzu, die Druck auf bereits etablierte Unternehmen ausüben (vgl. Redlich et al., 2019, S. 1). Weiterhin haben viele Unternehmen ihren Weg zur Erreichung von Netto-Null-Emissionen bereits begonnen, andere starten gerade, indem sie sich die Treibhausgasemissionen bewusst machen und Schritt für Schritt Aktionen definieren, um diese zu reduzieren und kompensieren.

Eines ist in jedem Falle klar: kein einzelnes Unternehmen kann allein das Ziel »Netto-Null« erreichen. Das gleiche gilt für die Kreislaufwirtschaft, die ebenso nicht allein erreicht werden kann. Kooperation ist der Schlüssel zur erfolgreichen Dekarbonisierung und Kreislaufwirtschaft. Industrie und Wirtschaft spielen bei der zirkulären Transformation eine wichtige Rolle, können diese Herausforderung jedoch nicht allein bewältigen. Die Transformation von einer linearen zu einer Kreislaufwirtschaft erfordert gemeinsames Handeln von Regierungen, Unternehmen und der Gesellschaft. Beobachtet werden kann eine Demokratisierung der Wertschöpfung. Mehr als je zuvor sind Menschen aus aller Welt dazu bereit, an der Wertschöpfung aktiv teilzunehmen und zu kollaborieren, online oder offline, gemeinsam mit Unternehmen oder im Privaten, über soziale Netzwerke oder Plattformen, Crowdsourcing-Initiativen oder sogenannte Makerspaces, in denen man gemeinsam neue Produkte herstellt. Traditionelle Hersteller-zentrierte, ökonomisch getriebene Vorgehen stellen in diesem Fall keine geeigneten Werkzeuge und Strategien bereit. An dieser Stelle entwickeln sich Konzepte wie die Sharing Economy, Peer-2-Peer Produktion, Open Innovation, Open Production, Co-Creation u.v.m. Diese kollaborative Art der Zusammenarbeit, in einem Bottom-up-Ansatz, lässt Kunden, Hersteller und Netzwerkverantwortliche auf Augenhöhe intensiv zusammenarbeiten (vgl. Redlich et al., 2019, S. 2). Unternehmen und Forschungsinstitute arbeiten im offenen Innovationsansatz über Technologie- und Unternehmensgrenzen hinweg an neuen Innovationen und der Schaffung neuer Märkte (s. Abb. 28).

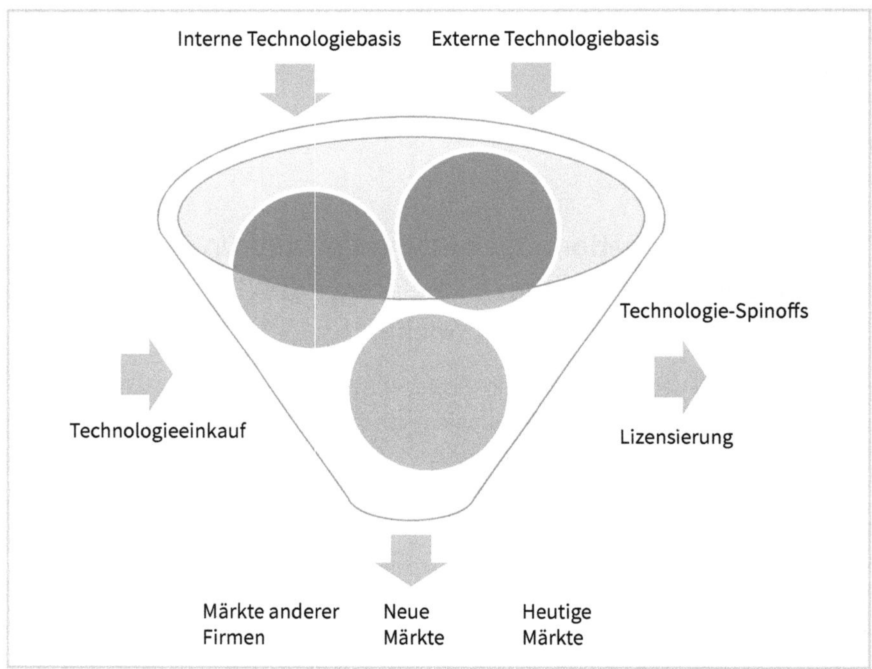

Abb. 28: Open Innovation (Quelle: eigene Darstellung, in Anlehnung an Chesbrough, 2007)

Die systemische Zusammenarbeit über und zwischen Wertschöpfungsketten ist für die Abstimmung und Verbesserung von Unternehmensstrategien und Geschäftsmodellen in Bezug auf Industrierichtlinien und zur Erreichung der Nachhaltigkeitsziele von grundlegender Bedeutung (vgl. Enselme et al., 2023, S. 3). Dabei können alle Beteiligten – auch Wettbewerber – gegenseitigen Nutzen daraus ziehen, indem sie sicherstellen, dass ihre Branchen auch in Zukunft weiterarbeiten können. Es geht hierbei um die langfristige Sicherstellung von Geschäft und dies ist nur auf einem lebenswerten Planeten mit genügend Rohstoffen möglich.

Während ein Geschäftsmodell im Allgemeinen definiert, wie Unternehmen Wert kreieren und erfassen, beschreibt das offene Geschäftsmodell insbesondere die Wertschöpfung und -erfassung durch »systematische Zusammenarbeit mit externen Partnern« (Osterwalder & Pigneur, 2010, S. 109). Die Integration externer Ressourcen und der Austausch mit Partnern kann durch die vielfältigen Kompetenzen und Erfahrungen zusätzliche Mehrwerte schaffen. Laut Chesbrough (2007) »bringt der Einsatz externer Technologien zur Entwicklung von Produkten und die Lizenzierung von internem geistigem Eigentum an externe Parteien ein Unternehmen nur bedingt voran.«

Im nächsten Schritt geht es darum, das Geschäftsmodell selbst zu öffnen. Steigende Entwicklungskosten machen es für Unternehmen schwieriger, Investitionen in Innovationen zu rechtfertigen. Chesbrough (2007) stellt fest, dass offene Geschäftsmodelle auch dieses Problem angehen, indem durch die Nutzung externer Forschungs- und Entwicklungsressourcen ebenso die Kostenseite des Problems angegangen wird und Zeit und Geld im Innovationsprozess gespart werden kann. Offene Geschäftsmodelle unterstützen Organisationen dabei, Mehrwert zu schaffen, indem sie durch die Einbeziehung verschiedener externer Konzepte mehr Ideen reflektieren, analysieren und nutzen. Sie erzielen einen größeren Wert, indem sie die wichtigsten Ressourcen, deren Wissen oder Positionen eines Unternehmens nicht nur im eigenen Betrieb, sondern auch im Geschäft anderer Unternehmen nutzen (vgl. Chesbrough, 2007). Darüber hinaus führen offene Geschäftsmodelle zu optimierten Umsatz-Kosten-Strukturen, was zu Kosteneinsparungen und neuen Einnahmen führen kann. In Abbildung 29 ist die Umsatz-Kosten-Struktur des offenen vs. geschlossenen Geschäftsmodells ersichtlich.

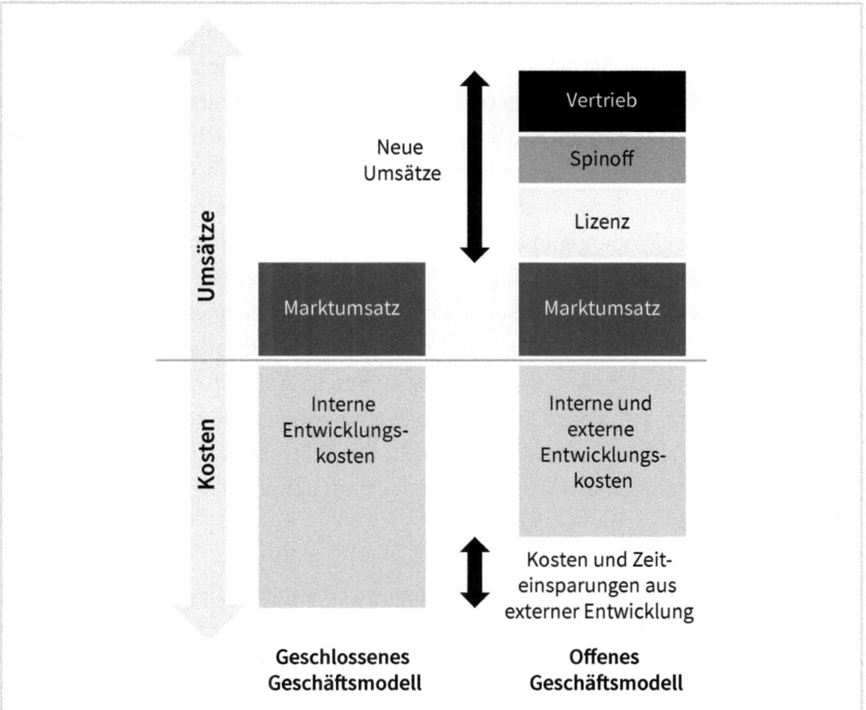

Abb. 29: Umsatz-Kosten-Struktur des offenen vs. geschlossenen Geschäftsmodells (Quelle: eigene Darstellung, in Anlehnung an Chesbrough, 2007)

Die Zusammenarbeit mit und die Einbindung externer Parteien in den Innovationsprozess ist keine neue Entdeckung. Die Zusammenarbeit mit Lieferanten oder Partnern im Bereich Outsourcing, Forschung und Entwicklung oder Industrienetzwerken ist insbesondere im B2B-Bereich ein gängiger Ansatz und daher nicht Schwerpunkt dieser Arbeit. Vielmehr sind neue Formen der Zusammenarbeit wie Co-Creation und seine unterschiedlichen Ausprägungen im Hinblick auf die Interaktion zwischen Kunden und Herstellern neuartig. Die Bedeutung der Kundenorientierung von Anfang an, bereits in der Ideenphase und dem Design neuer Geschäftsmodelle, ist für diese Geschäftsmodelle zentraler Bedeutung. Insbesondere jedoch für offene Geschäftsmodelle, bei denen das Ziel ist, dass mehrere Akteure gemeinsam Wert schaffen. Dies gewinnt besonders an Gewicht, wenn es um nachhaltige und zirkuläre Geschäftsmodelle, Produkte und Lösungen geht. Wenn der Kunde am Ende des Tages keinen (Mehr-)Wert erhält, der ein Problem löst und preislich attraktiv ist, wird er Stand heute auch nicht zu der nachhaltigen oder zirkulären Alternative greifen.

Forschungsergebnisse u. a. von Karolin Frankenberger, Professorin für Strategie und Innovation an der Universität St. Gallen, und Oliver Gassmann, Professor für Technologiemanagement und Mitautoren des St. Gallen Business Model Navigators, zeigen ebenso einen positiven Einfluss offener Geschäftsmodelle und Innovationen auf die Wertschöpfung. Die Professoren weisen jedoch darauf hin, dass die Ausgestaltung der entsprechenden Partnernetzwerke oftmals nicht transparent von den Unternehmen veröffentlicht wird. Bei der Analyse dreier Fälle von Lösungsanbietern, die externe Servicepartner für deren Lösungsbereitstellung integrieren, stellten die Forschenden fest, dass die Lösungskundenzentrierung – der Grad, in dem sich das Schwerpunktunternehmen bei der gemeinsamen Bereitstellung von Lösungen auf die Kunden konzentriert – die Beziehung zwischen Partnernetzwerken und offenem Geschäftsmodell ausmacht (vgl. Frankenberger et al., 2013). Bei offenen Geschäftsmodellen mit geringer Lösungskundenorientierung führt eine Konfiguration des Netzwerkes, die durch viele schwache Verbindungen zu Servicepartnern gekennzeichnet ist, zu einer überlegenen Leistung. Umgekehrt führen bei offenen Geschäftsmodellen mit hoher Lösungskundenorientierung wenige, aber starke Bindungen zu Partnern zu überlegener Leistung. Basierend auf diesen Ergebnissen werden drei ideale Netzwerkkonfigurationen für offene Geschäftsmodelle entwickelt: das kontrollierte (the controlled), das gemeinsame (the joint), und das unterstützende (the supported) Modell (vgl. Frankenberger et al., 2013).

Lösungsorientierte Kundenzentrierung ist daher von entscheidender Bedeutung bei der Untersuchung offener Geschäftsmodelle unter Einbeziehung von Partnernetzwerken. Dieses Verständnis der Zusammenhänge ist von enormer Bedeutung für produzierende Unternehmen, die vor der organisatorischen Herausforderung stehen, Lösungsanbieter zu werden. Ein Lösungsanbieter stellt eigenständige Produkte her und bündelt diese zu Lösungen mit zugehörigen Dienstleistungen, die wiederum Kundenprobleme lösen (vgl. Frankenberger et al., 2013).

Für diese Unternehmen ist die Nutzung von Dienstleistungen von Partnern im Netzwerk ein attraktives Mittel für erfolgreiche integrierte und damit wiederum erfolgreiche offene Geschäftsmodelle (vgl. Frankenberger et al., 2013). Obwohl offene Geschäftsmodelle per Definition eng mit der Entwicklung und Verwaltung externer Netzwerke verbunden sind, ist die Forschung nicht in der Lage, die Konfiguration dieser Netzwerke und deren Auswirkungen auf die Performance offener Geschäftsmodelle zu erklären (vgl. Frankenberger et al., 2013). Die Ergebnisse deuten auf Muster hin, die für die bestehende Theorie neu sind. Die Forscher stellen fest, dass der Einfluss von Netzwerken auf die Leistung offener Geschäftsmodelle vom Grad der Kundenzentrierung abhängt. Das heißt, um eine überlegene Leistung zu gewährleisten, erfordern unterschiedliche Ebenen der Kundenorientierung unterschiedliche Netzwerkkonfigurationen für Servicepartner. Die Realisierung dieser Beziehungen trägt zum offenen Geschäftsmodell, Lösungsanbieter und Netzwerk bei (vgl. Frankenberger et al., 2013).

Untersuchungen zur Netzwerktheorie in mehreren Studien zeigen, dass ein Beziehungsnetzwerk eine Reihe positiver Ergebnisse hervorbringt, einschließlich eines verbesserten Zugangs zu neuartigen und vielfältigen Informationen, verbesserter Zugang zu Ressourcen, effizienterem Wissenstransfer, verstärkte Kraft und Kontrolle, erhöhte Legitimität und Verständnis für die Produkte, erhöhte Innovation und erhöhte Leistung. Aber Wissenschaftler behaupten auch, dass Netzwerke negative Auswirkungen haben, beispielsweise Kosten für die Aufrechterhaltung zusätzlicher Netzwerkbindungen, verringerter Informationsnutzen oder Informationsüberflutung (vgl. Frankenberger et al., 2013).

In gemeinsamen Netzwerken kann auch gemeinsam entwickelt und Neues geschaffen werden. Unter dem Begriff »Value Co-Creation« hat sich in der industriellen Dienstleistungsindustrie eine Strategie zur Innovation entwickelt, die dies fördert und die Steigerung des wirtschaftlichen Gewinns zur Verbesserung der Unternehmensleistung in wirtschaftlicher, sozialer und ökologischer Hinsicht fördern soll (Ekman, Raggio & Thompson, 2016). Unter Value Co-Creation versteht man gemeinsame kollaborative Maßnahmen zwischen Herstellern, Dienstleistern, Kunden und teils Forschungseinrichtungen, die zu Produkt- und Dienstleistungsverbesserungen (Bolton and Saxena-Iyer, 2009) oder Neuentwicklungen führen.

Eine solche gemeinsame Wertschöpfung erfordert einen mehrstufigen Prozess: Zum einen schaffen Lieferanten gemeinsam mit Kunden oder Endverbrauchern ihrer Kunden Werte, indem sie das Nachhaltigkeitsbewusstsein analysieren oder gemeinsam schaffen. Weiterhin schaffen Lieferanten durch die Integration dieses Wissens gemeinsam mit ihren Direktkunden entweder ein nachhaltiges Angebot (ein mit einem Produkt gebündelter Service) oder einen erweiterten nachhaltigen Service. Ein solches Leistungsangebot ermöglicht es den direkten Kunden der Lieferanten, ihre Leistung zu steigern (Nachhaltigkeit ist der Kern der Wertschöpfung) oder Nachhaltigkeit in ihre Lieferkette zu integrieren (Nachhaltigkeit ist ein inkrementelles Element der Wertschöpfung) (vgl. Lacoste, 2016).

Ein großartiges Beispiel im Bereich der Modeindustrie ist der Circular Hub, der von Gucci und Kering ins Leben gerufen wurde. Laut dem Umweltprogramm der Vereinten Nationen ist die Modebranche für die Produktion von bis zu 10 Prozent des weltweiten Kohlendioxidausstoßes verantwortlich und macht ein Fünftel der 300 Millionen Tonnen Plastik aus, die jedes Jahr weltweit produziert werden (vgl. Bringé, 2023). Was jedoch manchmal vergessen wird, ist der Einfluss, den die täglichen Verbraucher auf die Branche haben. Laut Forbes halten 67 Prozent [der Befragten] die Verwendung nachhaltiger Materialien für einen wichtigen Kauffaktor, und 63 Prozent betrachten die Förderung der Nachhaltigkeit durch eine Marke in gleicher Weise (vgl. Bringé, 2023).

Gucci hat so mit Unterstützung von Kering eine Innovationsplattform ins Leben gerufen, die darauf abzielt, gemeinsam die zirkuläre Transformation des Produktionsmodells der italienischen Modeindustrie zu beschleunigen (s. Abb. 30).

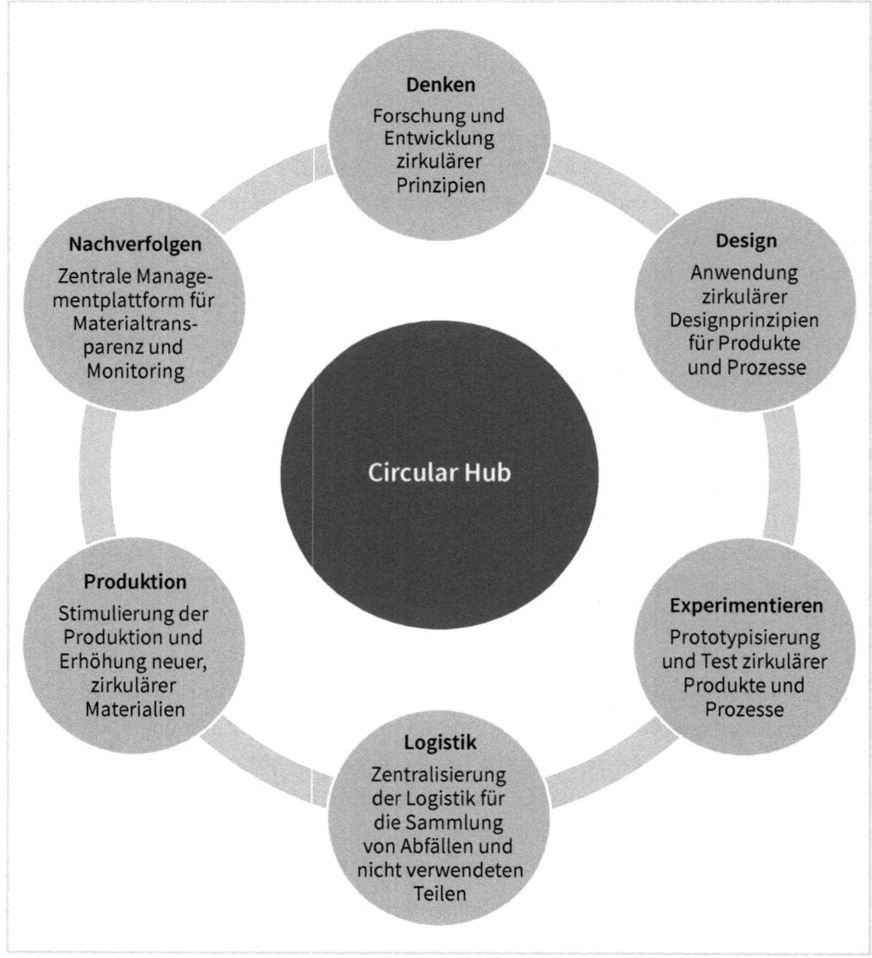

Abb. 30: Circular Hub im Sinne von Open Innovation (Quelle: eigene Darstellung, in Anlehnung an Kering, 2023)

Die Aktivitäten des Circular Hubs werden sich auf folgende Bereiche konzentrieren (vgl. Kering, 2023):

- Forschung und Entwicklung: Die Aktivitäten des Zentrums zielen darauf ab, Produktqualität, Haltbarkeit, Reparierbarkeit und Recyclingfähigkeit gemeinsam zu verbessern, um die Verwendung von Rohstoffen zu optimieren, und Abfall und Umweltverschmutzung zu minimieren.
- Logistik: Der Hub wird die Rückverfolgbarkeit durch die Einbeziehung der Fertigungslieferkette unterstützen. Es wird auch die Logistikeffizienz für Materialreste erhöhen, einschließlich Vertriebskanäle für Recycling und Wiederverwendung.
- Industriepartnerschaften: Zusammenarbeit mit Industriepartnern zur Konzeption, Gestaltung und Implementierung technologischer Lösungen und Infrastruktur. Damit Textilien und Rohstoffe für die Wiederverwendung in der Produktion zurückgewonnen und regeneriert werden.
- Value Sharing: Entwicklung von Rückgewinnungs-, Recycling- und Wiederverwendungsprozessen, die in der Anfangsphase in die Lieferkette von Gucci integriert werden. Damit verbundene Patente, Techniken und Know-how werden dann anderen Unternehmen zur Verfügung gestellt. Ziel ist es, immer mehr Zulieferer und Industriepartner in einen Open-Innovation-Kontext einzubinden.

Die Herausforderung in solchen kollaborativen Geschäftsmodellen ist jedoch die Übernahme der Verantwortung. Wer übernimmt die Verantwortung für Qualität und Garantie in einem solchen System? Dabei gibt es u. a. Unterschiede zwischen Produzenten- und Produktverantwortung. Die Verantwortung von Produzenten liegt darin, Systeme für eine umweltfreundlichere Produktgestaltung und Lösungen zu gestalten, nach dem Produktlebenszyklus (End-of-Life) Verantwortung zu übernehmen, beispielweise in Bezug auf Rücknahme- und Wiederverwendungssysteme. Im Gegensatz zur Produzentenverantwortung umfasst das Prinzip der Produktverantwortung nicht nur die Verantwortung des Produzenten, sondern aller Beteiligten. So gibt es neben der Produzentenverantwortung die Verantwortung des Konsumenten sowie der übrigen beteiligten Akteure, den Ansprüchen einer integrierten Produktpolitik gerecht zu werden.

Im Gespräch mit Astrid Burschel, Meike Beimstroh, Sina-Marie Kluß, Tobias Lehmann (WAGO)

Astrid Burschel, VP Corporate Sustainability, ist seit über 20 Jahren bei WAGO und verantwortet den Bereich Corporate Sustainability.

Sina-Marie Kluß engagiert sich seit 2016 nach ihrem Studium des Wirtschaftsingenieurwesen bei WAGO als digitale Vertriebsingenieurin/Channel Managerin.

Meike Beimstroh, ebenso seit 2016 bei WAGO, hat gemeinsam mit Sina-Marie Wirtschaftsingenieurwesen studiert und ist Produkt Portfolio Managerin im Produktmanagement. Gemeinsam sind die beiden die Initiatorinnen für die neue »Green Range 221«, eine Verbindungsklemmenvariante aus zum Teil biozirkulären und recycelten Kunststoffen, die vorhandene Ressourcen im Kreislauf hält.

Tobias Lehmann, Mechatronik (Master) FH Bielefeld, hat nach seiner wissenschaftlichen Karriere in der Forschung als technischer Geschäftsführer des Forschungsinstituts, bereits ein Start-up gegründet, wurde mit dem Exist Forschungstransfer gefördert und ist nun verantwortlicher Innovation Manager bei WAGO.

Herzlichen Glückwunsch zur Green Range! Wer oder was war Treiber hinter dieser Innovation?
Unser sogenanntes Kickbox Programm, das von unserem Bereich Corporate Innovation & Exploration angeboten wird, ermöglicht es, jegliche Art von Ideen bei WAGO einzubringen und zugänglich zu machen, ganz egal welche Themen das sind. Das können unter anderem sozial, gesundheitliche Themen sein, Ideen für neue Produkte oder auch die Unterstützung der Ressourceneffizienz u.v.m. Die Kickbox ist allen zugänglich und cross-funktional. Für eine Kohorte bzw. Batch kann man sich einfach anmelden und muss sich nicht bewerben. Die Kickbox findet 1x jährlich und seit 2022 auch international statt. Dauer des Programms ist 12 Wochen und das Konzept ist an die Kickbox von Adobe angelehnt. Dabei geht es um die Validierung des Kundennutzen, angefangen bei der Motivation, wer der Kunde ist, was deren Problem ist (Problem Phase), sodass es der klassischen Arbeitsweise nicht widerspricht, aber neue Impulse reingegeben werden. Danach kommt die Lösungsphase, die Test- und Prototypenphase. In der fünften Phase geht es um die Planung (Ressourcen, Budget), bevor der Pitch vor der Jury stattfindet. Hier ist das Top-Management Commitment wichtig, sodass Ideen auch tatsächlich weitergehen. Bei WAGO ist an dieser Stelle CEO und CDO Sponsor,

CTO und Vice President Interconnection sind ebenso in der Jury. In 5 min wird nicht nur die Idee vorgestellt, sondern teilweise auch bereits Budget und Ressourcen akzeptiert.

Die Idee, chemisches Recycling zu WAGO zu bringen, hatten Meike und Sina bereits im Studium. Die Kickbox hat dahin geführt, etwas konkretes daraus zu machen. Dabei hat zum einen das Coaching extrem geholfen, zum anderen haben Botschafter geholfen, die Idee zu verkörpern, da es global noch schwierig greifbar war, dass wir das bekannteste Produkt von WAGO nehmen und grundlegend verändern. Nach einigen Coaching-Terminen entstand dann die Konkretisierung für die grüne 221.

Es bewegt, was um einen herum passiert, vor allem im Bereich Mikroplastik und Plastikmüll. Das war der Anreiz für unsere ursprüngliche Idee Pyrolyse – vorhandenen Plastikmüll zurück in den Kreislauf führen. Dieses Thema war in der Industrie noch nicht richtig verortet, es gab aber erste Indikatoren, dass die Technologien genau in diese Richtung getrieben werden. Mit dieser Idee wirklich etwas zu bewirken, war ein Antrieb. Gleichzeitig sehen wir die Herausforderungen zwecks Materialverfügbarkeit, Disruption in den Lieferketten vor allem während der Pandemie und Ressourcenverfügbarkeit. Diese Themen schreien förmlich nach alternativen, nachhaltigen Lösungen. Durch ein konkretes, positives Beispiel konnten wir Purpose greifbar machen. Mit der Dynamik mit der wir die Green Range 221 entwickelt haben, nach dem Motto »einfach mal machen«, haben wir Prozessveränderungen, die gewöhnlich viel länger dauerten, in kürzester Zeit erreicht, da alle an einem Strang gezogen haben.

Was waren rückblickend die Erfolgsfaktoren, die diese Innovation zur Marktreife gebracht haben?
Das cross-funktionale und große Projektteam, mit der gesamten Expertise und die Motivation aller etwas ganz Neues mitentwickeln zu dürfen und damit links und rechts über den Tellerrand hinausschauen zu können.

Sina und Meike waren ein Team in der Kickbox, sind gemeinsam motiviert, stehen dahinter, konnten sich gegenseitig motivieren. Das brachte eine Strahlkraft mit. Diese Strahlkraft und Kommunikation waren Erfolgsfaktoren, die Nachhaltigkeit zu einem gemeinsamen Motivationsthema der Leute machte.

Wichtig war auch, die unterschiedlichen Perspektiven der einzelnen Stakeholder, intern und extern zu integrieren. Sina konnte durch ihre Rolle die Kundenperspektive einnehmen, Meike selbst hatte mehr die interne Perspektive durch die Produktverantwortung im Blick.

Das Motto von WAGO »Nothing is too small to have an impact« hat ebenso extrem für Aufmerksamkeit und Nahbarkeit gesorgt, da es erreichbar wirkt.

Die Tatsache, dass Engagement, außerhalb des Tagesgeschäfts, auch gefördert wird mit den Kickboxen, aber zum Beispiel auch einem Zeitgutschein, der 20 Stunden der Arbeitszeit nach Kickbox für die Arbeit an dieser Idee erlaubt.

Weiterhin hat das enorme CEO Commitment dabei geholfen, diese Innovation voranzutreiben. Herr Dr. Lang hat uns beide zum Mittagessen in das Betriebsrestaurant eingeladen und unsere Idee als oberstes Prio-Projekt angekündigt. Die Entwicklung der Green Range 221 mit dieser Priorität hat so im Projekt eine wahnsinnige Motivation intern ausgelöst und alle angetrieben. Das Thema Nachhaltigkeit braucht einen Anfang. Das haben wir mit der Green Range in unserem Unternehmen geschafft. Es ist zwar auch wichtig, eine Strategie zu verfolgen, in der genau ein Produkt wie die Green Range passt. Aber bei diesen Themen wie Circular Economy und Klimawandel ist es wichtig, nicht auf das große Ganze zu warten, sondern zu starten, um einen ersten, kleinen Impact zu leisten.

Dabei haben wir es im Übrigen geschafft, auch Herausforderungen, wie einen Standort durch die ISCC Plus Zertifizierung in aller Kürze (Dezember – Januar) zu meistern, was die wahnsinnige Dynamik des Projektteams widerspiegelt. Die Green Range 221 war ein Katalysator, mit heftiger Geschwindigkeit, Kritik zu Beginn aber einem wirksamen Hebel für Veränderung, da die WAGO Klemme jeder kennt.

Klarheit in der Kommunikation war ebenso essenziell. Nachdem bereits der Sponsor klar war, der Auftrag klar war, konnte direkt nach dem Pitch im Dezember 2021 auch wirklich gestartet werden und intern die Kolleg:innen mit ins Projekt zu nehmen.

Mit dem Einkauf und dem Technologiemanagement konnte auch zu diesem Zeitpunkt bereits evaluiert werden, was genau mit welchem Lieferanten möglich ist, welche technische Möglichkeiten es gibt, Materialien zu verwenden, die genauso gut sind aber kreislauffähig und nachhaltig. Das alles (und noch viel mehr) war relevant für ein fertiges Konzept mit Marktauftritt im September.

Uns war es auch wichtig, eine holistische Lösung zu entwickeln, also nicht nur ein nachhaltigeres Produkt zu gestalten, sondern gleichzeitig auch Prozesse und Systeme im Ganzen neu zu gestalten. Das hat auch dazu geführt, dass die Verpackung aus alternativen Materialien wie z. B. Graspapier hergestellt wurde.

Welche Rolle hatte dabei die Verankerung von Nachhaltigkeit in Strategie und Geschäftsmodell sowie ein klares Management-Commitment?
Nachhaltigkeit ist bei WAGO fest in der Strategie verankert. Im Rahmen unserer Nachhaltigkeitsstrategie war und ist es uns wichtig, Nachhaltigkeit noch mehr mit in die Kickboxen zu verankern und zu den klassischen Kriterien, explorativ im Entwicklungsprozess auf Kriterien der Nachhaltigkeit und Kreislaufwirtschaft zu integrieren. Die Green Range 221 mit den beiden Initiatorinnen ist das perfekte Beispiel dafür, dass jede:r etwas bewirken kann und dass nachhaltige und zirkuläre Innovation auch außerhalb der klassischen Forschungs- und Entwicklungsbereiche entstehen kann.

Kommunikation ist ebenso wichtig in diesem Zusammenhang. Im Rahmen der Strategie haben wir gemeinsam mit dem Team Corporate Communications die Nachhaltigkeitskommunikation entwickelt. Es wurde ein Konzept erarbeitet, das eine transparente und ehrliche Kommunikation voraussetzt.

Welche Strukturen und Prozesse müssen oder mussten sogar neu gedacht werden, um Nachhaltigkeit in die bestehenden Geschäfts- und Innovationsprozesse sowie das Portfolio zu verankern?
In Summe legte der Faktor Nachhaltigkeit uns zunächst einmal »Steine in den Weg«. Am Beispiel der Verpackung ist dies einfach zur verdeutlichen. Die Einkaufsphilosophie musste überdacht werden, es gab in Deutschland in der Form beispielsweise bisher nur einen Hersteller für Graspapier, was dazu führt, dass keine Lieferanten-Diversifikation stattfinden konnte, was erstmal ein Risiko darstellt. Auch die Zertifizierung hinsichtlich ISCC Plus hat uns vor Herausforderungen gestellt. Dieser Standard, der eigentlich aus der Chemiebranche stammt und somit nicht so einfach in unsere Abläufe passt. Somit mussten neue Konzepte gemeinsam mit dem Lieferanten entwickelt werden und eine Materialstrom-Transparenz hergestellt werden. Dabei sind neben technischen Anforderungen auch Faktoren zu betrachten, die das Fertigungs- und Logistikumfeld betreffen. In der Produktion musste beispielsweise für die neue Verpackung aus Graspapier sichergestellt werden, dass keine Feuchtigkeit vor und bei Auslieferung an die Verpackung gelangt. Die Standortzertifizierung nach ISCC Plus war im Produktentwicklungsprozess auf jeden Fall eine Herausforderung, für die neue Strukturen geschaffen werden mussten. Generell hat das Projekt Green Range 221 der Prozessstruktur gut getan, weil wir aufgrund des First Movers Anreiz Entscheidungen herbeigeführt haben, die sonst länger durch die Organisation getragen werden. Zusätzlich war das Zielprodukt nicht nur ein »technisches Konzept«, sondern eine Innovation mit der man sich identifizieren konnte. Alle Projektteilnehmer wollten mit diesem Produkt einen Beitrag zum Thema Nachhaltigkeit leisten.

Das Projekt hat WAGO an vielen Stellen dazu gebracht, neue Wege zu gehen. Vor allem in Bezug auf nachhaltige und zirkuläre Materialien sowie die damit verbundenen Prozesse. Gespräche mit dem Technologiemanagement und der Entwicklung haben beispielsweise dazu geführt, dass es nun mehr Angebote hinsichtlich zirkulärer Materialien gibt. Zum Startzeitpunkt gab es kaum Alternativen.

Damals war es wichtig, Spirit und Speed wie bei einem Start-up aufrechtzuerhalten, wir hatten keine Zeit, Dinge herauszuzögern, ansonsten bestand die Gefahr, in Grundsatzdiskussion zu landen.

Welche Rolle spielt eine gelebte (offene) Innovationskultur im Zusammenhang mit nachhaltigen und zirkulären Geschäftsmodellen und Innovationen bei WAGO?
Wir haben die WAGO Kickbox etabliert, um unter anderem die gelebte Innovationskultur anzukurbeln, explorative Themen anzustoßen und in bestehende Märkten zu etablieren. Corporate Innovation und Exploration mit Innovationsmanager:innen und allen die Ideen haben, zentral den Zugang zum Kickbox Programm zu ermöglichen, um Ideen bei WAGO zugänglich zu machen. Dabei ist die gelebte Fehlerkultur ein Muss, um auch explorative Themen, wie sie gerade im Bereich Nachhaltigkeit und Kreislaufwirtschaft auftreten, zu etablieren. Wichtig ist in diesem Falle auch ein geschützter Raum, gerade in den ersten Wochen werden die Themen nur intern, innerhalb des Kickbox Umfeldes bearbeitet und besprochen, denn Innovationen entstehen dort, wo Menschen für ein Thema brennen und nicht gebremst werden.

Wichtig ist es, Barrieren im Kopf dabei zu lösen. Hier geht es zum einen um Nachhaltigkeit selbst, die häufig noch als Kostenfaktor und »Bremse« angesehen wird, zum anderen aber auch die Zusammenarbeit innerhalb der Organisation. Gleichzeitig muss es klare Richtlinien geben, was Offenheit z. B. in Zusammenarbeit mit Partnern oder gar Mitbewerbern bedeutet, um Mitarbeitern die Angst zu nehmen, offene Innovationen auch mit Partnern zu denken.

Die notwendige Offenheit für Change ist ein unheimlich wertvolles Kulturelement, auf dem wir konkret und greifbar aufbauen können. Es werden Strukturen geschaffen, die korrektives Verhalten fördern, also für Verbesserung sorgen soll, unser Kon■■■artikel ist direkt durch die Decke geschossen. Nachhaltigkeit wird durch Transformation eingeleitet. Unser Konzept wird bestätigt, und wir erhalten Rückenwind. Eine weitere Idee der Kickbox war eine App mit Fotoerkennung, speziell für Klemmen, jedoch ausschließlich digital.

Wir bringen nach und nach konkrete Ziele wie Ressourcenschonung, -effektivität mit in die Kickboxen, um einen positiven Beitrag leisten zu können. Wir merken immer mehr, dass man Menschen eher mit Impact fördert und motiviert, mit Zielen, konkreten Programmen, Produkten, die einen Beitrag leisten.

Wir sehen, dass gerade in der Produktion das Thema Verschwendung sehr bewusst gesehen wird. Sowohl in der Produktion als auch den BUs können wir so das Produktportfolio im Sinne der Ressourceneffizienz und Verschwendung betrachten.

Gleichzeitig fördert ein solches Programm die Bereitschaft, Verantwortung zu übernehmen. Das Thema Kultur geht jedoch über die Kickbox hinaus. Man spürt, dass das Thema Nachhaltigkeit viel präsenter in Projekten angesprochen wird und Kolleginnen und Kollegen verstärkt von sich aus kreative Ideen in Bezug auf Nachhaltigkeit einbringen. Das Thema Ambassador steht ebenso bei uns auf der Agenda.

Welche Rolle spielt die digitale Transformation im Zusammenhang mit Nachhaltigkeit und Kreislaufwirtschaft?
Das Digital Transformation Office bei WAGO, wurde vor sechs Jahren aus der Unternehmensstrategie heraus gegründet. Der Themenfokus reicht von Digitalisierung bis digitale Transformation, Innovation und Innovationskultur sowie Mindset.

Die digitale Transformation hat beispielsweise die Kickbox entstehen lassen, Agilität und Veränderungsbereitschaft angestoßen und die Grundsteine gelegt.

Nachhaltigkeit wird durch die digitale Transformation angetrieben.

Welche Rolle spielt Nachhaltigkeit für langfristigen Geschäftserfolg?
Nachhaltigkeit ist bei WAGO fest in der Strategie verankert und unsere Geschäftsführung steht dahinter. Wir sehen Nachhaltigkeit als essenziellen Bestandteil für langfristigen Geschäftserfolg. Die Vision der Green Range 221 hat Unternehmensziele positiv verändert und gezeigt, dass Innovation gleichzeitig ein Treiber für Nachhaltigkeit und somit langfristigen Erfolg ist. Die Idee der Green Range 221 zahlt auf unsere Unternehmensziele ein und zeigt, dass Innovation Treiber für Nachhaltigkeit und langfristigen Erfolg zugleich sein kann.

Welche Rolle spielen neue Märkte und Technologien in diesem Zusammenhang?
Bei der Depolymerisation werden Kunststoffe oder andere polymere Materialien in ihre Grundbausteine zurückgeführt und zur Reduzierung von Abfall sowie zur nachhaltigeren Nutzung von Ressourcen beitragen. Der Lieferant, mit dem wir dies gemeinsam entwickelt haben, hat hierzu ein Patent angemeldet. Hierbei

sind wir die ersten gewesen im Rahmen einer solchen Co-Innovation, die so ein technisches Produkt gemeinsam entwickelt haben. Für eine erfolgreiche Transformation benötigen wir gemeinsame Ziele und Zusammenarbeit.

Welche Herausforderungen gibt es noch zu meistern?
Nachhaltigkeit muss für jeden Unternehmensbereich gedacht werden. Nachhaltigkeit heißt für den Vertrieb etwas anderes als für die Produktion. Der Vertrieb, der sonst bisher auf Neuverkauf geschult wurde, der sonst auf technische Features verweist, muss zukünftig diese Features mit neuen Eigenschaften in Bezug auf Nachhaltigkeit kombinieren, den Fokus auf Services erweitern und den Purpose in die Verkaufsgespräche integrieren.

Ich bin auch der Meinung, dass in Universitäten und Schulungen vielmehr Nachhaltigkeit und Kreislaufwirtschaft, insbesondere die R-Strategien integraler Bestandteil des Studienganges sein müssten.

Welche drei Learnings gebt ihr Unternehmen mit, um erfolgreich nachhaltige und zirkuläre Innovationen zu kreieren?

- Kommunikation innerhalb des Projektteam und natürlich auch nach außen ist sehr entscheidend. Es geht nicht mehr nur um technische Eigenschaften, sondern auch um die Unternehmenswerte.
- Stakeholdermanagement (regelmäßiges Reporten, alle mit im Boot behalten, übergreifendes Stakeholdermanagement und Ausweitung auf Belegschaft, da alle mitgestalten wollten, so transparent wie möglich)
- Ambassador auf Agenda: Nicht über Hierarchien gehen, Menschen über Purpose erreichen, Workshop über R-Strategien geplant mit Belegschaft, CE-Guideline in der Pipeline

Unternehmensbeschreibung
Gegründet 1951 in Minden, ist WAGO heute in der ganzen Welt zu Hause. WAGO verbindet, misst, steuert und vernetzt mit einfachen Lösungen, mit intelligenten Verbindungen und vor allem gemeinsam mit deren über 9.000 Mitarbeitern, Anwendern, Kunden und Partnern.

Zusammenfassung

Die nächsten großen Schritte im Design werden von der Kreislaufwirtschaft definiert. Mit zirkulärem Design können wir die Entstehung von Abfall und Umweltverschmutzung bereits zu Beginn verhindern. Circular Design wendet die drei Prinzipien der Kreislaufwirtschaft an: Eliminieren, Zirkulieren und Regenerieren.

Im Produktdesign bilden neben nationalen Empfehlungen und Richtlinien Regularien wie die Ökodesign-Anforderungen für Produkte auf EU-Ebene einen harmonisierten Rahmen für die Einführung von nachhaltigen und zirkulären Produkten. Diese Anforderungen beziehen sich auf die Eigenschaften von Produkten wie Haltbarkeit, Nachrüstbarkeit und Reparierbarkeit, Möglichkeiten zur Leichtbauweise, Überholung und Wartung verbessern, Wiederaufarbeitung und hochwertiges Recycling u.v.m. definiert.

Um nachhaltige und zirkuläre Produkte zu entwickeln, müssen Hersteller jedoch auch die Produktlebenszyklen verstehen und sorgfältig prüfen. Dabei hilft Life Cycle Thinking (LCT), um über den klassischen Fokus auf Produktionsstandort und Herstellungsprozesse hinauszugehen und die ökologischen, sozialen und wirtschaftlichen Auswirkungen eines Produkts über dessen gesamten Lebenszyklus einzubeziehen. Eine der Methoden im Rahmen des LCT ist das Life-Cycle-Assessment (LCA), welche als die wissenschaftlich am besten akzeptierte Methode zur Umweltbewertung gilt, auch wenn diese komplex ist (ISO 14040:2006 und ISO 14044:2006).

Biodiversität und naturbedingter Verlust stellen für Investoren ein beispielloses systemisches Portfoliorisiko dar. Obwohl starke Argumente dafür sprechen, in diese Ökosysteme zu investieren, um die Widerstandsfähigkeit gegenüber Klimarisiken zu stärken, hat die Welt dieses Potenzial noch kaum erkannt.

Dabei können naturbasierte Lösungen (NbS) massiv zur Dekarbonisierung und Ressourcenschonung beitragen. Bionik und Biomimikry können hierbei eine große Unterstützung sein, indem sie die Natur imitieren und nachahmen, wie das vernetzte Leben funktioniert. Nanotechnologie ist dabei eine revolutionäre Technologie, die der sechsten Kondratjew-Welle zugeordnet werden kann. Die wirtschaftliche Relevanz der Nanotechnologie beruht auf der Möglichkeit, die Eigenschaften von Materialien so zu beeinflussen, dass kleinere, leistungsfähigere und »intelligentere« Systemkomponenten mit optimierten oder ganz neuen Funktionalitäten hergestellt werden können. Daher kann die Wettbewerbsfähigkeit von Unternehmen zukünftig entscheidend von der Fähigkeit zur Nutzung der Nanotechnologie abhängen

Auch die systemische Zusammenarbeit über und zwischen Wertschöpfungsketten im Sinne von Open Innovation und Value Co-Creation ist für die Entwicklung nachhaltiger und zirkulärer Produkte von großer Bedeutung, um Beispielsweise im Sinne der industriellen Symbiose Abfälle als Ressourcen wiederzuverwenden.

8 »Processes« – Transformation linearer Geschäftsprozesse zu durchgängig stabilen Kreisläufen

One man's trash is another man's treasure.
English Proverb

8.1 Der Weg ist das Ziel: von endlichen Wirtschaftssystemen zu geschlossenen Kreisläufen

Noch ist es in Deutschland nur eine Vision, durch die Nutzung von Abfällen als Ressource bisher offene Stoffkreisläufe zu schließen. Abfälle werden in den seltensten Fällen als Ressource gesehen und Recycling gilt zu oft als Allheilmittel. Aber wir können es uns nicht weiter leisten, Ressourcen in Form von Abfall zu verschwenden, zumal Recycling nicht ausreicht, um die bestehenden Probleme zu lösen.

Unternehmen stellen fest, dass immer knapper werdende Ressourcen hinsichtlich einzelner Rohstoffe und immer stärker schwankende Rohstoffpreise zunehmend ihre Geschäftsfähigkeit gefährden. Nach und nach denkt die Wirtschaft daher immer stärker darüber nach, wie Abfälle wieder zu Ressourcen werden können – insbesondere, wenn sie teure Primärrohstoffe ersetzen könnten (vgl. Wilts & Von Gries, 2017).

Abfälle können stofflich oder energetisch verwertet werden. Sie ersetzen natürliche Ressourcen wie fossile Energieträger oder natürliche Rohstoffe. Die Bedeutung der Abfälle als Rohstoffquelle und Energieträger ist mit der Verfügbarkeit und dem Weltmarktpreis fossiler Energieträger und Rohstoffe, wie zum Beispiel Metalle, eng verknüpft. Durch die stoffliche und energetische Verwertung von Abfällen lassen sich nicht nur natürliche Rohstoffe und fossile Energieträger einsparen, es kann damit auch ein Beitrag zum Klimaschutz geleistet werden. Für die Bewertung der einzelnen Abfallarten im Hinblick auf die Ressourcenschonung ist vor allem von Interesse, in welcher Menge sie jeweils anfallen und welcher Anteil derzeit energetisch oder stofflich verwertet wird. Außerdem ist zu prüfen, ob die derzeitigen Verwertungswege bereits eine hohe Ressourceneffizienz aufweisen.

Um Stoffkreisläufe zu schließen, müssen lineare Wirtschaftssysteme Schritt für Schritt kreislauffähig gemacht werden. Unternehmen müssen Ressourcen aus einer neuen Perspektive betrachten und nach Möglichkeiten suchen, die bisherigen Abfallströme wiederzuverwenden, zu teilen oder zu verkaufen. Wert- und Abfallstromanalysen geben Aufschluss darüber, wie welche Abfälle im Produktionsprozess anfallen und intern, im eigenen Unternehmen, oder extern, in Kooperation mit Partnern, wiederverwendet werden können. So kann der Abfallstrom des einen Unternehmens zur wertvollen Ressource des anderen werden. Dies nennt man auch industrielle Symbiose. Industrielle Symbiose identifiziert und steigert den wirtschaftlichen Wert von Abfällen und Nebenprodukten und wird bereits in einigen Branchen angewendet (vgl. Giordano & de Fontaine, 2021). Dies bezieht sich nicht nur auf Rohstoffe und Materialien. Hersteller nutzen z. B. bereits Abwärme zum Erwärmen von Rohstoffen, Kläranlagen bereiten beispielsweise Abwasser zur Pflanzenbewässerung auf und in Kraftwerken werden CO_2-Emissionen in Benzin für die Kraftfahrzeuge umgewandelt. Eine industrielle Symbiose ermöglicht somit die Nutzung von Synergien, von der alle Teilnehmer profitieren.

Beispiele, in denen Abfälle als Ressourcen eingesetzt werden, findet man auch häufig in der Möbelindustrie. So wurde die in Abbildung 31 aufgezeigte Sitzschale des FALK Chair von Houe aus wiederverwertetem Kunststoff geformt. Das Besondere in diesem Fall ist, dass anstelle von industriellen Kunststoffabfällen Plastikmüll aus gewöhnlichen Haushalten genutzt wurde. Was sonst auf der Mülldeponie landet, bekommt so ein neues Leben als Designerstuhl.

Abb. 31: Sitzschale aus wiederverwertetem Kunststoff

Der positive Nebeneffekt ist, dass Unternehmen Umweltverschmutzung und Kosten reduzieren und zudem neue Einnahmequellen generieren und Lieferketten stabilisieren.

Klar ist, dass wir hier noch ganz am Anfang stehen und Beispiele oftmals Leuchtturmprojekte in Unternehmen sind.

Das Vorhaben der industriellen Symbiose scheitert jedoch teilweise immer noch am Kapital, an der Technologie, an Partnern oder der Regulatorik. Auftraggeber, geschäftliche Interessen und Ressourcenströme in Einklang zu bringen und eine Kreislaufwirtschaft zu erreichen, ist komplex. Entwicklungen wie das aktualisierte Kreislaufwirtschaftsgesetz, der Circular Economy Action Plan der EU und der wachsende Druck seitens der Auftraggeber, nachhaltig und zirkulär zu agieren, sowie technische Fortschritte bauen diese Hindernisse wiederum ab und erhöhen den Wert, den Kreislaufmodelle generieren.

8.1.1 Mit zirkulären Geschäftsmodellen Kreislaufwirtschaft skalieren

Entsorgte Produkte wären häufig noch gebrauchsfähig, wenn sie zunächst repariert, aufbereitet und wiederverwendet werden würden. Sie werden jedoch oft vorzeitig weggeworfen. Das hat jährlich ca. 35 Mio. Tonnen Abfall, 30 Mio. Tonnen verschwendeter Ressourcen und 261 Mio. Tonnen Treibhausgasemissionen in der EU zur Folge (vgl. Recht auf Reparatur, 2023). Der Verlust, der Verbrauchern dadurch entsteht, dass sie sich für Ersatz anstatt für eine Reparatur entscheiden, wird auf fast 12 Mrd. EUR jährlich geschätzt. Das Recht auf Reparatur (vgl. Recht auf Reparatur, 2023) wird überdies schätzungsweise 4,8 Mrd. EUR an Wachstum und Investitionen in der EU generieren.

Aus wirtschaftlicher Sicht bietet Kreislaufwirtschaft Möglichkeiten zur Steigerung der Rentabilität sowie zur Verbesserung von Resilienz, Planung und Wachstum. Gleichzeitig kommt in der Praxis immer wieder die Frage auf, wie in einer Industriewelt, die von automatisierter Massenproduktion dominiert wird, Geschäftsmodelle wie Reparaturen, die bis heute mit manuellem Aufwand verbunden sind, wirtschaftlich und skalierbar sind und werden. Im betriebswirtschaftlichen Kontext beschreibt Skalierbarkeit eine besondere Eigenschaft eines Geschäftsmodells im Hinblick auf finanzielle Aspekte: Es geht darum, dass man den Umsatz steigern kann, ohne kontinuierlich in Produktion und Infrastruktur investieren und Fixkosten erhöhen zu müssen (vgl. Klein, o. D.).

Dies ist bei Herstellern somit besonders für die R-Kriterien Repair, Refurbishment und Remanufacturing der Fall. Hersteller haben bereits die Fähigkeiten, die Werkzeuge und das Wissen, um Produkte zu reparieren, und bieten oftmals bereits aktiv die Dienstleistung des Reparierens an. Während der Pandemie konnten wir miterleben, wie Kunden sich diese drei R-Strategien ins Visier nahmen. Aufgrund der Pandemie waren Lieferketten gestört und Teile wurden knapp. Lieferketten dauerten keine Tage oder Monate, sondern teilweise über ein Jahr oder sogar länger. Die Folge war eine deutlich gestiegene Nachfrage an Reparaturen oder Überholungen, da dies zu kürzeren Lieferterminen führte, als es bei Neuprodukten der Fall war. Automatisierte Inspektion und Reparaturen mithilfe von Robotern haben in Fabriken, wie z. B. bei Apple, bereits Einzug erhalten.

Best-Practice-Beispiele, in denen Kreislaufwirtschaftsmodelle bereits skaliert wurden, gibt es inzwischen einige. Fairphone beispielsweise baut modulare Smartphones, die einfach repariert oder modernisiert werden können. Die Geräte sind aus recycelbaren Materialien hergestellt und elektronische Abfälle werden durch ein Rücknahmeprogramm alter Handys reduziert. Auch Konzerne wie Philips setzen auf Kreislaufwirtschaft. Der Konzern erwirtschaftet z. B. durch das Wiederaufbereiten medizinischer Geräte oder ein »Light-as-a-Service«-Konzept mittlerweile über 20 Prozent seines Umsatzes (vgl. Halder-Schwarz, 2022).

8.1.2 Servitization für längere Produktlebenszyklen

Dienstleistungen dominieren mittlerweile weitgehend die wirtschaftlichen Wertschöpfung in Industrieländern, und zwar in einem solchen Ausmaß, dass einige dieser Länder eher als Dienstleistungswirtschaften, anstatt als Industrieländer bezeichnet werden (vgl. World Bank, 2023). Laut dem Verband Deutscher Maschinen- und Anlagenbauer erwirtschaften auch Maschinen- und Anlagenbauer ca. 20 Prozent ihres Umsatzes durch Servicegeschäft (vgl. Illner & von Steynitz, 2017), Tendenz steigend.

Gleichzeitig stellt sich aber auch die zunehmende Erkenntnis ein, dass das Wissen darüber, wie man dienstleistungsbasierte Geschäftsmodelle (z. B. Kastalli und Van Looy 2013; Baines et al. 2009) profitabel aufbaut, knapp ist. Zu beachten ist auch, dass bei Unternehmen, sofern sie noch Defizite bei grundlegenden Dienstleistungen wie beim Reparieren haben, diese Prozesse und Geschäftsmodelle priorisiert werden sollten, damit sie die Voraussetzungen für umsatzsteigernde und profitable Serviceangebote erfüllen. Danach können neue Services, Geschäftsprozesse und -modelle zur Weiterentwicklung des eigenen Servicegeschäfts zur Verfügung gestellt werden.

Sobald das Potenzial der klassischen R-Strategien, nämlich die Produktlebenszyklen z. B. durch z. B. Reparatur, Refurbishment und Remanufacturing zu verlängern, ausgeschöpft wurde, rückt die Entwicklung zukunftsweisender und innovativer Geschäftsmodelle in den Vordergrund (vgl. Illner & von Steynitz, 2017). Die heute erfolgreichen Serviceunternehmen treiben bereits ihre Serviceinnovationen systematisch voran.

Zum einen geschieht dies in Folge des Megatrends Servitization, bei dem es um serviceorientierte Geschäftsmodelle und Innovationen geht. Unternehmen, die Produkte verkaufen, wenden Servicelogik an und steigern ihre Wertschöpfung durch das Angebot zusätzlicher Dienstleistungen. Unternehmen zielen immer mehr darauf an, qualitativ hochwertige und langlebigere Produkte zu verkaufen, die repariert werden können. Dies birgt jedoch das Risiko, dass die Rentabilität sinkt, weil sie letztendlich weniger Produkte an Kunden verkaufen. Um profitabel zu bleiben, müssen die Unternehmen diese zunächst verlorenen Einnahmen durch den Verkauf zusätzlicher Dienstleistungen wieder hereinholen (vgl. Jørgensen & Pedersen, 2018, S. 92).

Dabei entstehen neue Geschäftsmodelle. Dafür gibt es bereits zahlreiche Beispiele. Während meiner Zeit als IT-Projektleiterin, Produkt-Markt-Managerin und Managerin Geschäftsmodellinnovation bei SEW-EURODRIVE GmbH & CO KG, einem Marktführer der Antriebsautomatisierung, durfte ich bereits an digitalen, serviceorientierten Geschäftsmodellen wie Remanufacturing-as-a-Service, Platform-as-a-Service und Pay-Per-Use-Geschäftsmodellen arbeiten, die darauf abzielen, die Nutzungsdauer zu verlängern. Im Falle des Remanufacturing-as-a-Service-Geschäftsmodells wurde Remanufacturing gesamtheitlich als Geschäftsprozess definiert, die dazugehörigen Aufbereitungs- und Refabrikationsprozesse wurden implementiert und die IT-Infrastruktur und Schnittstellen wurden in gängige Enterprise Resource Planing (ERP) Systeme integriert. Im Falle des Platform-as-a-Service-Geschäftsmodells durfte ich eine Value-Co-Creation-Platform zur Zusammenarbeit an innovativen, nachhaltigen Lösungen gemeinsam mit unseren Partnern konzipieren und implementieren.

Ein Beispiel für Pay-per-Use ist Rolls Royce's »Power by the hour«-Konzept (vgl. Gimpl, 2022). Das Unternehmen bietet eine Auswahl der Produkte, wie zum Beispiel Flugzeugmotoren, als Dienstleistung und nicht als Produkt an, da die Nutzung der Flugzeugmotoren pro Stunde verkauft wird und nicht der Motor selbst. Das Unternehmen ist Eigentümer des Produktes, während seine Kunden es nutzen. Der Hersteller bietet zudem die Wartung der Motoren an. Rolls Royce verpflichtet sich zur garantierten Verfügbarkeit der Produkte, indem die Flugzeugtriebwerke jederzeit in Betrieb gehalten werden. Das Zahlungsmodell ist so gestaltet, dass der Kunde für die Zeit bezahlt, in der er die Nutzung des Motors in Anspruch nimmt, ganz im Sinne des Pay-per-Use-Ansatzes. Auch das bekannte Flottenmanagement von Hilti, das gemäß einem Equipment-as-a-service-Ansatz das Leasing von Geräten und Werkzeugen ermöglicht und damit den Verkauf von Neuprodukten verringert, ist ein Geschäftsmodell, das sich für Kunden und Unternehmen als attraktiv bewiesen hat. Kunden profitieren von stets geprüften, aktuellen Geräten, von kostenfreiem Ersatz und kostenfreier Reparatur und von einer zusätzlichen Bereitstellung von Geräten in Zeiten, in denen Bedarfsspitzen auftauchen. Dieser zusätzlichen Service, ganz nach dem Muster »Guaranteed Availability«, garantiert dem Kunden maximale Verfügbarkeit und bringt Hilti einen wiederkehrenden Umsatz (vgl. Hilti, o. D.).

Services wie Condition-Monitoring (Zustandsüberwachung) funktionieren auf der Basis systematischer Zustandserfassung von Geräten. Im Beispiel der SEW-EURODRIVE GmbH & Co KG, einem Marktführer der Antriebs- und Automatisierungstechnik, werden Condition-Monitoring-Services zur Minimierung von Produktionsausfällen, etwa durch Endoskopie, Thermografie und Ölanalyse, angeboten. Vibrationssensoren (DUV) unterstützen die Lager- und Verzahnungsüberwachung, Bremsendiagnosen (DUE) können in Form von Funktions- und Verschleißanalyse angeboten werden und Ölalterungssensoren (DUO) werden beispielsweise zur Bestimmung des Ölwechselzeitpunktes benutzt (vgl. SEW-EURODRIVE, o. D.).

Bei Zustandsüberwachung definieren mehr oder weniger die Menschen die Regeln für Wartungen. Anders ist dies bei Predictive Maintenance, der vorausschauenden Wartung, denn hier spielen Daten eine zentrale Rolle. Bei der Zustandsüberwachung stehen somit Echtzeitbedingungen im Mittelpunkt, während sich die vorausschauende Wartung auf die sehr frühe Erkennung von Mängeln im Voraus konzentriert. Durch die Möglichkeit, frühzeitig zu handeln, können Ausfälle von Produktionen vermieden und damit enorme Kosten eingespart werden können.

Doch auch hier sind erneut Kompetenzen gefragt. Zum einen muss man sich die Frage stellen, wer die notwendige Dienstleistung erbringen kann und welche Ressourcen an dieser Stelle erhöht werden müssen. Weiterhin impliziert das Modell der Predictive Maintenance, dass die Wertschöpfung von Unternehmen auf andere Weise erfolgt als durch herkömmlichen Neuverkauf. An dieser Stelle ist es jedoch wieder wichtig zu kommunizieren, dass »neu« ein Anspruch und Versprechen in Bezug auf Qualitätskriterien ist und nicht zwingend bedeutet, dass das Produkt aus neuen Rohstoffen entstehen muss. Hersteller haben die Verantwortung und den Hebel in der Hand, »Remanufactured-Produkte«, Neuwert-Reparaturen oder -Refurbishment in der gleichen Qualität anzubieten, die Neuprodukte haben, sodass das Vertrauen in wiederverwendbare Produkte steigt und diese mit »neuen« Produkten langfristig konkurrieren können und sie ersetzen.

8.2 Nachhaltige und zirkuläre Wertschöpfungs- und Lieferketten für geschlossene Kreisläufe

Während der Pandemie und Ukrainekrise war und ist das Thema Lieferkette für viele Unternehmen, neben Digitalisierung und Workforcemanagement, eines der wichtigsten Themen. Risiken und Strategien mussten neu bewertet und definiert werden (vgl. Koch & Rohr, o. D.). Die meisten Großkonzerne motivieren oder zwingen gar ihre Zulieferer zu Umweltschutz und Sicherstellung nachhaltiger und Compliance-konformen Lieferketten durch Gesetze wie das Lieferkettensorgfaltspflichtengesetz (LkSG) oder Standards wie EcoVadis, einem der weltweit größten Nachhaltigkeitsrating für Unternehmen und ESG-Compliance in der Wertschöpfungskette.

Multinationale Konzerne wie Nestlé und Unilever haben in die Technologieentwicklung investiert und mit Landwirten zusammengearbeitet, um nachhaltige Praktiken beim Anbau von Milch, Palmöl, Kakao usw. zu entwickeln (vgl. Nidumolu et al., 2009). Henkel hat beispielsweise in deren 2030+ Sustainability Ambition Framework den »Net Zero«-Pfad für Emissionen entlang der Wertschöpfungskette definiert. Besonders nützlich für die Bewertung der Wertschöpfungsketten ist die LCA, die wir in Kapitel 7.1.2 kennengelernt haben, die umweltbezogenen Inputs und Outputs ganzer Wertschöpfungsketten, von der Rohstoffbereitstellung über die Produktnutzung bis hin zur Retoure erfasst. Dadurch haben Unternehmen beispielsweise herausgefunden, dass Lieferanten bis zu 80 Prozent der von einer Lieferkette verbrauchten Energie, Wasser und andere Ressourcen verbrauchen. Tools wie unternehmensweite Wertstrom- und Abfallstromanalysen, Carbon Management, die Analyse des CO_2- und Energie-Fußabdrucks sowie LCAs helfen Unternehmen dabei, ressourcenintensive Quellen zu identifizieren und Potenziale anzugehen (vgl. Nidumolu et al., 2009). Die LCA dient u. a. auch der Ermittlung der Treibhausgasemissionen (s. Abbildung 32).

	Rohstoff	Logistik	Herstellung	Vertrieb	Nutzung, Wiederverwendung	Sammlung, Abfall, Recycling
Direkte CO_2-Emissionen (Scope1)						
Indirekte CO_2-Emissionen (Scope2)						
Indirekte Emissionen in CO_2-Äquivalenten (Scope 3)						

Abb. 32: Treibhausgasemissionen entlang der Wertschöpfungskette (Quelle: eigene Darstellung, in Anlehnung an Holocene, 2021)

Transport und Operations: Im Mittelpunkt des Aufbaus einer nachhaltigen Lieferkette stehen betriebliche Veränderungen und Innovationen, die zu mehr Energieeffizienz führen und die Abhängigkeit von Unternehmen von fossilen Brennstoffen verringern. Im Falle von FedEx, die nahezu 700 Flugzeuge im Einsatz haben benötigen eine Menge Kerosin, was ca. 61 Prozent deren Emissionsbilanz ausmacht (vgl. FedEx, o. D.). Basierend auf deren Nachhaltigkeitsbericht 2020 konnten bereits 201 Millionen Liter Kraftstoff eingespart werden, 548.076 Tonnen weniger CO_2e-Ausstoß. Außerdem hat FedEx hat eine Reihe von Softwareprogrammen entwickelt, die dabei helfen, Flugpläne, Flugrouten, die Menge an zusätzlichem Treibstoff an Bord usw. zu optimieren. Das Unternehmen hat an seinen Vertriebszentren in Kalifornien und Köln, Deutschland, Solaranlagen mit einer Leistung von 1,5 Megawatt errichtet. Das Unternehmen setzt Hybridtransporter ein, die 42 Prozent kraftstoffeffizienter sind als herkömmliche Lkws, und hat 4.091 Elektrofahrzeuge (vgl. FedEx, o. D.), die mit alternativen

Kraftstoffen betriebene werden. Nach einigen anderen Pionieren hat FedEx diese Kompetenzen in Sachen Energie- und Emissionseinsparung in ein eigenständiges Beratungsunternehmen umgewandelt.

In einigen Fällen erweisen sich kurzfristige Herausforderungen – wie große Unterbrechungen der Lieferketten und Inflation – trotz der Bedrohung, die sie für die Finanzstabilität darstellen, tatsächlich als Katalysator für Innovation. Der Bedarf der Unternehmen, aufgrund des Krieges in der Ukraine neue Materialien zu beschaffen, eröffnete beispielsweise die Möglichkeit, kürzere Lieferketten mit stärkerer Klimaverträglichkeit zu entwickeln.

Mit etwas Abstand können wir heute klar Zusammenhänge zwischen aktuellen Herausforderungen, vor denen Unternehmen stehen, wie Ressourcenknappheit und Lieferkettendisruption, sowie daraus resultierende Innovationen sehen. Die natürliche Neigung von Unternehmen besteht jedoch trotzdem oft darin, dem unmittelbaren wirtschaftlichen Druck Vorrang vor Maßnahmen für Innovation und Verbesserung der Nachhaltigkeit zu geben. Doch Unternehmen ändern zunehmend ihre Denkweise und überlegen, wie Technologie ihnen bei der Bewältigung ihrer Herausforderungen helfen kann und versuchen, ihre Auswirkungen auf den Planeten zu reduzieren, ohne Kompromisse bei der Qualität oder Flexibilität ihrer Produkte und Dienstleistungen einzugehen.

In einigen Fällen erweisen sich kurzfristige Herausforderungen – wie große Unterbrechungen der Lieferketten und Inflation – trotz der Bedrohung, die sie für die Finanzstabilität darstellen, tatsächlich als Katalysator für Innovation. Wie im Kapitel zuvor beschrieben, führten Lieferkettenengpässe und Teileknappheit dazu, dass der Fokus verstärkt auf serviceorientierten Geschäftsmodelle gelegt wurde, um Produktlebenszyklen zu verlängern und weniger auf Neuteile angewiesen zu sein. Der Bedarf der Unternehmen neue Materialien zu beschaffen, eröffnete aber auch u.a. die Möglichkeit für mehr Lieferantendiversifikation, insbesondere mit Fokus auf lokale Lieferanten und damit kürzere Lieferketten mit stärkerer Klimaverträglichkeit zu entwickeln. Durch die Distanzverkürzungen, die Rohstoffe und Schlüsselkomponenten zurücklegen müssen, können Emissionen gesenkt und gleichzeitig eine bessere Transparenz der Lieferkettenpraktiken gewährleistet werden. Weiterhin führte der Bedarf an Materialien dazu, sich gegenseitig auszutauschen, Teile wiederzuverwenden und auszuleihen sowie im Sinne der »Sharing Economy«, zu teilen. Außerdem arbeiteten Unternehmen im Sinne der Value Co-Creation gemeinsam daran, neue Materialien, als Alternativen und Substitutionsmaterialien anzubieten. In dieser Phase arbeiteten Hersteller mit Kunden und Lieferanten an Re-Designs von Produkten zusammen, deren Komponenten nicht beschafft werden konnten, um neue Produkte zu entwickeln und Verschwendung zu reduzieren.

Das anfängliche Ziel bestand zunächst nicht primär darin, Nachhaltigkeit und Kreislaufwirtschaft zu erhöhen, sondern Herstellprozesse sicherzustellen und lieferfähig zu bleiben. Gleichzeitig hat man gerade in dieser Zeit erlebt, dass stabile Lieferketten maßgeblich durch nachhaltiges und zirkuläres Design definiert werden. Nachhaltig in Bezug auf lokale Partner, Sicherheit und Transparenz in der Lieferkette. Zirkuläres Design bezieht sich in diesem Falle auf die Etablierung zirkulärer Lieferketten. Doch was haben Lieferketten nun mit Kreislaufwirtschaft zu tun und was sind zirkuläre Lieferketten?

Kreislaufwirtschaft besteht aus unterschiedlichen Komponenten. Zirkuläre Geschäftsmodelle, Materialien und Lieferketten sind ein Teil davon. **Zirkuläre Materialien** haben wir in Kapitel 7 kennengelernt. Materialien in Lieferketten können wir in primäre und sekundäre Materialien einteilen. Primäre Materialien werden direkt aus der Erde extrahiert. Sekundäre Materialien wurden bereits verwendet, was Ziel sein sollte. Zirkuläre Materialien sind zudem stets verfügbar, wachsen mit minimalen negativen Einflüssen (Biomaterialien) nach und verbessern die Umwelt (regenerativ). Ziel ist es auch, die Anzahl der Materialien zu reduzieren, die wir benötigen, und die Materialien, die wir nutzen, innerhalb der Wertschöpfungs- und Lieferketten zirkulieren zu lassen. Denn jedes Mal, wenn wir ein Material wiederverwenden, anstatt es dem Planeten zu entnehmen, sparen wir Zeit, Geld, Energie, Ressourcen und Emissionen.

Zirkuläre Lieferketten (engl. Circular Supply Chains) sind vergleichbar mit Ökosystemen in der Natur, die vernetzt miteinander sind und zusammenarbeiten. Genau diese Art der Vernetzung wollen wir auch für unsere Lieferketten, um Materialien auszutauschen und wiederzuverwenden. Diese Vernetzung wird auch u. a. »Circular Value Network« genannt. Zirkuläre Lieferketten nutzen sekundäre Materialien und erneuerbare Inputs und basieren auf der Wiederverwendung von Ressourcen.

Circular Supply Chains kreieren Wert und verschwenden diesen nicht. Dies geschieht vor allem durch Reduktion, Substitution und Steigerung der Ressourceneffizienz. Etablierte Ansätze wie Lean Manufacturing helfen, kontinuierlich Verschwendung im Fertigungsprozess zu reduzieren.

Einen weiteren Ansatz haben wir bereits kennengelernt: Industrielle Symbiose, bei dem der Abfall des einen die Ressource des anderen ist. Dies kann innerhalb von Unternehmen geschehen oder unternehmensübergreifend. In jedem Fall sind unterschiedlichste Partnerunternehmen in zirkulären Lieferketten involviert, wie z. B. Rohstofflieferant, Hersteller, Distributor, Händler, Müllabnehmer und Recycler, sowie Remanufacturer. Abbildung 33 zeigt einige der Aktivitäten der Zusammenarbeit und Formen der Wiederverwendung innerhalb zirkulärer Lieferketten.

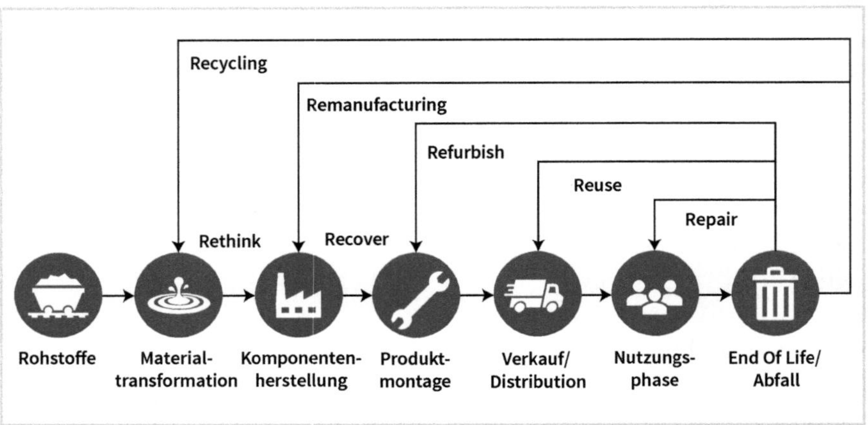

Abb. 33: Linear vs. Circular Supply Chain (Quelle: eigene Darstellung, in Anlehnung an Holocene, 2021)

Die Herausforderungen dabei sind jedoch noch, dass Unternehmen selten wirklich unternehmensübergreifend vernetzt zusammenarbeiten (vgl. Dull, 2021, S. 32).

Die Vielfalt an Akteuren lässt klassische Lieferketten in den vergangenen Jahren mehr und mehr **Closed-Loop-Supply Chains,** geschlossene Liefernetzwerke evolvieren. Die Nachfrage von Closed-Loop-Supply Chains-Netzwerken, also Liefernetzwerke mit geschlossenen Kreisläufen, steigt (vgl. Starc, 2021, S. 10). Dabei ist wichtig zu wissen wie viele Werke und Partner involviert sind, und mit welcher Nachfrage die Gesamtkosten verringert werden können. Verfügbarkeit ist das A und O funktionierender Liefernetzwerke. Deswegen spiel auch hier das Konzept der industriellen Symbiose eine so wichtige Rolle, da die Abfälle des einen die sichere Ressource des anderen sind. Weiterhin ist in der Designentscheidung wichtig, zu definieren wann ein Hersteller gebrauchte Ware zurückholt, also mit welchen Produkten dies Sinn macht oder wo gar notwendig, wie z. B. bei Elektroschrott und aufgrund von Regularien wie Waste of Electrical and Electronic Equipment. Im Business-To-Consumer Bereich ist es für Hersteller von Vorteil, Sammel- und Rücknahmesysteme bei Einzelhändlern zu etablieren. Das spart dem Hersteller Investitionskosten bzgl. der Aufwände für die Sammlung. Auch der Einzelhändler ist incentiviert die Marge auf den Produkten zu verringern, da dieser diese Verringerung durch die Rücknahmezahlungen der gebrauchten Produkte kompensieren kann (vgl. Starc, 2021, S. 10).

Die **Rücknahmelogistik** (engl. Reverse Logistics), eingebettet in die **Reverse Supply Chain** als Teil der Closed-Loop-Supply Chain, spielt eine enorm wichtige Rolle für zirkuläre Lieferketten. Anstatt zurückgegebene Produkte zu verschrotten, versuchen Organisationen in dieser Phase, einen Teil des verlorenen Wertes durch Wiederverwendung zurückzugewinnen (s. Abb. 34). Dadurch kann eine Kostenstelle zum einen ein profitables Geschäft werden, zum anderen tragen Unternehmen so aktiv zur Reduzierung von Verschwendung bei. Produkte werden zum Hersteller zurückgeführt, wo diese dann mit den Reuse-Strategien und u.a. Repair, Refurbishment und Remanufacturing wieder aufbereitet werden und in den Kreislauf zurückgeführt werden können. Eine Herausforderung ist jedoch, dass Geschäftsprozesse und digitale Systeme noch nicht für die rückwärtsgerichteten Prozesse optimiert sind. So beginnt die Wertschöpfung nicht beim Kauf von neuen Rohstoffen, sondern zirkulärer Materialien, was bedeuten kann, dass der Prozess mit der Rücknahme von Produkten als neue Ressource startet. Wenn der Hersteller ein Produkt von Kunden zurück erhält, was dessen Eigentum ist, ist zunächst die Frage, ab wann das Produkt Eigentum des Herstellers ist und inwiefern der Hersteller dem eigentlichen Kunden finanziell entgegenkommen muss (Reverse Finance). Stand heute gibt es hier keine konkreten gesetzlichen Richtlinien hierfür. Kunststoffe müssen in chemischen Verfahren in sogenannte Rezyklate, wiederverwertete Kunststoffe aus Polyethylen (PE), Polypropylen (PP) oder Polyethylenenterephtalat (PET) getrennt werden. Konfigurierte Produkte müssen zunächst sortiert und in einem Demontageverfahren getrennt werden. Das ist die Voraussetzung, damit diese inspiziert werden können und der Zustand der einzelnen Komponenten getestet werden kann. Dies ist wichtig, um zu definieren, inwiefern eine Komponente direkt wiederverwendet werden kann oder vor dem darauffolgenden »Verheiraten« der Teile, der Montage gebrauchter Teile und Neuteile, aufbereitet werden muss. Teile, die nicht selbst wiederaufbereitet werden können, werden dem Recycler übergeben.

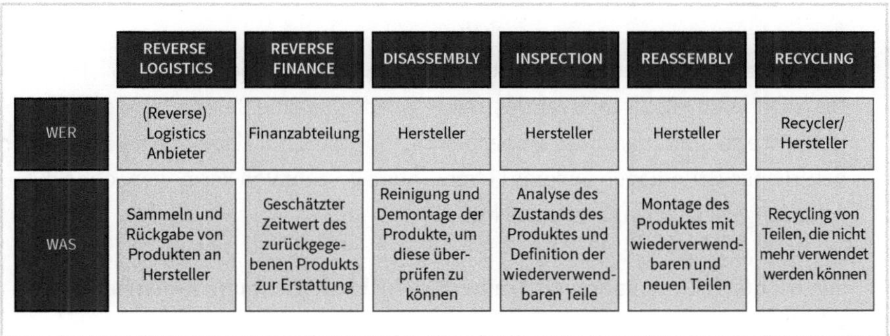

	REVERSE LOGISTICS	REVERSE FINANCE	DISASSEMBLY	INSPECTION	REASSEMBLY	RECYCLING
WER	(Reverse) Logistics Anbieter	Finanzabteilung	Hersteller	Hersteller	Hersteller	Recycler/ Hersteller
WAS	Sammeln und Rückgabe von Produkten an Hersteller	Geschätzter Zeitwert des zurückgegebenen Produkts zur Erstattung	Reinigung und Demontage der Produkte, um diese überprüfen zu können	Analyse des Zustands des Produktes und Definition der wiederverwendbaren Teile	Montage des Produktes mit wiederverwendbaren und neuen Teilen	Recycling von Teilen, die nicht mehr verwendet werden können

Abb. 34: Reverse Supply and Value Chain konfigurierte Produkte (Quelle: eigene Darstellung, in Anlehnung an Holocene, 2021)

Zusammenfassend lässt sich sagen, dass es bei zirkulären Lieferketten stets darum gehen sollte, dass wir den größtmöglichen Wert hinzufügen können. In zirkulären Lieferketten arbeiten Unternehmen mit Lieferanten und Einzelhändlern zusammen, um umweltfreundliche Rohstoffe und Komponenten zu entwickeln, zu nutzen, auszutauschen und damit Abfall zu reduzieren. Dies führt ebenso dazu, dass Kosten eingespart werden oder neue Umsatzkanäle durch Neugründungen oder Ausgründungen erfolgen.

Im Gespräch mit Jochen Moesslein (CEO Polysecure GmbH)

Jochen Moesslein hat an der Stanford University und an den Universitäten Stuttgart, Konstanz und Kiel Physik und Wirtschaftswissenschaften studiert und geforscht und in beiden Fächern ein Diplomabschluss erworben.

Im Laufe seines Lebens hat Jochen Moesslein mehrere Unternehmen gegründet, geleitet und in sie investiert, darunter einen Hersteller und Installateur von Solarkollektoren, einen Hersteller von Biomassebrennstoffen, einen eCommerce-Softwareentwickler und ein innovatives Medizintechnikunternehmen. Die wichtigsten Transaktionen waren der Börsengang eines BioTech-Unternehmens (BioTissue AG), der Trade Sale eines Dentalimplantate-Herstellers (Camlog AG an Henry Schein) und der Trade Sale eines innovativen Medizintechnik-Unternehmens.

Gemeinsam mit einer deutschen Unternehmerfamilie gründete Jochen Moesslein 2009 Polysecure. Seine Vision ist es auch hier, durch starke technologische Innovation bestimmte Herausforderungen auf dem Weg zu einer nachhaltigeren und kreislauforientierten Wirtschaft zu lösen.

Was bedeutet für Sie Nachhaltigkeit als Innovationstreiber?
Mit Nachhaltigkeit als Innovationstreiber würde man alle Geschäftsmodelle und -prozesse so umbauen, dass sie nachhaltig möglich sind, also ohne Belastung der natürlichen Grundlagen unseres Lebens, ohne Verzehr von Vermögen, ohne die Schaffung sozialer Ungleichgewichte.

Wie wichtig ist Innovation als Treiber für Nachhaltigkeit und Kreislaufwirtschaft?
Enorm wichtig. Ohne technologische Innovation, alleine durch ein besseres Organisieren und Anwenden bestehender Technologien, werden wir nicht zu einer nachhaltigen Wirtschaftsweise kommen. Neue, bessere, effiziente, nachhaltigere Technologien waren schon beim Umbau der Energiewirtschaft entscheidend. Denken wir an die Photovoltaik. Wo würden wir stehen, wenn sich keiner um die Entwicklung dieser neuen Energietechnologie gekümmert hätte. Die EVUs und Ölunternehmen haben 30 Jahre lang nur blockiert und mit falschen Argumenten gearbeitet. In der Kreislaufwirtschaft ist die Situation vergleichbar. Die jetzige Sortiertechnologie für Kunststoffe ist ausgereizt. Dennoch erreichen wir selbst in Europa nicht mal eine Recyclingquote von 20 Prozent.

Inwieweit spiegelt sich dies in Ihrem(n) Geschäftsmodell(en) wider?
Unser gesamtes Geschäftsmodell ist darauf ausgerichtet, technische Innovationen zu entwickeln und zu vermarkten, die dort ansetzen, wo großer Verbesserungsbedarf besteht. Daher haben wir mit SORT4CIRCLE® eine wesentlich bessere Sortiertechnologie als Stand der Technik entwickelt. Wird sie umgesetzt, können wir die Recyclingquote von unter 20 Prozent auch für Kunststoffe auf ein Niveau von 70 Prozent bringen, und zwar überwiegend über das CO_2-effiziente mechanische Recycling. Besseres Sortieren, also Ordnung schaffen, ermöglicht CO_2-effiziente Aufbereitung. Unsere Prozesskette erzeugt rund 0,3 kg CO_2eq pro kg Rezyklat. Das Chemische Recycling (Pyrolyse) liegt um einen Faktor 10 höher! Ich brauche da nicht lange nachdenken, welche Technologie in Zeiten des Klimawandels mit höchster Priorität umgesetzt werden muss. Dennoch lobbyiert die chemische Industrie nur fürs chemische Recycling und die Politik lässt sich vereinnahmen. Es ist ein Kampf David gegen Goliath.

Inwiefern spielen Technologien in diesem Zusammenhang eine Rolle?
Neue Technologien bringen die entscheidenden Verbesserungen. Wenn man Kreislaufwirtschaft durch bessere Organisation wirtschaftlich erreichen könnte, gäbe es sie längst. Das wurde schon in den letzten zehn Jahren mit mäßigem Erfolg versucht, während die Industrie praktisch kein Geld in neue Technologien investiert hat. Die Zirkularität der Kunststoffe hat laut Circularity Gap Report sogar abgenommen. Es sollte jetzt jedem nach verlorenen 10 Jahren klar sein, dass wir technologische Innovationen umsetzen müssen. Die Reallabor-Initiative der Bundesregierung kann eine gute Unterstützung für diesen Weg sein, obgleich ich eigentlich die etablierte Industrie in der Hauptverantwortung sehe, Nachhaltigkeit und Kreislaufwirtschaft viel schneller umzusetzen.

Gibt es Beispiele für Innovationen in Ihrem Unternehmen, in denen Nachhaltigkeit oder Kreislaufwirtschaft der klare Treiber war/ist?
Praktisch alles bei Polysecure ist auf nachhaltige Innovationen für die Kreislaufwirtschaft ausgerichtet. Wir haben das Tracer-Based-Sorting und die dafür erforderlichen Fluoreszenzmarker entwickelt. Unser Pilotkunde war hier Rehau. Die Ergebnisse haben gezeigt, dass man so jede Kunststofffraktion erkennen und somit die Limitationen der NIR-Technologie überwinden kann. Wir haben parallel die neue, einstufige Sortiertechnologie SORT4CRICLE® entwickelt. Sortierversuche zeigen jetzt, dass man so für alle Kunststoffströme auf Sortierausbeuten größer 90 Prozent und Reinheiten der sortierten Fraktionen größer 99 Prozent kommen kann, was mit der stufenweisen Sortierung durch NIR-Sorter mit Druckluft bei weitem nicht erreicht wird. Treiber ist bei uns aber auch Wirtschaftlichkeit. SORT4CIRCLE® wird nicht teurer sein als die bestehende stufenweise Sortierung, aber wesentlich mehr Optionen und Qualität bringen. Nachhaltige

Technologie kann sich im Kapitalismus nur durchsetzen, wenn sie durch Innovation höhere Kosten vermeidet.

Zusätzlich haben wir zur Verfolgung individueller Produkte die TrackByStars®-Technologie entwickelt. Röchling ist hier unser Pilotkunde. Meine große Vision ist die Kombination von SORT4CIRCLE® und TrackByStars®. So könnte die gesamte Kunststoffindustrie auf eine Recyclingquote von 70 Prozent kommen und gleichzeitig das sichere Verfolgen individueller Produkte ermöglichen. Eigentlich könnte viel gehen, wenn sich die Industrie bewegen würde...

Inwiefern sind Kooperationen essenziell, um Kreislaufwirtschaft in den bestehenden Geschäfts- und Innovationsprozessen zu verankern?
Ich würde das mit den Kooperationen nicht so hoch aufhängen. Zu viele Kooperationen können auch den Innovationsprozess bremsen. Natürlich muss man eine Innovation auf Marktfähigkeit und Umsetzbarkeit ausrichten und die Machbarkeit im Rahmen von Kooperationen zeigen. Wenn die Entwicklungsergebnisse aber da sind, dann sollten Industrieunternehmen primär entscheiden und umsetzen. Oft werden dann jahrelange Kooperationen platziert, auch um die Innovationsentscheidung hinauszuzögern. Wie gesagt: Die Zirkularität hat bei Kunststoffen in den letzten Jahren abgenommen!

Gibt es konkrete Beispiele für erfolgreiche Kooperationen im Hinblick auf Zusammenarbeiten zwischen Start-ups und Corporates?
Unsere Kooperationen mit Rehau, Renolit, Röchling, Zeiss und Evonik sind und waren sehr relevant. Evonik hat uns u.a. entscheidend geholfen, als erster die Compliance von anorganischen Fluoreszenzmarkern mit den Bestimmungen für Lebensmittelkontakt in Europa und den USA zu erreichen. Das ist ein Meilenstein. Mit Zeiss entwickeln wir Hand in Hand die Detektionstechnologie für unseren kombinierten Detektor. Ein großer Stakeholder hat uns vor kurzem 200 Kunststoffmuster gegeben. Wir haben alle 200 Muster zu 100 Prozent korrekt erkannt. Das sind schon relevante Alleinstellungen, die durch die strategische Kooperation mit Evonik und Zeiss erreicht wurden.

Inwiefern ist Messbarkeit wichtig, um Kreislaufwirtschaft und Nachhaltigkeit voranzutreiben?
Gute Messbarkeit ist sowohl beim Erkennen und Sortieren von Materialien als auch beim Identifizieren von Produkten wichtig. Beides zahlt auf die Kreislaufführung von Materialien und Produkten ein. Polysecure hat mit der POLTAG®-Technologie auch eine innovative Technologie zur Verfolgung von Materialien. Hier ermöglicht die Messbarkeit durch Tandem-Massenspektroskopie, dass viele Millionen unterschiedliche POLTAG®-Materialcodes erzeugt und gemessen werden können. Dadurch kann die große Vielfalt von Materialien in unseren Industrien

individuell verfolgt werden, wodurch z. B. das Lieferketten-Gesetz besser bzw. glaubwürdiger umgesetzt werden könnte. Hier sehe ich die direkte Verbindung zwischen Messbarkeit und Nachhaltigkeit.

Welche Herausforderungen gibt es noch zu meistern?
Die größte Herausforderung der Kreislaufwirtschaft besteht in der erforderlichen Abstimmung der Stakeholder im Kreislaufprozess, aber auch innerhalb eines Kreislaufabschnitts. An sich muss man z. B. Sortiermerkmale und Rezyklat-Qualitäten untereinander abstimmen, was realistischerweise aufgrund der Wettbewerbssituationen nicht passieren wird.

SORT4CIRCLE® ist die erste wirklich technologieoffene Sortiertechnologie und löst daher als einzige Technologie schon mal das Erfordernis nach Abstimmung von Sortiermerkmalen, indem wir in unserem kombinierten Detektor für jedes Objekt sukzessive jede sinnvolle Messtechnik anwenden und auswerten, also NIR, Objekterkennung (AI), MIR (schwarze Kunststoffe), Farbe, Tracer und ggf. Wassermarken.

Welchen Tipp geben Sie produzierenden Unternehmen bei der Gestaltung nachhaltiger und zirkulärer Geschäftsmodelle?
Gute Frage. Zuerst sollte man als erstes konsequent Design-for-Recycling (D4R) umsetzen, sprich, alle Produkte so designen, dass sie am Nutzungsende zunächst in einem Detektions- bzw. Sortierprozess verlässlich erkannt werden können.

Ebenso wichtig ist es, dass die Materialien er Produkte mit maximaler Quote wieder einsetzbar sind. Hierfür ist es hilfreich, wenn Produkte möglichst aus monolithischen Materialkomponenten bestehen. Wenn unterschiedliche Materialien miteinander verbunden oder verklebt sein müssen, dann ist es wichtig, dass es eine effiziente Trenntechnik gibt, mit der die Materialien wieder in monolithische Materialien getrennt werden können. Nach einer guten Identifikation und Sortierung, könnten diese zusammengesetzten Produkte dann gezielt aufgetrennt werden.

Für zirkuläre Geschäftsmodelle ist wichtig, dass der Verbleib von Produkten am Nutzungsende geeignet geklärt ist. Ideal wäre, wenn die Inverkehrbringer am Nutzungsende Zugriff auf Ihre Produkte hätten. Waschmaschinen z. B. gehen am Nutzungsende zurück an den Handel. Die Hersteller haben keinen gesicherten Zugriff und sind daher nicht motiviert, Maßnahmen für die Rückgewinnung von Materialien aus ihren Produkten umzusetzen. Hier muss der Gesetzgeber dringend und klar handeln, sonst kommen wir nicht voran.

Unternehmensbeschreibung

Die Polysecure GmbH ist ein interdisziplinäres Technologieunternehmen. Es entwickelt und vermarktet Technologien für das bessere Sortieren von Kunststoffen (SORT4CIRCLE®), für das sichere individuelle Verfolgen von Produkten (TrackByStars®), für das mobile Authentifizieren von Produkten (BRANDPROOF®) und das molekulare Verfolgen von Materialien (POLTAG®). Basis unserer Innovationen ist unser interdisziplinäres Team und eine sinnvolle Kooperation mit strategischen Partnern wie der Carl Zeiss AG, Evonik AG und dem Karlsruhe Institut of Technology (KIT). Ferner wird Polysecure von einem Industriebeirat mit zahlreichen hochrangigen Vertretern aus Industrie, Politik und Wissenschaft begleitet.

Zusammenfassung

Entsorgte Produkte sind häufig noch gebrauchsfähige Waren, die repariert, aufbereitet und wiederverwendet werden können, aber oft vorzeitig weggeworfen werden, was jährlich ca. 35 Mio. Tonnen Abfall, 30 Mio. Tonnen verschwendeter Ressourcen und 261 Mio. Tonnen Treibhausgasemissionen in der EU zur Folge hat. Die komplette Schließung von Stoffkreisläufen durch die Nutzung von Abfällen als Ressource in Deutschland steht bisher noch ganz am Anfang. Abfälle werden in den seltensten Fällen als Ressource gesehen und Recycling zu oft als Allheilmittel. Um Stoffkreisläufe zu schließen, müssen Schritt für Schritt lineare Systeme und Prozesse kreislauffähig gemacht werden. Dabei ist es essenziell, anhand von Prozess-, Wert-- und Abfallstromanalysen zu identifizieren, wo Handlungsbedarf besteht und Potenziale zirkulärer Prozesse noch nicht ausgeschöpft sind.

Die meisten Großkonzerne motivieren oder zwingen gar deren Zulieferer zum Umweltschutz und Sicherstellung nachhaltiger und Compliance konformen Lieferketten durch Gesetze wie das Lieferkettensorgfaltspflichtengesetz (LkSG) oder Standards wie EcoVadis, einem der weltweit größten Nachhaltigkeitsrating für Unternehmen und ESG-Compliance in der Wertschöpfungskette.

Auch an dieser Stelle können Normen und Standards dazu beitragen, schrittweise eine Transformation von Unternehmensprozessen und Netzwerken kooperierender Unternehmen hin zu einem höheren Grad an Zirkularität in Gang zu setzen. Anfang 2023 publizierten DIN, DKE und VDI die Normungsroadmap Circular Economy. Diese schafft einen Überblick über Anforderungen und Herausforderungen für sieben Schwerpunktthemen und formuliert konkrete Handlungsbedarfe für zukünftige Normen und Standards in der Circular Economy.

Im Laufe der Zeit haben sich die »R-Strategien« der Kreislaufwirtschaft als Standard etabliert. Sobald das Potenzial der klassischen R-Strategien, die Produktlebenszyklen durch z. B. Reparatur, Refurbishment und Remanufacturing etablieren, ausgeschöpft wurde, rückt die Entwicklung zukunftsweisender und innovativer Geschäftsmodelle in den Fokus von Service-Verantwortlichen. Die heute erfolgreichen Serviceunternehmen stehen bereits an diesem Punkt und treiben ihre Serviceinnovationen im Sinne des Megatrends Servitization systematisch voran.

Im Mittelpunkt des Aufbaus einer nachhaltigen Lieferkette stehen betriebliche Veränderungen und Innovationen, die zu mehr Energieeffizienz führen und die Abhängigkeit von

Unternehmen von fossilen Brennstoffen verringern. Kreislaufwirtschaft besteht aus unterschiedlichen Komponenten. Zirkuläre Lieferketten sind ein Teil davon sind vergleichbar mit Ökosystemen in der Natur, die vernetzt miteinander sind und zusammenarbeiten. Zirkuläre Lieferketten kreieren Wert und verschwenden diesen nicht. Industrielle Symbiose sorgt dafür, dass sie Abfälle des einen die Ressource des anderen werden. Rücknahmelogistik als Teil der Closed-Loop-Supply Chain, spielt eine enorm wichtige Rolle für zirkuläre Lieferketten. Anstatt zurückgegebene Produkte zu verschrotten, versuchen Organisationen in dieser Phase, einen Teil des verlorenen Wertes durch Wiederverwendung zurückzugewinnen.

9 »Performance« – Wie Nachhaltigkeit die Performance von Unternehmen fördern kann

The next 1,000 unicorns [...] they'll be sustainable, scalable innovators – startups that help the world decarbonize and make the energy transition affordable for all consumers.
Larry Fink, 2022

9.1 Sustainability als Performancebooster für wirtschaftlichen Erfolg

Der globale Markt für grüne Technologie und Nachhaltigkeit soll laut statista bis 2030 einen Höchstwert von fast 62 Milliarden US-Dollar erreichen und von 2023 bis 2030 mit einer durchschnittlichen jährlichen Wachstumsrate von 20,8 Prozent ansteigen (vgl. Laricchia, 2023). Im Jahr 2022 belief sich die Größe dieses Marktes auf rund 13,76 Milliarden US-Dollar. Das Potenzial ist groß.

Gleichzeitig sehen jedoch noch immer viele Geschäftsführende und CFOs in Nachhaltigkeitsinitiativen eher einen Kostenfaktor (vgl. Whelan & Douglas, 2021). In der Praxis hört man häufig jedoch noch Floskeln wie »Nachhaltigkeit kostet« oder »Nachhaltigkeit schmälert die Profitabilität.« Mit diesen pauschalen Aussagen werden wir in unserer Arbeit regelmäßig konfrontiert. Bedenken, dass die Entwicklung nachhaltiger und zirkulärer zu Performanceeinbußen und Benachteiligungen gegenüber Konkurrenten in Entwicklungsländern führt, die dies nicht tun; Sorgen, dass nachhaltige Fertigung hohe Investitionen in neue Anlagen, Maschinen, Geräte, Infrastruktur und Prozesse erfordern und Befürchtung, dass Kunden während einer Rezession nicht für umweltfreundliche Produkte bezahlen (vgl. Nidumolu et al., 2009), sondern die günstige Variante wählen.

Es überrascht nicht, dass sich der Kampf zur Rettung des Planeten zu einem offenen Kampf zwischen Regierungen und Unternehmen, zwischen Unternehmen und Verbraucheraktivisten und manchmal auch zwischen Verbraucheraktivisten und Regierungen entwickelt hat (vgl. Nidumolu et al., 2009).

Das macht es Unternehmen schwerer, finanzielle Mittel dafür freizugeben. Wie schaffen wir es also, hier für ein Umdenken zu sorgen?

Indem wir die gleiche Sprache sprechen wie der Geschäftsführer oder CFO (vgl. Whelan & Douglas, 2021). Und da wird nun einmal in den meisten Fällen finanzielle Kennzahlen verwendet. Wirtschaftlichkeit ist eben nach wie vor für das Überleben und den Erfolg von Unternehmen essenziell. Die Frage, die wir uns heute jedoch stellen müssen, lautet: Wie können wir Wirtschaftlichkeit mit maximalem Impact kombinieren?

Laut Forbes ist einer der häufigsten Mythen über Nachhaltigkeit die Assoziation mit höheren Kosten (vgl. Tan, 2022). Dabei ist Nachhaltigkeit essenziell für die Geschäftskontinuität, ein wichtiger Wettbewerbsvorteil sowie Kunden- und Mitarbeiterloyalitätsfaktor.

Wenn ein Unternehmen Nachhaltigkeit und Kreislaufwirtschaft in seine Geschäftsmodelle integriert, senkt dies nicht nur die Kosten, sondern schafft auch einen Weg, Umsätze zu steigern oder gar neue Umsatzkanäle zu öffnen, neue Märkte und gleichgesinnte Partner anzuziehen, mit denen gemeinsam neue Möglichkeiten und gar Innovationen ko-kreiert werden können.

Untersuchungen, wie sie z. B. in einem im Harvard Business Manager veröffentlichten Artikel (04/2021) beschrieben wurden, legen nahe, dass sich hinter nichtfinanziellen KPIs, wie CO_2-Emissionen, nachhaltigkeitsbezogene Einsparungen verbergen können, die zusätzliche Einnahmequellen in Höhe von Hunderten Millionen US-Dollar darstellen können.

Doch warum ist die Kluft in der Argumentation zwischen CFOs und CSOs so groß? Während Finanzverantwortliche die Kennzahlen EBIT (Earnings before Interest and Taxes), also das operative Ergebnis, und ROI (Return on Investment), die Kapitalrendite, im Fokus haben, arbeiten Nachhaltigkeitsexperten mit Kennzahlen wie Emissionsreduktion, Abwasserrecycling, benutzte Fläche etc. Erschwerend kommt hinzu, dass zwar nun sowohl Nachhaltigkeits- als auch Finanzkennzahlen im Reporting verankert sind, jedoch in der Regel getrennt ausgewiesen werden – intern ebenso wie extern.

Fakt ist: Nachhaltiges Wirtschaften trägt zu finanziellem Erfolg bei. Diverse Analysetools, wie z. B. das Analysewerkzeug »Return on Sustainability Investment« (ROSI) der New York University (NYU) Stern School of Business hilft, den finanziellen Wert von Nachhaltigkeitsstrategien zu bestimmen. Für Unternehmensführungen fördert ROSI eine bessere Entscheidungsbasis – in sozialer, ökologischer und finanzieller Hinsicht –, indem es Nachhaltigkeit den Kern der Geschäftsmodelle und Buchhaltung einbettet und das gesamte Spektrum an Kosten und Nutzen, inklusive immaterieller Werte, quantifiziert.

Für Anleger verbessert ROSI Entscheidungsfindung, Bewertung und Kommunikation – durch die Aufbereitung und ein besseres Verständnis von ESG-Daten, durch die

Beurteilung, wo relativer Wert in Unternehmensstrategien und -investitionen besteht, und durch eine bessere Integration, Messung und Reporting über die durch ESG-Strategien getriebene finanzielle Leistung. ROSI-Berechnungen in der Auto-, Pharma- und Agrarbranche haben gezeigt, dass Nachhaltigkeit Einsparungen im dreistelligen Millionen-Dollar-Bereich bringen kann (Return on Sustainability Investment, o. D.).

Um herauszufinden, wo die größten Potenziale liegen, kann auch eine Wesentlichkeitsanalyse Hilfe leisten. Diese umfasst eine Untersuchung der wesentlichen Nachhaltigkeitsaspekte, ökologisch, ökonomisch und gesellschaftlich, im besten Fall in Zusammenarbeit mit Stakeholdern, um die Mehrwerte und Bedürfnisse der Kunden und Partnern direkt einfließen zu lassen. Gleiches gilt für die in Kapitel 7 erläuterte Wert- und Abfallstromanalysen und deren Resultate. Durch diese Analysen können Verschwendungen, Potenziale der Wiederverwendung aufgedeckt und der Austausch mit Partnern evaluiert werden.

Ein weiterer wichtiger Faktor in Bezug auf die Unternehmensperformance ist das Thema Fachkräfte. Laut der Umfrage von Deloitte zum Thema »Global Gen Z & Millennial« 2022 waren zum Zeitpunkt der Befragung 70 Prozent der Millennials (Personen, die zwischen Januar 1983 und Dezember 1994 geboren wurden) in Vollzeit berufstätig. Gleichzeitig traf dies auf 35 Prozent der zur Generation Z (Personen, die zwischen Januar 1995 und Dezember 2003 geboren wurden) gehörenden zu (vgl. Pawlik, 2023). Es gibt eine starke Affinität zwischen Millennials, Gen-Z und Nachhaltigkeit. Mit Blick auf die Talenteknappheit ist somit Nachhaltigkeit auch ein wichtiger Hebel zur Anziehung von neuen Fachkräften am Arbeitsmarkt.

Der Aufbau von Kooperationen und Partnerschaften für nachhaltige und zirkuläre Geschäftsmodelle kann zu neuen Wachstums- und Umsatzpotenzialen führen. Ein Beispiel aus dem Jahr 2023 ist das Joint Venture für nachhaltige Seifenspender-Pumpen der beiden Hersteller Hana und Alpla, die eine recycelbare Monomaterial-Lösungen für Pumpen für Seifen-, Lotion- und Shampoospender forcieren (vgl. Joint-Venture für nachhaltige Seifenspender-Pumpen, o. D.). Auch der Abfallwirtschaftsbetrieb Remondis und das Bekleidungsunternehmen H&M haben bereits ein Joint Venture zum Sammeln, Sortieren und Wiederverkauf bereits gebrauchter Kleidungsstücke.

Doch nicht alles, was nach Nachhaltigkeit aussieht, ist auch tatsächlich nachhaltig. Es liegt in der Verantwortung von Unternehmen, den Impact der eigenen Geschäftsmodelle zu messen, evaluieren und faktenbasiert zu steuern.

9.2 Impact Management und Evaluierung

Der bekannte Ökonom und Managementvordenker Peter F. Drucker macht mit seinen Worten klar, wie wichtig Messbarkeit ist. »Was man nicht messen kann, kann man nicht lenken.« (Peter F. Drucker). Im Zusammenhang mit Sustainability gibt es eine Methode, welche die Auswirkung jedes einzelnen auf diesem Planeten zu messen verspricht: Der ökologische Fußabdruck. Dieser zeigt, wie stark Menschen natürliche Systeme belasten, indem der Fußabdruck misst, wie viel Land und Ressourcen der Lebensstil einer Person, einer Organisation oder eines ganzen Landes beansprucht. Derzeit verbraucht der Planet 1,7 Erden. Jedes Jahr haben wir im Juli schon alle für das gesamte Jahr verfügbare Ressourcen unserer Erde verbraucht (vgl. Acaroglu, 2023).

Am Ende zählt nicht, wie viel Geld wir verdient haben, sondern welchen Impact wir kreiert haben. Alle wirtschaftlichen Aktivitäten, wie wir sie kennen, sind dauerhaft eingebettet und abhängig von unserer Umwelt- und Sozialsystemen. Folglich sind Unternehmen, Investoren und Finanzinstitute für ihre finanzielle Leistungsfähigkeit auf die Funktionsfähigkeit und Stabilität der Natur und Sozialsystemen angewiesen.

Impact definiert im Wesentlichen positive und negative Veränderungen sowie langfristige Auswirkungen, die beabsichtigt oder unbeabsichtigt auf Menschen und den Planeten eintreten können (vgl. Impact Management Platform, 2023).

Impact bezeichnet die Auswirkungen, die Menschen und Organisationen auf Gesellschaft und Umwelt haben können (vgl. Impact Management Platform, 2023). Diese Auswirkungen können sowohl positiv als auch negativ sein. Außerdem kann Impact beabsichtigt oder unbeabsichtigt sein (vgl. Firdaus, 2023b).

Ein Ergebnis kann der Zustand der Umwelt oder das Wohlbefinden oder der Wohlstand einer Gesellschaft als Ergebnis der Auswirkung einer bestimmten Handlung sein.

Impact Management zielt darauf ab, sicherzustellen, dass Unternehmen und Organisationen zusätzlich zu finanziellen Zielen auch Ziele verfolgen, die positive Auswirkungen auf Gesellschaft und Umwelt haben. Es ist ein Ansatz, der einen ganzheitlichen Blick auf den ökologischen, ökonomischen und gesellschaftlichen Erfolg einer Organisation wirft und die Bedeutung von Verantwortung und Nachhaltigkeit betont.

Bei Impact Management in Bezug auf Unternehmen, geht es darum, positive sowie negative Auswirkungen eines Unternehmens und seiner Geschäftsmodelle auf die Menschen und den Planeten zu identifizieren, zu verstehen, zu kommunizieren und auf dieser Basis die negativen Einflüsse zu reduzieren sowie die positiven zu stärken (vgl. Firdaus, 2023b).

Um die Nachhaltigkeitsziele zu erreichen, müssen Unternehmen, Regierungen und Investoren ihre Auswirkungen auf Gesellschaft und Natur messen und auf Grundlage der Ergebnisse managen. Auf dieser Basis ist 2018 ein globales Netzwerk an Organisationen entstanden, um Nutzern eine Art Framework an die Hand zu geben, Impact zu managen. Das Impact Management Project ist ein Zusammenschluss von führenden Organisationen wie u.a. dem United Nations Development Program, dem größten UN-Programm; der International Finance Corporation, die Teil der World Bank Group ist; der UN Global Compact sowie der Global Reporting Initiative; dem nicht-finanziellen Reporting Standard, den mehr als 70 Prozent der Unternehmen verwenden; dem Global Impact Investing Network und weiteren renommierten Organisationen (vgl. Global bodies join forces to mainstream Impact Management, 2018). Im Juli 2023 sind auch die International Organization for Standardization (ISO) und die Taskforce on Nature-related Financial Disclosures beigetreten. ISO ist eine unabhängige, nichtstaatliche Organisation, die mit 169 Mitgliedern weltweit internationale Standards entwickelt und veröffentlicht (vgl. ISO, 2023). Die Organisation hat über 521 internationale Standards aus dessen Portfolio identifiziert, welche direkt Klimaschutzmaßnahmen unterstützen. Die Taskforce on Nature-related Financial Disclosures ist eine wissenschaftsbasierte, globale Initiative, deren marktorientiertes Rahmenwerk es Organisationen ermöglicht, Natur und Biodiversität in Entscheidungen zu integrieren (vgl. TNFD, 2023).

Die aus der Zusammenarbeit des Impact Management Project resultierten Normen bieten eine gemeinsame Logik, die Unternehmen und Investoren hilft, ihre Auswirkungen auf Menschen und den Planeten zu verstehen, damit sie das Negative reduzieren und das Positive verstärken können. Diese Normen bilden die Basis der fünf Impact-Dimensionen (s. Abb. 35) (vgl. Firdaus, 2023b).

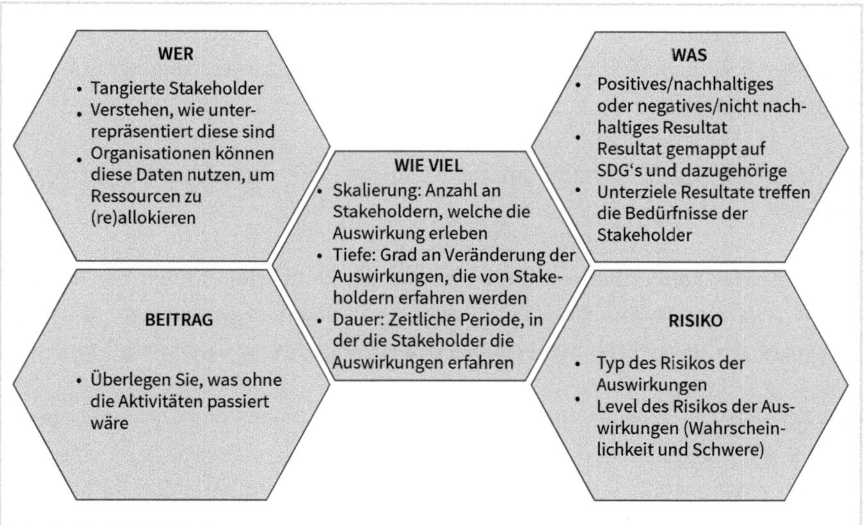

Abb. 35: 5 Dimensionen von Impact (Quelle eigene Darstellung, in Anlehnung an Firdaus, 2023c)

Die Definition »Wer« beschreibt, welche Stakeholder, Personengruppen sowie Umwelt von dem Geschäftsmodell und den davon ausgehenden Aktivitäten betroffen sind. Es geht auch darum, zu verstehen, wie unterversorgt gewisse Stakeholder sind (vgl. Firdaus, 2023d). Dies ist beispielsweise mit Blick auf die Energiekrise ein relevantes Problem in Ländern wie Südafrika. In Projekten mit südafrikanischen Universitäten konnten wir das sogenannte Load Shedding, die Perioden weitverbreiteter landesweiter Stromausfälle am eigenen Leibe spüren. Unternehmen und Investoren können diese Daten nutzen, um Ressourcen an Stakeholdern umzuverteilen, die den größten Bedarf haben oder bei denen wahrscheinlich die größten Veränderungen zu verzeichnen sind.

Bei der Frage nach »Wie viel« geht es darum zu evaluieren, wie bedeutsam die von dem Geschäftsmodell erzielten Ergebnisse in Bezug auf Umfang, Tiefe und Dauer sind (vgl. Firdaus, 2023a).

»Was« sagt uns, zu welchem Ergebnis das Geschäftsmodell beiträgt, ob positiv oder negativ, und wie wichtig das Ergebnis für die Stakeholder ist, die es erleben (vgl. Firdaus, 2023c).

Um den Beitrag des eigenen Geschäftsmodells zu einem sozialen oder ökologischen Ergebnis zu verstehen, müssen Unternehmen darüber nachdenken, was ohne deren Aktivitäten wahrscheinlich passiert wäre. Die Datenkategorien in der Dimension »Beitrag« helfen Unternehmen und Investoren dabei, den Beitrag eines Unternehmens zu den sozialen (Umwelt-)Ergebnissen, die Menschen (Planet) erfahren, im Verhältnis zu dem, was ohnehin wahrscheinlich eingetreten wäre (d.h. dem kontrafaktischen Ergebnis), einzuschätzen (vgl. Firdaus, 2023).

Welchen »Risiken« sind Unternehmen und Investoren ausgesetzt, wenn sie Geschäftsmodelle mit Wirkung erreichen wollen? Wie können sie diese Auswirkungsrisiken bewerten und mindern?

All diese Fragen sind relevant, um Impact zu evaluieren und faktenbasiert zu entscheiden.

Unter **Impact Evaluierung** versteht man die konkrete Beurteilung, wie das Ergebnis der zu bewertenden Handlung die Umwelt betrifft, unabhängig davon, ob diese Auswirkungen der zu bewertenden Aktionen beabsichtigt oder unbeabsichtigt sind.

Eine fundierte Analyse erfordert die kontrafaktische Darstellung (vgl. Morris et al., 2012, S. 6 ff.). Dadurch lässt sich festzustellen, welche Veränderungen an einem gewissen Datenpunkt die vom Modell getroffene Entscheidung verändert hätte, um so zu beurteilen, was die Ergebnisse in der Zukunft gewesen wären, wenn es diese Handlung nicht gegeben hätte. Die Impact Evaluierung dient somit mehreren Zielen der Evaluierung: Lernen, Berichten und faktenbasiertes Handeln.

Impact Evaluation ist besonders wichtig, damit Organisationen besser verstehen, welche Ansätze am effektivsten sind und wie sie ihre Ressourcen am besten einsetzen können, um positive Veränderungen herbeizuführen und auf dieser Basis handeln können. Dies trägt zur faktenbasierten Entscheidungsfindung bei und unterstützt die kontinuierliche Verbesserung von Geschäftsmodellen.

Heutzutage gibt es eine Vielzahl von Methoden, um die Auswirkungen von Unternehmen auf Gesellschaft, Menschen und Natur zu messen und zu bewerten. Wir haben bereits Initiativen wie Impact Management Project und Impact Frontiers (Fünf Dimensionen) vorgestellt. IRIS+ ist ebenso ein allgemein anerkanntes System zur Messung, Evaluierung und Optimierung von Impact das von dem Global Impact Investing Network verwaltet wird. Die Value Balancing Alliance (VBA) ist, wie der Name annehmen lässt, eine Allianz multinationaler Unternehmen, deren Gründungsmitglieder Organisationen wie BASF, Bosch, Deutsche Bank, LafargeHolcim, Novartis, Philipp Morris International, SAP und SK sind und ein gemeinsames Ziel haben: eine Möglichkeit zu schaffen, den Impact der Beiträge von Unternehmen für Gesellschaft, Wirtschaft und Umwelt zu messen und auf dieser Basis zu vergleichen. Der Impact soll eine Kennzahl darstellen, die sich bisher nicht in der Bilanz eines Unternehmens widerspiegelte. VBA übersetzt somit ökologischen und sozialen Impact in vergleichbare Finanzdaten (vgl. Value balancing alliance, o. D.).

Wichtig dabei ist, dass die Messung jedoch nicht nur eine technische Übung ist, sondern eine Integration unterschiedlicher Perspektiven erfordert: kundenorientiert, ökologisch, gesellschaftlich und ökonomisch, mit der Motivation die positive Wirkung zu maximieren. Die Gegebenheiten und Voraussetzungen auf dieser Welt sind jedoch unterschiedlich und somit schwer vergleichbar. Die VBA-Methodik nutzt hierbei monetäre Messgrößen, um Auswirkungen von Geschäftsmodellen individuell zu erkennen, diesen in den jeweiligen lokalen Kontext der Handlung einzuordnen, die Bedeutung und Gewichtung gewisser Nachhaltigkeitsaspekte besser zu verstehen und sie dadurch optimaler in Strategie und Geschäftsmodell zu integrieren (vgl. Value balancing alliance, o. D.-b).

Beispiele gibt es viele im Bereich der Natur, z. B. im Bereich Wasser. Es macht einen Unterschied, ob ein Unternehmen Wasser in einem trockenen Klima, wüstennahen Gebiet oder in einem feuchten Gebiet, bspw. an einem See, verbraucht. Der Wert von Wasser ist nicht einfach eine quantitative Funktion der Anzahl der verbrauchten Liter. Das gilt ebenso für die benutzte Landfläche. Beispiele für Kriterien zeigen wir in Abbildung 36.

Ökologische Ziele	Gesellschaftliche Ziele	Auftraggeberziele (individuell)	Ökonomische Ziele
Netto-Treibhausgas-Fußabdruck	Mitarbeiterrechte und Wohlbefinden (Anzahl, Zeit und Bedeutung)	OEM-Ergebnis, Zeit und Bedeutung	Finanzielle Wesentlichkeit
Biodiversität-KPI's	Menschenrechte	Endkundenergebnis, Zeit und Bedeutung	Rentabilität
Grad der Zirkularität	Auswirkungen auf die Gesellschaft (Anzahl, Zeit und Bedeutung)	Stakeholder KPI's	Auftragseingang
Ziele für LCA	Anti-Korruption	Kundenloyalität	Output
Schwerpunkt: Netto-Negativ-Emissionen	Bildung und Gleichberechtigung	Neugewinnung von Kunden	Cashflow
Beitrag zu SDG 12, 13, 14, 15	SDG contribution: 1, 2, 3, 4, 5, 6, 7, 10, 11	Umsatzwachstum	SDG-Beitrag: 8, 9
…	…	…	…

Abb. 36: Impact Management für nachhaltige Geschäftsmodelle (Quelle: eigene Darstellung, in Anlehnung an Holocene, 2020)

Aufgrund der Vielzahl an Definitionen, Methoden und KPI's ist es nicht Ziel dieses Buches, alle möglichen Vorgehen und Auswirkungen zu erforschen, zu analysieren und in unsere Arbeit einzubeziehen. Ziel ist es, einen Überblick über die Thematik zu verschaffen, um einen Anstoß zu geben, inwiefern der Impact von Geschäftsmodellen gemessen, optimiert und gesteuert werden kann und warum dies wichtig für die Performance des Unternehmens ist.

9.3 Finanzielle Performance in Balance mit Gesellschaft und Natur

Wirtschaftlichkeit ist für das Überleben von Unternehmen notwendig. Die steigende Rohstoffknappheit und Ungleichheit führen jedoch dazu, dass viele Investoren bestrebt sind, sowohl ökonomische als auch ökologische und soziale Erträge zu erzielen. Dies nennt man auch Impact Investing. Dabei geht es darum, Kapital in Unternehmen und Geschäftsmodelle zu investieren, die neben erwarteten Gewinnen auch soziale und ökologische Vorteile bringen (vgl. Addy et al., 2020). Das bedeutet, dass Kapitalgeber zunehmend in Unternehmen investieren, deren Geschäftsmodelle für positiven Impact sorgen und Nachhaltigkeit im Geschäftsmodell integrieren.

Ökologische und gesellschaftliche Ziele sind jedoch nicht der einzige Grund für Kaufentscheidungen von Verbrauchern. Deswegen ist es wichtig, ökonomische und kundenorientierte Ziele bei der Definition nachhaltiger Geschäftsmodelle zu beachten, wenn man echten Impact kreien will. Denn ein nachhaltiges oder zirkuläres Produkt, das nicht gekauft wird, generiert weder Umsatz noch Impact.

Aus der Impact Evaluierung können ökonomische, ökologische, gesellschaftliche und stakeholderzentrierte Ziele übernommen werden, um das Umsatzmodell mehrwertsbasiert zu gestalten. Abbildung 37 zeigt eine Auswahl an Zielen anhand des Remanufacturing Fallbeispiels. So können diese Ziele je nach Branche, Unternehmen und Fallbeispiel variieren.

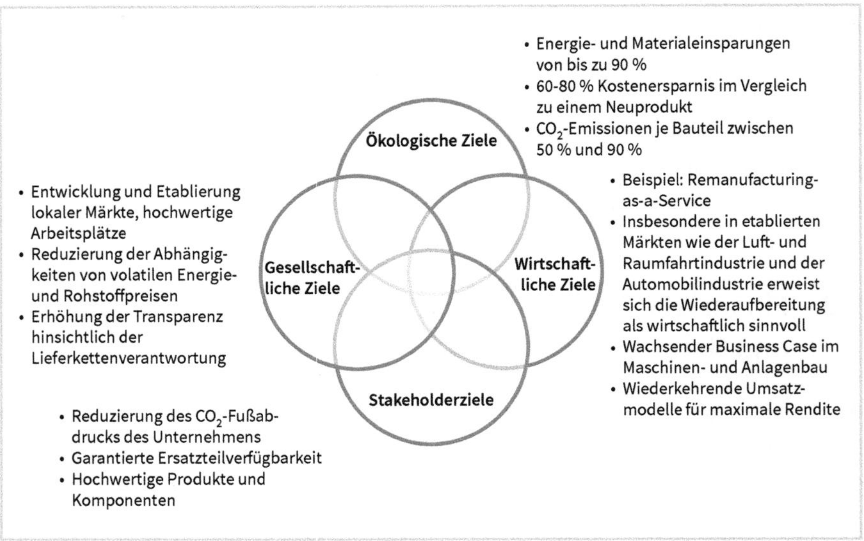

Abb. 37: Ziele für Wachstum in Balance mit Gesellschaft und Natur (Quelle: eigene Darstellung, in Anlehnung an Holocene, 2020)

Stakeholderziele schließen jegliche Ziele des Kunden ein, die diesem Mehrwerte generieren und diesen bei der Erreichung seiner Ziele unterstützen. Sobald ein Kunde einen echten Mehrwert erhält, ist eine Lösung attraktiv und der Kunde ist bereit dafür zu zahlen. Fachlich nennt man dies auch Value-Based-Pricing. Bei der wertorientierten Preisgestaltung handelt es sich um eine Strategie, bei der Preise auf Basis des vom Verbraucher wahrgenommenen Werts eines Produkts oder einer Dienstleistung festgelegt werden (vgl. Bloomenthal, 2023).

Ökologische Ziele beziehen sich meist auf Reduzierung der Treibhausgasemissioen oder den Grad der Zirkularität. Ökologischer Impact ist essenziell, um wirtschaftliches Handeln in Einklang mit der Natur überhaupt möglich zu machen. Gleichzeitig führt Ressourceneffizienz zu Kosteneinsparungen und damit einem Preisvorteil für Kunden, der als Mehrwert im Sinne des Value-Based-Pricing aufgezeigt werden kann.

Ökonomische Ziele umfassen Kennzahlen wie Umsatz, EBIT, Cashflow. Um diese zu erreichen müssen wirtschaftliche Umsatzmodelle definiert werden.

Gesellschaftliche Ziele umfassen bspw. die Sicherstellung verantwortungsbewusster Lieferketten, Wachstum lokaler Märkte, Reduktion von Abhängigkeiten bezüglich volatiler Energie- und Rohstoffmärkte.

Sind diese Ziele einmal definiert geht es darum zu definieren, wie mit einem geplanten Geschäftsmodell konkret Geld verdient werden kann. Abbildung 38 zeigt wie man einfach und pragmatisch die wichtigsten Fragen, die Innovatoren sich stellen müssen, um Geschäftsmodelle zu definieren, die das Potenzial haben wirtschaftlich relevant zu sein.

UMSATZ Welche Erlösmodelle sichern den Cashflow?	**PROFIT** Wie kann die Rentabilität das Geschäftsmodells sicherstellen?
KOSTENTREIBER Welche Kostentreiber gibt es?	**WERTETREIBER** Welcher Mehrwert wird den Kunden geboten?

Abb. 38: Performance: How to capture value (Quelle: eigene Darstellung, in Anlehnung an Holocene, 2020)

Um ein Geschäftsmodell wirtschaftlich zu gestalten, muss klar sein, wie das Werteversprechen an Kunden monetarisiert werden kann. Wie bereits in Kapitel 5 beschrieben, steigt die Nachfrage an nutzungsbasierten, serviceorientierten Dienstleistungen wie z. B. »Pay-per-Use« oder »Product-as-a-Service«. Diese führen zum einen zu wiederkehrenden Umsätzen, was für Anbieter attraktiv ist, zum anderen sind nutzungsorientiere, servicebasierte Geschäftsmodelle oftmals auch umweltfreundlicher, da der Fokus darin liegt, die Nutzungsphase von Produkten zu verlängern. Auch datenbasierte Umsatzmodelle, wie es sie bspw. Geschäftsmodelle wie Predictive Maintenance zulassen, führt zu wiederkehrenden Umsätzen und treiben gleichzeitig ökologische Ziele voran.

»Welche Umsatzmodelle können Cashflow und Profitabilität sicherstellen?« sind essenziell um die (Über)lebensfähigkeit (Viability) des geplanten Geschäftsmodells sicherzustellen. In zahlreichen Workshops haben wir bereits erlebt, dass nach den ersten euphorischen Geschäftsmodellideen, die ersten vier P's (Purpose, People, Products, Processes) sehr umfangreich definiert werden konnten, die Herausforderungen jedoch das fünfte P, die finanzielle Performance, mit sich brachte und mehrfach dazu führte, dass kein wirtschaftlich attraktiver Geschäftsfall kreiert werden konnte. Somit ist es wichtig, stets die 5P's zu durchlaufen, damit man frühzeitig Handlungs- und Anpassungsbedarf im geplanten Geschäftsmodell initiieren kann.

Für die Profitabilität ist es wichtig, die Kostentreiber des geplanten Geschäftsmodells transparent zu machen.

Die Mehrwerte für den Kunden, sowie die positiven Auswirkungen auf den Kunden auf Basis der Impact Evaluierung zu kennen, ist vorteilhaft um mehrwertorientiertes Pricing sowie Verkauf (value-based selling) zu fördern.

Wenn alle 5 P's definiert und grob validiert werden konnten, macht es Sinn das geplante Geschäftsmodell mit allen Einzelheiten in eines der BMCs einzutragen, um die einzelnen Inhalte des Geschäftsmodells auf Vollständigkeit zu prüfen.

Im Gespräch mit Christian Heller (Value Balancing Alliance)

Christian Heller ist CEO der Value Balancing Alliance, Mitglied des Beirats von ESG Exchange, Mitglied der Expertenkommission für Sustainable Governance für Kleinunternehmen und Mittelstand, Vizepräsident des Sustainable Finance Advisory Committee, Mitglied des Practitioner Council sowie im G7 ITF Steering Committee.

Was bedeutet für dich Nachhaltigkeit als Innovationstreiber?
Nachhaltigkeit bedeutet für mich – etwas provokativ- die Spezies Mensch länger auf unserem Planeten zu erhalten. Nachhaltigkeit als Innovationstreiber ist damit nichts anderes, als den großen Herausforderungen unserer Zeit mit technologischen, wirtschaftlich sinnvollen Lösungen zu begegnen. Ganz allgemein sind hierfür ökologische, soziale und wirtschaftliche Prinzipien auszubalancieren bei der Entwicklung neuer Ideen, Technologien, Produkte und Geschäftsmodelle. Ziel muss es sein, langfristigen Erfolg für das Unternehmen und Fortschritt für die Gesellschaft zugleich zu fördern, während Umweltauswirkungen minimiert werden.

Welche Rolle spielt hierbei Impact Management und -Evaluierung?
Viele der bestehenden Berichtsinitiativen konzentrieren sich in erster Linie auf den Unternehmenswert und zielen primär auf Investoren als Hauptempfänger von Informationen ab. Die Zielgruppe hat sicher die notwendige Hebelwirkung für Veränderung, der Unternehmenswert ist jedoch nur eine Seite der Medaille. Die andere, zunehmend relevante Seite sind die Auswirkungen eines Unternehmens und seiner Wertschöpfungskette auf Umwelt und Gesellschaft. Diese zweite Perspektive ist zunehmend relevant für Stakeholder, die über Risiken und Chancen in einem ganzheitlicheren Sinne denken.

Beide Perspektiven – die doppelte Wesentlichkeit – sind von grundlegender Bedeutung um Entscheidungsträger (intern oder extern) mit den Informationen zu versorgen, die sie befähigen, die Auswirkungen ihrer Entscheidungen zu verstehen und zu steuern.

Impact Measurement & Valuation hilft über eine monetäre Bewertung – also die Umwandlung von Messgrößen wie CO_2, Kubikmeter Wasserverbrauch oder Ausfalltage – eine gemeinsame Sprache über unterschiedliche Kriterien hinweg zu entwickeln, sie damit vergleichbar zu machen und in Beziehung zu setzen. Zudem kontextualisiert ein monetärer Wert Nachhaltigkeitsinformationen – sprich Luftverschmutzung wird dort teurer, wo mehr Menschen von Abgasen betroffen sind.

Inwiefern ist die Frage nach Messbarkeit des Impacts von Geschäftsmodellen bereits in Unternehmen angekommen?
Unser aktuelles gesellschaftspolitisches System der globalen Marktwirtschaft fokussiert trotz aller Anstrengungen noch immer auf den finanziellen Gewinn von Handlungen und incentiviert dieses Verhalten. Auswirkungen auf Umwelt und Gesellschaft – negative oder positive Externalitäten – sind dabei oft nicht eingepreist. Diese haben aber de facto einen hohen Einfluss auf die »License to operate« eines Unternehmens in Gesellschaft und gar auf den Unternehmenswert selbst. Daher interessieren sich die Unternehmen zunehmend für diese Auswirkungen und die Möglichkeiten, sie in ihren Strategien, Geschäftsentscheidungen und im Dialog mit den Interessengruppen zu berücksichtigen.

Es gibt zwei Hauptperspektiven auf den »Wertbeitrag«: Die Stakeholder-Perspektive stellt zunächst die positiven und negativen Auswirkungen der Unternehmenstätigkeit auf die Umwelt und – im weiteren Sinne – die Gesellschaft in den Fokus. Dies wird als »Value-to-Society«-Perspektive bezeichnet. Zweitens wird aus finanzieller Sicht betrachtet, wie sich diese Auswirkungen (und Abhängigkeiten) auf die (längerfristige) finanzielle Leistung von Unternehmen auswirken, was als »Value-to-Business«-Perspektive bezeichnet wird. Die beiden Perspektiven sind von Natur aus miteinander verbunden und werden daher weithin als »doppelte Materialität« bezeichnet. Die Value Balancing Alliance bezieht beide Perspektiven methodisch ein – die eine konzentriert sich auf die Auswirkungen (Impact) entlang der gesamten Wertschöpfungskette, die andere auf die Abhängigkeiten (Dependencies) – da sie für das Verständnis der langfristigen Wertschöpfung eines Unternehmens von grundlegender Bedeutung sind.

Wie wirkt sich dies auf das Geschäftsmodell, Strategie und Führung von Unternehmen aus?
Gerade die »Value-to-Society«-Perspektive generiert eine neue Sicht auf den Wertbeitrag des Unternehmens. Die Perspektive des Stakeholders und die Sicht

auf die Wertschöpfungskette insgesamt vervollständigen den Blick auf das Unternehmen – wie beispielsweise der CO_2-Ausstoß entlang der gesamten Wertschöpfungskette oder die Betrachtung, dass Steuern und Gehälter ein positiver Beitrag für die Gesellschaft darstellen und kein reiner Kostenfaktor sind. Unsere Pilotierung im Geschäftsalltag zeigt bereits jetzt, dass unsere Mitglieder ihr Entscheidungsverhalten aufgrund dieser Informationen verändert haben.

Was bedeutet der zunehmende Fokus auf die Messbarkeit von Impact/Nachhaltigkeit für Stakeholder – Partner, Kunden und Mitarbeiter?
Obwohl oder vielleicht gerade weil sich die Unternehmensberichterstattung erheblich weiterentwickelt hat, haben wir derzeit eine sprichwörtliche Buchsta bensuppe von Berichts- und Rahmenwerken. Dies schafft Hindernisse und Herausforderungen für fundierte Anlegerentscheidungen sowie effektive Unternehmenssteuerung und erfordert eine Harmonisierung. Bis heute sind viele der von Unternehmen berichteten Nachhaltigkeitsinformationen nach wie vor schwer zu vergleichen und zu interpretieren. Ein Mangel an einer gemeinsamen Sprache in diesem Bereich und insbesondere auch das Finden der richtigen Balance von aussagekräftigen Informationen scheinen derzeit noch die größten Herausforderungen zu sein. Aus diesem Grund sind ganzheitliche Ansätze, die die Einbettung der Unternehmen in ihren Kontext eine optimale Lösung. Sie bieten und ermöglichen den schwierigen Balanceakt zwischen wirkungsorientierter Unternehmensführung, Risikomanagement und Strategie. Wirkungsmessung und monetäre Bewertung stellt letztlich allen Stakeholdern, insbesondere Finanzmarktakteuren, robuste und entscheidungsrelevante Informationen zur Verfügung, die sie benötigen, um fundierte Entscheidungen zu treffen. Eine solche ganzheitliche Offenlegung der Nachhaltigkeit wird letztendlich zur Harmonisierung der finanziellen Rentabilität und der materiellen Auswirkungen der Investitionen führen.

Gibt es Beispiele für Geschäftsmodellveränderungen oder -innovationen in eurem Unternehmen, in denen Impactevaluierung ein Treiber war?
Unser Ansatz lässt sich flexibel auf allen Ebenen eines Unternehmens anwenden – sei es auf der Unternehmensebene oder bei einzelnen Entscheidungen. Unsere Mitglieder haben ihre Entscheidungen vor allem im Bereich des Lieferkettenmanagements, der Materialitätsanalyse, der Szenarioanalyse und des Risikomanagements angewendet. Aber auch im Bereich der Forschung und Produktinnovation. In vielen Fällen wurden Entscheidungen anders getroffen als bei der Anwendung der klassischen, rein finanziell orientierten Entscheidungsmodelle.

Welche Strukturen und Prozesse (intern/extern) müssen neu gedacht werden, um Impactevaluierung in die bestehenden Geschäfts- und Innovationsprozesse zu verankern?
Die Integration von Impact-Evaluierung in bestehende Geschäfts- und Innovationsprozesse erfordert eine sorgfältige Neugestaltung von internen und externen Strukturen sowie Prozessen. Hierzu zählen z. B. Führung und Unternehmenskultur, Ressourcennutzung, Interdisziplinäre Teams, klare Kennzahlen und Ziele, ein solides Datenmanagement und Datenerfassung, Berichterstattung, Stakeholder-Engagement und vieles mehr.

Die erfolgreiche Integration von Impactevaluierung erfordert eine systematische und ganzheitliche Herangehensweise, bei der die Nachhaltigkeitsziele in die Kernstrategien und -prozesse des Unternehmens eingebettet werden. Dies erfordert Zeit, Engagement auf allen Ebenen und eine klare Verpflichtung zur langfristigen Veränderung – ein klassischer Changemanagement-Prozess.

Welche Ansätze, Kennzahlen etc. sind essenziell, um Impact zu managen und zu messen?
Die Auswahl von Ansätzen und Kennzahlen zur Messung und Bewertung von Auswirkungen auf Umwelt und Gesellschaft hängt von verschiedenen Faktoren ab. Unter anderem von der der Art des Unternehmens, der jeweiligen Industrie, seiner Aktivitäten und Geschäftsmodelle, seiner Ziele und seiner Stakeholder. Wichtig ist immer eine ganzheitliche Messung und Bewertung, entlang der gesamten Wertschöpfungskette und für alle materiellen – ökonomische, soziale und umweltspezifische – Nachhaltigkeitsaspekte.

Welche Herausforderungen gibt es noch zu meistern?
Die Integration von Nachhaltigkeitsaspekten und Wirkungsmessung in Geschäfts- und Innovationsprozesse bringt einige Herausforderungen mit sich. Hierzu zählen vor allem die Datenverfügbarkeit und Datenqualität entlang der Wertschöpfungskette, gerade die Auswirkungen des Produktportfolios. Welchen wahren Wert messen wir Nahrung bei? Welchen Mobilität? Welchen Luxusgütern? Hier ist noch viel methodische Arbeit zu leisten und in der Praxis zu testen.

Wie müssen zukünftige Geschäftsmodelle aufgebaut sein?
Der Erfolg von Geschäftsmodellen wird bis heute vor allem an der finanziellen Leistung eines Unternehmens festgemacht – ausgedrückt im Financial Statement. Wir sind fest davon überzeugt, dass diese Perspektive erweitert werden muss, um den wahren Wertbeitrag eines Unternehmens zu erfassen. Neben das Financial Statement wird in Zukunft ein Impact Statement gesetzt werden, das die Nachhaltigkeitsperformance eines Geschäftsmodells in konkrete Zahlen fast und damit für Stakeholder einfacher zugänglich und vor allem vergleichbar macht.

Unternehmensbeschreibung

Die Value Balancing Alliance ist eine wachsende Non-for-Profit Allianz von aktuell mehr als 25 multinationalen Unternehmen. Das gemeinsame Ziel ist die Entwicklung einer standardisierten Methodik für Impact Measurement und Valuation. Positive and negative Impacts unternehmerischen Handelns werden durch die Methodik transparent gemacht und monetär bewertet. Die Value Balancing Alliance bietet Orientierungshilfen wie diese Impacts in Unternehmenssteuerung und Berichterstattung integriert werden können. Die Mitgliedsunternehmen pilotieren die Methodik, um Machbarkeit, Robustheit und Relevanz abzusichern. Dabei wird die Value Balancing Alliance und ihre Mitglieder von den vier größten Beratungsunternehmen – Deloitte, EY, KPMG und PwC – unterstützt und arbeitet in enger Kooperation mit der International Foundation for Valuing Impacts.

Zusammenfassung

Der globale Markt für grüne Technologie und Nachhaltigkeit soll laut Statista bis 2030 einen Höchstwert von fast 62 Milliarden US-Dollar erreichen und von 2023 bis 2030 mit einer durchschnittlichen jährlichen Wachstumsrate von 20,8 Prozent ansteigen. Entgegen dem weit verbreiteten Mythos, »Nachhaltigkeit kostet nur« trägt nachhaltiges Wirtschaften zu finanziellem Erfolg bei. Verankert ein Unternehmen Nachhaltigkeit und Kreislaufwirtschaft in deren Geschäftsmodelle, senkt dies Kosten, u. a. durch Ressourceneffizienz und schafft neue Wege, Umsätze zu steigern oder gar neue Umsatzkanäle zu öffnen, sowie neue Märkte und gleichgesinnte Partner anzuziehen, mit denen gemeinsam neue Möglichkeiten und gar Innovationen ko-kreiert werden können. Um herauszufinden, wo die größten Potenziale liegen, kann eine Wesentlichkeitsanalyse für Transparenz sorgen, welche ökonomischen Potenziale neben den ökologischen und gesellschaftlichen Potenzialen generiert werden können.

Ein weiterer wichtiger Faktor in Bezug auf die Performance von Unternehmen ist das Thema Stakeholder. Engagierte Mitarbeiter und loyale Kunden sowie Kooperationen und Partnerschaften für nachhaltige und zirkuläre Geschäftsmodelle kann zu neuen Wachstums- und Umsatzpotenzialen führen.

Am Ende zählt nicht, wie viel Geld wir verdient haben, sondern welchen Impact wir kreiert haben. Alle wirtschaftlichen Aktivitäten, wie wir sie kennen, sind dauerhaft eingebettet und abhängig von unserer Umwelt- und Sozialsystemen. Impact Management zielt darauf ab, sicherzustellen, dass Unternehmen und Organisationen zusätzlich zu finanziellen Zielen, auch Ziele verfolgen, die positive Auswirkungen auf Gesellschaft und die Umwelt haben. Es ist ein Ansatz, der einen ganzheitlichen Blick auf den ökologischen, ökonomischen und gesellschaftlichen Erfolg einer Organisation wirft und die Bedeutung von Verantwortung und Nachhaltigkeit betont. Um die Nachhaltigkeitsziele zu erreichen, müssen Unternehmen, Regierungen und Investoren deren Auswirkungen auf Gesellschaft und Natur messen und auf Basis der Ergebnisse managen. Impact Evaluierung ist die konkrete Beurteilung, wie die zu bewertende Handlung in deren Ergebnis die Umwelt betrifft, unabhängig davon, ob diese Auswirkungen der zu bewertenden Aktionen beabsichtigt oder unbeabsichtigt sind. Wichtig dabei ist, dass die Messung jedoch nicht nur eine technische Übung, sondern eine Integration unterschiedlicher Perspektiven ist: kundenorientiert, ökologisch, gesellschaftlich und ökonomisch, mit der Motivation die positive Wirkung zu maximieren.

10 (Twin) Transformation – Digitalisierung als Befähiger für nachhaltige Innovation

Digital transformation defined the business [...] and companies that led this transformation at speed and scale won the day. We are entering a decade that ushers [...] defined by the sustainability transition. How European companies manage this 'twin transformation' will determine how quickly they will recover from the crisis and how well they will be positioned to sustain growth in the post-pandemic world.
Jean-Marc Ollagnier

10.1 Digitalisierung als Befähiger für Nachhaltigkeit und nachhaltige Digitalisierung

Laut dem World Competitiveness Center des IMD belegt Deutschland Platz 19 im Ranking der digitalen Wettbewerbsfähigkeit, der Trend ist negativ (vgl. Digital Competitiveness Ranking, o. D.).

Organisationen stecken hierzulande noch inmitten der digitalen Transformation, während sich die Anforderungen für die nachhaltige Transformation sowie geschlossene Kreisläufe häufen. Für Unternehmen ist das oftmals überwältigend. Doch was, wenn Digitalisierung und Nachhaltigkeit Hand in Hand gehen können und Digitalisierung sogar u. a. dafür sorgen kann, dass nachhaltige und zirkuläre Innovationen entstehen?

Die hohe Bedeutung der Digitalen Transformation ist den meisten Unternehmen klar. Fast die Hälfte (45 Prozent) der europäischen Befragten gaben an, Investitionen sowohl in die digitale Transformation als auch in die Nachhaltigkeit zu priorisieren. So planen 40 Prozent große Investitionen in Künstliche Intelligenz, 37 Prozent in die Cloud und ein knappes Drittel richtet seine Investitionen neu aus, um sich stärker auf nachhaltige Geschäftsmodelle zu konzentrieren (vgl. Accenture, 2021). Daher ist es wichtig, Brücken zwischen Digitalisierung und Nachhaltigkeit zu bauen.

Digitalisierung eröffnet neue Chancen, macht gleichzeitig aber auch alte Geschäftsmodelle obsolet und schafft enorme Möglichkeiten für die Wertschöpfung auf neue Weise. Die technologischen Möglichkeiten digitaler und physischer Technologien, haben zunehmend die Entwicklung intelligenterer und schlankerer Geschäftsmodelle ermöglicht, die weniger Platz beanspruchen und dennoch gleich gut sind in Bezug auf die Kundenerfahrungen. Schließlich tragen veränderte Verbraucherpräferenzen,

Lebensstile und Konsummuster dazu bei, neue Arten der Wertschöpfung zu ermöglichen – beispielsweise durch Sharing-Economic-Geschäftsmodelle, zugangsbasierte Dienste usw. Digitalisierung kann Unternehmen dabei helfen, für Transparenz zu sorgen. Zum einen geht es hierbei um Transparenz in den Wertschöpfungs- und Lieferketten, um diese nachhaltiger, zirkulärer und resilienter zu gestalten. Zum anderen geht es darum durch digitale Technologien wie Verschlüsselungstechnologien und u. a. Blockchain für Sicherheit und Rückverfolgbarkeit von Produkten in der vernetzten Zusammenarbeit zu sorgen. Digitale Technologien können aber auch dabei helfen Ressourceneffizienz, Energieeffizienz und Kosteneffizienz und Produktivität zu steigern und neue Geschäftsmodelle entstehen zu lassen. Digitale Visualisierungen realer Prozesse können heute Materialien, Energie und Ressourcen einsparen, indem Tests digital durchgeführt werden können (vgl. Frondel, 2021).

Gerade für Hersteller bieten digitale Technologien und eine einheitliche, strukturierte und vernetzte Datenbasis große Potenziale, vor allem im Hinblick auf die Reduktion von CO_2-Emissionen. Auf Basis der Bitkom-Studie »Klimaeffekte der Digitalisierung« sollen im Jahr 2030 durch den Einsatz digitaler Technologien in Deutschland bis zu 64 Millionen Tonnen CO_2 eingespart werden – das wären bereits 17 Prozent der geplanten CO_2-Einsparungen in Bezug auf die Klimaziele 2030 (vgl. Meyer-Breitkreutz, 2021). Der Einsatz von digitalen Zwillingen lässt, der die Simulation von physikalischen Produkten oder Prozessen umfasst, lässt laut Prognosen 33 Millionen Tonnen CO_2 einsparen. Weitere 31 Millionen Tonnen können durch Automatisierung in der Produktion eingespart werden, indem digitale Technologien manuelle Eingriffe und den Materialeinsatz reduzieren sowie Prozesse optimieren (vgl. Meyer-Breitkreutz, 2021).

Neben den Potenzialen dürfen wir jedoch die Gefahren nicht außer Acht lassen. Deshalb betrachten wir auch die Auswirkungen des digitalen Wandels auf die Nachhaltigkeit selbst. Zu wenig hinterfragt werden Umweltauswirkungen wie der immense Ressourcen- und Energieverbrauch durch digitale Technologien oder die Auswirkungen auf unsere Gesellschaft (vgl. Was verstehen wir unter nachhaltiger Digitalisierung?, 2018). Ein paar Zahlen: Rund vier Prozent der globalen Treibhausgase werden durch verbrauchten Strom durch Informations- und Kommunikationstechnologien verursacht, Tendenz steigend (vgl. E.ON, 2022). Vier Prozent hören sich zunächst gering an, jedoch ist diese Zahl absolut gesehen höher als die Anzahl der Emissionen, die im globalen Flugverkehr ausgestoßen werden (vgl. E.ON, 2022).

En großer Anteil an Energiebedarf fällt bei Rechenzentren an. Jedes größere Unternehmen hat mittlerweile Rechenzentren. Alleine in Deutschland werden hierbei laut Verband der Internetwirtschaft eco 13 Milliarden kWh Strom umgewandelt in Wärme (vgl. eco – Verband der Internetwirtschaft e. V., 2019).

Allerdings gibt es jedoch bereits Ansätze für Energieeinsparungen bei der Entwicklung und Verwendung digitaler Services. **Green IT und Green Software Development** sind an dieser Stelle Werkzeuge für ressourcenschonendes und energieeffizientes Design und Entwicklung von Software sowie IT-Lösungen. Mit der Frage »Wie können wir die Erstellung und den Betrieb von Software klimafreundlich gestalten?« geht Aydin Mir Mohammadi, Unternehmer, Mitglied des CyberForum e.V. und Initiator der »Green Software Development« Initiative in Karlsruhe voran. Das Ziel ist, das Thema Ökologie in der Softwareentwicklung zu beleuchten und weiterzuentwickeln.

Weitere Initiativen wie »Clean Code« haben zum Ziel, Software effizient und effektiv zu entwickeln, was ebenso dabei helfen soll, den Bedarf an Energie zu reduzieren. Je weniger Code geschrieben wird, desto weniger Energie wird aufgrund der Verringerung der Rechenleistung benötigt. Weiterhin fördert das Teilen und Veröffentlichen von Quellcodes (Open Source) Transparenz und Zusammenarbeit, so dass etwa gemeinsam an energiesparenderen Lösungen gearbeitet werden kann und die energieeffiziente Programmierungen einer Lösung als Basis für weitere dienen kann. Weiterhin kann die Auswahl des Hosting-Anbieter für einen enormen Einfluss im Sinne der Energie- und Ressourceneffizienz, die für ihre Rechenzentren auf 100 Prozent erneuerbare Energien setzen (vgl. Winkler et al., 2023).

Auch wird die Bedeutung von Datenschutz und Cybersicherheit oft unterschätzt und muss von Anfang an, bereits in der Designphase, integriert werden. Dies ist immens wichtig, um verantwortungsbewusste, ethische und sichere Technologie zur Verfügung zu stellen.

Wie Ökologie und Technologie sich ergänzen können, werde ich im Folgenden erläutern.

10.2 Neue Technologien, Deep Tech und schnell wachsende Märkte als Befähiger für Nachhaltigkeit

Wir leben in einer Zeit, in der die Menschheit Zugriff auf nie dagewesene Technologien und Wissen hat und neue Märkte daraus entstehen. Insbesondere Nachhaltigkeit und grüne Technologien schaffen neue Märkte. Wie Larry Fink, CEO & Chairman von Blackrock sagte: »Die nächsten 1000 Einhörner, Unternehmen, die über eine Milliarde Dollar bewertet werden, werden grünen Wasserstoff, grüne Landwirtschaft, grünen Stahl und grünen Zement produzieren.«

Das bedeutet, dass wir nun in der Lage sind Innovationen zu kreieren, die die Welt verändern, mit neuen Technologien und Wissen, wie diese für den richtigen Zweck eingesetzt werden können.

Deep Tech-Lösungen können an dieser Stelle für nachhaltige und zirkuläre Innovationen entlang des Produktelebenszyklus eines Produkts sorgen. Deep Tech bezeichnet Lösungen, welche auf gänzlich neuen wissenschaftlichen und tiefgreifenden technologischen Grundlagen beruhen, höchst innovativ sind und neue Standards am Markt setzen (vgl. German Deep Tech Institute GmbH, 2022). Besonders im B2B-Bereich werden Herausforderungen komplexer, welche das Interesse rund um das Thema Deep Tech sichtbar werden lässt. Eine Übersicht aktuell aufstrebender und zukünftiger Technologien werden in Abbildung 39 aufgeführt.

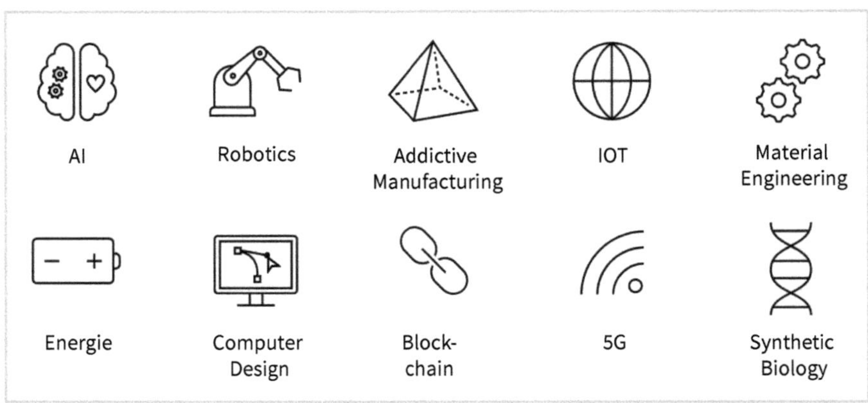

Abb. 39: Neue Technologien (Quelle: eigene Darstellung, basierend auf 10xTechnologien, Frank Thelen and Material Ecology Neri Oxman)

Artificial Intelligence (AI): Künstliche Intelligenz für die Objekt- und Zustandserkennung, z. B. zur automatisierten Inspektion und Qualitäts- bzw. Fehleranalyse, Predictive Maintenance, um frühzeitig Zustände zu messen und zu erkennen, um Stillstände zu vermeiden aber auch in Kombination mit Robotern und Sensoren als Sicherheitsfaktor, um den Menschen in herausfordernden Arbeitsumgebungen zu schützen. Beispiele sind intelligente Sortierverfahren in der Abfallwirtschaft, bei denen per Kamera und künstlicher Intelligenz die Materialart analysiert und auf dieser Basis Müll sortiert wird.

Additive Fertigungsverfahren und 3-D-Druck: Neue Fertigungsverfahren wie z. B. additive Fertigungsverfahren oder auch durch 3-D-Druck hergestellte Komponenten, spielen eine Rolle in Bezug auf die Energie- und Ressourceneffizienz. Ein Beispiel sind im Siebdruckverfahren hergestellte Statorbleche für effiziente und ressourcenschonende Motorenfertigung aber auch für Batteriefertigung. Gleichzeitig können diese Art der Fertigungsverfahren die Resilienz in den Lieferketten steigern, da Ersatzteile auf Knopfdruck gedruckt werden können. Gerade im Transportwesen ist dies eine beliebte Art und Weise, lokal vor Ort auf dem Frachtschiff oder auch LKW direkt Ersatzteile zu drucken. Auch die Deutsche Bahn greift auf diese Technologie zurück. Auf dem herkömmlichen Beschaffungsweg sind Zugersatzteile nur mit langen Lieferzeiten erhältlich. Daher setzt die Deutsche Bahn bei der Instandhaltung immer stärker auf 3-D-Druck. So sollen Zeit, Kosten und Ressourcen gespart werden (vgl. Produktion auf Knopfdruck, 2023).

Blockchain: Konkret sehen Expertinnen und Experten insbesondere in folgenden Bereichen bzw. Sektoren die Möglichkeit eines Nachhaltigkeitsbeitrages durch die Blockchain-Technologie: Supply Chain Management und Kreislaufwirtschaft, Tracking von Materialflüssen, Tracking von CO_2/Carbon-Footprints, Reduktion von papierbasierten Verwaltungsprozessen, Nachvollziehbarkeit von Lebensmittellieferketten, Verbesserte Kontrolle von pharmazeutischen Produkten, Abfallvermeidung, Recycling und Ressourcenschonung, dezentralisierte Logistik- und Mobilitätsnetzwerke (vgl. Culotta et al., 2022). Sicherere und nachvollziehbare, transparente End-to-end-Prozesse durch neue Blockchain-Lösungen abbilden hat sich auch das interne SAP Start-up Green Token® by SAP zur Aufgabe gemacht. Der digitale Zwilling von GreenToken auf einem Blockchain-Ansatz bietet Transparenz für ESG-Fakten (Umwelt, Soziales und Governance) von Rohstoffen, die Unternehmen verfolgen möchten, wie z. B. Rohstoffherkunft, Kinderarbeitsfreiheit oder Recycling-bzw. Nachhaltigkeitsstatus.

(Industrial) Internet of Things: Das industrielle Internet der Dinge kombiniert zum einen Cyber-physische Systeme in der Fertigung, wie zum Beispiel Sensoren, Eingebettete Systeme in Maschinen und deren Komponenten, die über industrielle Kommunikationskanäle wie OPC UA Daten für den Betrieb empfangen und aus dem Betrieb liefern. Zum anderen kombiniert es IT-Systeme, z. B. zum Management des Produktlebenszyklus, zur Ressourcenplanung, Kundenauftragsverwaltung oder Entscheidungsunterstützung, sowie Cloud-Computing in Form von Infrastruktur-, Plattform- oder Software-as-a-service (IaaS, Paas oder SaaS) (vgl. Industrial Internet of Things, o. D.). Ein Beispiel ist die InnoLogBat – eine smarte Batterielogistik für die E-Mobilität. Ziel ist, das gesamte Handling der Lithium-Ionen-Akkus einfacher, sicherer und nachhaltiger zu gestalten – von der Herstellung über Einbau und Weiterverwendung im Second Life bis zum Recycling. Dazu wird eine neuartige Sensorik entwickelt, die sich als IoT-Device an die Batterien anstecken lässt. Sie soll den Zustand der Batterien überwachen und zugleich deren Standort erfassen. So ist es möglich, kritische Defekte der Energielieferanten zu erkennen, und zwar entlang des gesamten Zyklus, unabhängig davon, ob die Batterie transportiert oder gelagert ist (vgl. Mit IoT zu optimierter Kreislaufführung, 2023).

5 G: Dank hoher Bandbreite und geringer Latenz kann 5 G mit Cloud Technologie und künstlicher Intelligenz integriert werden, um völlig neue Dienste für Verbraucher und Unternehmen anzubieten wie Extended Reality (XR). Der Chipkonzern Qualcomm publizierte 2021 einen Bericht, der aufzeigte, dass durch 5 G neuartige Dienste möglich sind, die z. B. Wasserverbrauch in Echtzeit überwachen können. Hierdurch können bis zu 1.155 Milliarden Liter Wasser jährlich eingespart werden. Im selben Bericht prognostiziert Qualcomm eine »Senkung des Pestizideinsatzes um 50 Prozent sowie eine allgemeine Optimierung des Energieverbrauchs und eine verbesserte Kraftstoffeffizienz« (vgl. 5 G und Nachhaltigkeit, 2022). 5 G-Lösungen für die Industrie können z. B. auch die Schaffung von »hocheffizienten Fernarbeitsplätze(n)« schaffen (vgl. 5 G, 2023), wodurch Geschäftsreisen reduziert und vermieden werden sollen. Die 5 G-Technologie kann in der Landwirtschaft die »umweltfreundliche Wege zur Optimierung der Ernteerträge, zur Wassereinsparung, zur Verbesserung der Bodengesundheit und zur Überwachung des Viehbestands aufzeigen« (vgl. 5 G, 2023). Nicht-erneuerbare Energien sind weiterhin problematisch für die Umwelt. Smart Grids können die Verfügbarkeit von erneuerbaren Energien steigern und für eine »höhere Effizienz bei der Stromverteilung« (vgl. 5 G, 2023) sorgen. Durch den Einsatz von 5 G kann »eine genaue Überwachung des gesamten Netzes« (vgl. 5 G, 2023) stattfinden sowie »schwankenden Bedürfnissen entgegengewirkt werden« (vgl. 5 G, 2023). Risikoreiche Blackouts, dem vollständigen Stromausfalls, und Brownouts, dem nicht ganz vollständigen Stromausfall, können durch Analysen und Echtzeitinformationen durch die 5 G-Technologie vermindert werden (vgl. Amler, 2022).

Clean Tech: 2019 wurde weltweit nur 10,5 Prozent Energie aus erneuerbaren Quellen wie z. B. Bioenergie, Wind, Wasser, oder Solar erzeugt. Zur Aufrechterhaltung eines stabilen Stromnetzes muss zu jedem Zeitpunkt etwa genau so viel Energie eingespeist werden, wie auch verbraucht wird. Um diese schwankende Bereitstellung zwischen volatilen Erzeugern wie Wind-, Solar, Wasserkraft möglichst gut mit steuerbaren Erzeugern, anderen Energieträgern oder Energiespeichern (Batterie. oder Hydroelectric-Kraftwerke) auszugleichen werden relevante Komponenten eines klimafreundlichen Energiesystems in Zukunft mittels digitaler Kommunikationstechnik aufeinander abgestimmt. Dies bezeichnet man als Smart Grid oder intelligentes Stromnetz. Smart Meter, intelligente Stromzähler, können hierbei den Energieverbrauch detailliert erfassen, je nach Strompreis und basierend Nutzung (z. B. Nutzung industrielle Waschmaschine bei hohem und günstigem Stromangebot). Um die Netto-Null-Emissionsziele zu erreichen, muss die weltweite Wasserstoffproduktion von etwa 60 Millionen Tonnen pro Jahr auf 500 bis 700 Millionen Tonnen bis 2050 steigen. Klimafreundliche Energie bedeutet aber auch Wärmeenergie. Ob zum Heizen in Gebäuden oder Prozesswärme, überall muss diese zukünftig erzeugt werden z. B. durch Solarthermie, Geothermie, Wärmepumpe, Eisspeicher. Innovationen in diesem Zusammenhang sind beispielsweise Flugwindkraftwerke oder Strom-Bojen als schwimmende Wasserstoffkraftwerke (vgl. Nelles & Serrer, 2021, S. 27).

Material Engineering: Das größte Hindernis für den technologischen Durchbruch mit nachhaltigeren, ökologisch abbaubaren und zirkulären Materialien ist oftmals der Mangel an geeigneten Materialien, die den technologischen Anforderungen an ihr Eigenschaftsprofil gerecht werden. Materialwissenschaftler legen Wert darauf, zu verstehen, wie die Herkunft eines Materials und dessen Verarbeitung, die Struktur und damit die Eigenschaften und Leistung des Materials beeinflusst. Das Verständnis der gegenseitigen Beziehungen zwischen Verarbeitung, Struktur und Eigenschaften wird als Materialparadigma bezeichnet.

Synthetic Biology: Die synthetische Biologie ist eine wachsende Disziplin mit zwei Teilgebieten. Man verwendet unnatürliche Moleküle, um aufkommende Verhaltensweisen aus der natürlichen Biologie zu reproduzieren, mit dem Ziel, künstliches Leben zu schaffen. Der andere versucht, austauschbare Teile aus der natürlichen Biologie zu Systemen zusammenzufügen, die unnatürlich wirken (vgl. Benner & Sismour, 2005). Synthetische Biologie ermöglicht den Entwurf neuer biologischer Funktionen durch die Bearbeitung von DNA. Das Design und die Konstruktion biologischer Systeme zur Schaffung und Verbesserung von Prozessen und Produkten bietet neue Möglichkeiten zur Herstellung fast aller Dinge, die Menschen konsumieren, von Aromen und Stoffen bis hin zu Lebensmitteln und Kraftstoffen, entworfen aus den Bausteinen des Lebens, dabei wird die DNA als Code verwendet. Man nimmt einen reichlich vorhandenen biologischen Rohstoff – etwa Haushaltszucker aus Zuckerrohr – und wandelt ihn dann durch Fermentation in etwas um, das hunderte oder sogar tausende Male wertvoller ist. Denken Sie an grüne Kunststoffe oder Erdölersatzstoffe, sogar an Baumaterialien (vgl. Candelon et al., 2022). Die synthetische Biologie hat sich zu einer schnell wachsenden Branche entwickelt, wobei der weltweite Wert von Synbio-Technologien und -Produkten bis 2024 voraussichtlich fast 20 Milliarden US-Dollar erreichen wird (vgl. Kemp, 2021).

Computational Design: Computer Design, nicht zu verwechseln mit CAD, Computer-aided-design, bezeichnet das Entwerfen komplexer Formen mit einfachem Code. Der aktuelle Übergang vom Computer Aided Design zum Computational Design in der Architektur stellt einen tiefgreifenden Wandel im Designdenken und in den Designmethoden dar. Repräsentation wird durch Simulation ersetzt, und die Herstellung von Objekten bewegt sich in Richtung der Generierung integrierter Systeme durch vom Designer erstellte Rechenprozesse (vgl. Menges & Ahlquist, 2011). In Kombination mit Technologien wie dem Digital Twin können daraus Simulationen in Echtzeit entstehen, die analysieren können, inwiefern das Produkt ressourceneffizienter gestaltet und genutzt werden kann.

Als neue Technologien der Zukunft sind Quantum Computing, Nuclear Fusion, Brain Appstore, Singularity auf dem Vormarsch (vgl. Thelen, 2021, S. 64 f.).

Innovationen scheitern meist nicht wegen der Technologie, sondern wegen der Kultur (Most, 2021).

Im Gespräch mit Prof. Dr. Florian Stahl (Universität Mannheim)

Herr Prof. Dr. Florian Stahl ist seit Sommer 2013 Professor für Quantitatives Marketing und Consumer Analytics an der Universität Mannheim in Deutschland. Seit Januar 2019 ist er Co-Direktor des Mannheim Center for Data Science. Weiterhin ist er derzeit verantwortlich für den Master of Sustainability & Impact Management der Mannheim Business School.

Die Forschungsinteressen liegen vor allem im empirischen quantitativen Marketing, der Marketinganalyse und der Betriebswirtschaftslehre. Forschungsschwerpunkte sind u.a.

- Branding und Markenmanagement
- Verbraucherverhaltens- und Verbraucherwahlmodelle
- Digitales Marketing (insbesondere soziale Medien und soziale Netzwerke)
- Preisgestaltung und Preisstrategien

Prof. Dr. Stahl untersucht die Zuordnung, Dynamik und Messung von Marketingaktivitäten und deren Auswirkungen auf Verbraucherverhalten, Produktnachfrage und Unternehmensleistung in verschiedenen Branchen wie der Automobilindustrie, der Finanzindustrie oder der Medienbranche. Methodisch basiert seine Forschung auf empirischer Modellierung, angewandter Ökonometrie, maschinellem Lernen (insbesondere Verarbeitung natürlicher Sprache und Computer Vision) und experimentellen Studien (einschließlich groß angelegter Feldexperimente). Die Ergebnisse der Forschung wurden bereits in internationalen Fachzeitschriften wie dem Journal of Marketing, dem Journal of Marketing Research oder Marketing Science veröffentlicht. Untersuchungen zum Einfluss des Markenwerts auf Kundenakquise, -bindung und Gewinnmarge wurden mit dem H. Paul Root Award 2012 und dem Robert D. Buzzell/Marketing Science Institute Best Paper Award 2012 ausgezeichnet.

Was bedeutet für dich Nachhaltigkeit als Innovationstreiber?
In der Vergangenheit wurden Geschäftsmodelle i.d.R. so entwickelt, dass mehr Ressourcen entnommen wurden, als vorhanden waren. Nachhaltigkeit ist an dieser Stelle Treiber um neue, innovative Geschäftsmodelle zu entwickeln, die mit weniger Ressourcen auskommen, um unsere Lebensgrundlage zu erhalten. Wir müssen dabei nachdenken, welche Ressourcen zur Verfügung, in Bezug auf Klima, Öl, Wasser etc. stehen, und wie wir diese Rohstoffe anders nutzen, wiederverwenden, und regenerieren können. Dabei ist Nachhaltigkeit jedoch ein Konzept, das nicht nur auf Innovationen basiert, also Treiber nicht immer Neues im absoluten Sinne sein muss. Eine lebenswerte Zukunft auf diesem Planeten zu

ermöglichen, bedeutet ebenso, Konzepte wiedereinzuführen, die unsere Vorfahren bereits in Perfektion betrieben haben, nur das zu konsumieren, was wir auch wirklich benötigen, quasi »zurück zu den Basics« zu gehen.

Welche Rolle spielen hierbei datenbasierte Geschäftsmodelle?
Digitalisierung und Daten spielen eine massive Rolle im Sinne des nachhaltigen Wirtschaftens. Mit Daten kann man die Nutzung optimieren und damit wiederum den Ressourcenbedarf massiv reduzieren. Einfach verdeutlichen kann man dies anhand Elektrizität, die in Batterien gespeichert werden kann. Hier geht es darum, auf Basis der Daten, die aus der Nutzung der Energie stammen, zu verstehen, wie ein x-faches an Energieleistung herausgeholt werden kann, um in Zukunft weniger Energie zu verbrauchen. Daten und Algorithmen können so in Verhaltensentscheidungen miteinbezogen werden. Im idealen Zustand, kann so die Welt in Zukunft einen gleichen Lebensstandard mit einem Bruchteil an Energie führen. So haben Daten und Algorithmen, einen großen Hebel, um Ressourcen zu reduzieren. Wir befinden uns jedoch in einem Systemkampf, bei dem Energieproduzenten, die die Energie herstellen, auch verkaufen wollen, und somit an Einsparpotenzialen nicht so interessiert sind, wie es Verbraucher sind.

Inwiefern ist die Frage nach Messbarkeit von Geschäftsmodellen aus Ihrer Sicht essenziell für die Transformation?
Messbarkeit ist absolut essenziell. Ohne Messbarkeit und Daten kein Management. Messbarkeit ist ein Treiber für Innovation und Wettbewerbsvorteil. Ein Beispiel dafür können wir im Bereich Photovoltaik oder einer Batterie sehen: Wie viel Strom ich rausholen kann, hängt stark von den Daten und Algorithmen ab. Messbarkeit ist zudem auch wichtig, um finanzielle Anreize zu setzen, Regulatorik zu definieren und einzuhalten und Maßnahmen, wie zum Beispiel eine CO_2-Besteuerung, zu etablieren.

Warum werden noch immer häufig keine datenbasierte Entscheidungen getroffen und warum ist dies jedoch so wichtig?
Gründe dafür sind unter anderem der Mangel an Wissen und Fähigkeiten im Bereich »Data Literacy«, viele Unternehmen wissen schlicht nicht, wie Daten in Entscheidungen einbezogen werden können. Daten werden zudem häufig in Unternehmen für »politisch Ziele« verwendet, was immer wieder dazu führt, nur in einem »politisch relevanten« Kontext, Daten in Entscheidungen mit einzubeziehen. Unternehmen sind außerdem oftmals nicht in der Lage, Fragen adäquate zu formulieren. Wir haben eine Antwortkultur, keine Fragekultur. Wir evaluieren auf Basis von Antworten und nicht Fragen.

Um Geschäftsmodelle zukunftsfähig, flexibel und gleichzeitig stabil aufzubauen benötigen wir Kompetenzaufbau gepaart mit einer kulturellen Veränderung:

1. Know-how-Aufbau
   d) Data Literacy
2. Kulturänderung
   a) Veränderung von Antwort- auf Fragekultur (Powerpoint-Präsentationen sind im Übrigen oft Fragentöter)
   b) Fokus auf Zeit, um Probleme zu definieren und zu verstehen (Albert Einstein soll einmal gesagt haben: »Wenn ich eine Stunde habe, um ein Problem zu lösen, dann beschäftige ich mich 55 Minuten mit dem Problem und 5 Minuten mit der Lösung.«

Was bedeutet der zunehmende Fokus auf die Messbarkeit von Impact/Nachhaltigkeit für Stakeholder – Partner, Kunden und Mitarbeiter?
Für jüngere Arbeitnehmer ist es immer wichtiger, in Unternehmen zu arbeiten, die einen klaren Purpose und eine Kultur vorweisen, die auf Nachhaltigkeit ausgerichtet ist. Aufgrund der Knappheit der Talente sind Unternehmen somit mehr und mehr gezwungen, Geschäftsmodelle nachhaltig zu verändern. Ebenso haben Datenanalysen gezeigt, dass Mitarbeiter:innen kündigen, wenn Unternehmen eine andere Kultur und Werte kommunizieren, die sie im Unternehmen nicht wirklich leben. Wichtig ist somit die Authentizität, mit der ein Unternehmen in Sachen Nachhaltigkeit auftritt und agiert. Unternehmen, die dies verstehen, haben nicht nur Wettbewerbsvorteile, sondern sparen auch langfristig Geld, denn jeder Mitarbeiterwechsel kostet Geld und gegebenenfalls sogar Kunden. Je nach Branche gibt es massive Wettbewerbsvorteile, wenn der Impact gemessen und vorgewiesen werden kann. In Bezug auf Regulatorik sind diverse Unternehmen bereits angewiesen, den ökologischen und sozialen Impact zu berichten.

Gibt es Beispiele aus Forschungsprojekten in Ihrem Bereich, wo Nachhaltigkeit ein Treiber war?
Im Bereich Influencermarketing sehen wir, dass diese Form des Marketings die »Nachhaltigkeit des Konsums« positiv und negativ beeinflussen kann. Werbung für Produkte mit kostenfreier Rücknahme führen im Influencermarketing zu höheren Rücknahmeraten. Es gibt jedoch auch die Arten von Influencern, die mit Ihren Botschaften Positives bewirken und Rücknahmen niedriger sein können. Hier kommt es jedoch oftmals auf die Strategie von Unternehmen an, »nachhaltiges Influencermarketing« einzusetzen.

Welche Potenziale liegen im quantitativen Marketing die Nachhaltigkeit des Unternehmens zu fördern?
Vorteile liegen klar im Bereich von Data Analytics und zunehmend auch in der Anwendung von KI, dem Kern des quantitativen Marketings. Im Marketing geht es darum, Aufmerksamkeit für Themen zu schaffen. Der Vorteil und Nutzen der Produkte und Dienstleistungen wird heute vor allem in digitalen Kanälen kom-

muniziert, die aufgrund von Daten viel besser steuerbar sind. Die Rolle und der Wert der Marke können heute quantitativ gemessen werden. Außerdem können die Vorteile von langfristigen Investitionen aus Konsumentenperspektive quantitativ bewertet werden. So kann beispielsweise mit Methoden des quantitativen Marketings gemessen werden, welche Zielgruppe Interesse an welcher Investition zur Förderung der Nachhaltigkeit hat. Weiterhin können die Präferenzen von Konsumenten aus strukturierten und unstrukturierten Daten ermittelt werden beispielsweise in Bezug auf die Ernährung (Trend: fleischlose Ernährung) und Mobilität, welche wiederum Gewichtung und Entscheidung mehr beeinflussen.

Welche Ansätze und Kennzahlen sind essenziell, um Impact zu managen und zu messen?
In meinem Umfeld bezieht sich der Impact stark auf den Wettbewerbsvorteil, bezogen auf die Marke. Es ist wichtig, zu schauen, wie die Marke wahrgenommen wird und welche Relevanz diese in der Kaufentscheidung hat. Es müssen klare Ziele in Bezug auf Glaubwürdigkeit und Kosten definiert werden, da Konsumenten rational denken und dem Purpose oftmals skeptisch gegenüber stehen, vor allem nach jüngsten Greenwashing Skandalen. Unternehmen wie VW haben in der Vergangenheit massiv an Glaubwürdigkeit verloren, wohingegen andere Marken wie Patagonia für Verantwortungsbewusstsein stehen. Hier haben die meisten Unternehmen noch einiges zu tun.

Welche Herausforderungen gibt es noch zu meistern?
Gerade in Bezug auf die Mobilität ist die notwendige Infrastruktur relevant. Gesamtgesellschaftlich wäre es sinnvoll, die Infrastruktur für nachhaltige Mobilität jetzt anzugehen und entsprechend zu fördern.

Wie müssen zukünftige Geschäftsmodelle aufgebaut sein?
Unternehmen müssen sich stets die Frage stellen, wie viele Ressourcen benötigt werden, um einen Mehrwert und Wohlfahrt zu schaffen. Für uns Menschen ist es jedoch ebenso wichtig, unseren Konsum zu hinterfragen. Am 2. August 2023 war es leider wieder so weit: die natürlichen Ressourcen der Erde sind für das Kalenderjahr 2023 erschöpft. Das heißt, dass wir in den ersten sieben Monaten dieses Jahres mehr Kohlenstoff ausstoßen, als Wälder und Ozeane absorbieren können. Geschäftsmodelle müssen so entwickelt werden, dass nur Ressourcen innerhalb der planetaren Grenzen verbraucht werden und regeneriert werden. Auch das hängt oftmals von Daten ab, sowie einem ethischen und bewussten Mindset.

Unternehmensbeschreibung
Die Universität Mannheim ist eine der besten Universitäten Deutschlands. Das zeigen auch die erstklassigen Platzierungen in nationalen und internationalen Rankings. Laut Times Higher Education Fächerrankings wurde die Universität

Mannheim erneut deutschlandweit auf Platz 1 in den Wirtschafts- und Sozialwissenschaften gewählt. Als Teil der Universität Mannheim ist auch die Mannheim Business School, als eine der Elite-Hochschulen fest etabliert und liegt in allen großen Rankings unter den Top 75 weltweit. Darüber hinaus ist sie Deutschlands Nummer 1 Business School in wichtigen internationalen MBA-Rankings (Financial Times, The Economist, Bloomberg Businessweek, Forbes).

Zusammenfassung

Wir leben in einer Zeit, in der die Menschheit Zugriff auf nie dagewesene Technologien und Wissen hat und neue Märkte daraus entstehen. Im Herzen dieser Entwicklung stehen neue Technologien, wie 3-D-Druck, Nanotechnologie und Computerdesign sowie Künstliche Intelligenz, welche Menschen weltweit mit neuen Produkten und Dienstleistungen verbinden und neue Märkte kreiert. Deep Tech Lösungen können darüber hinaus für nachhaltige und zirkuläre Innovationen entlang des Produktelebenszyklus eines Produkts sorgen.

Das bedeutet, dass wir nun in der Lage sind Innovationen zu kreieren, die die Welt verändern, mit neuen Technologien und Wissen, wie diese für den richtigen Zweck eingesetzt werden können. Organisationen stecken jedoch hierzulande noch inmitten der digitalen Transformation, während sich die Anforderungen für die nachhaltige Transformation sowie geschlossene Kreisläufe häufen. Für Unternehmen ist das oftmals überwältigend. Daher ist es wichtig, Brücken zwischen Digitalisierung und Nachhaltigkeit zu bauen.

Nachhaltigkeit und Digitalisierung ergänzen sich. Digitalisierung eröffnet neue Chancen, macht gleichzeitig aber auch alte Geschäftsmodelle obsolet und schafft enorme Möglichkeiten für die Wertschöpfung auf neue Weise. Zum einen geht es hierbei um Transparenz in den Wertschöpfungs- und Lieferketten, um diese nachhaltiger, zirkulärer und resilienter zu gestalten. Zum anderen geht es darum durch digitale Technologien wie Verschlüsselungstechnologien und u. a. Blockchain für Sicherheit und Rückverfolgbarkeit von Produkten in der vernetzten Zusammenarbeit zu sorgen. Gerade für Hersteller bieten digitale Technologien und eine einheitliche, strukturierte und vernetzte Datenbasis große Potenziale, vor allem in der Reduktion von CO_2-Emissionen. Neben den Potenzialen dürfen wir jedoch die Gefahren nicht außer Acht lassen. Deshalb betrachten wir auch die Auswirkungen des digitalen Wandels auf die Nachhaltigkeit selbst. Zu wenig hinterfragt werden Umweltauswirkungen wie der immense Ressourcen- und Energieverbrauch durch digitale Technologien oder die Auswirkungen auf unsere Gesellschaft. Es gibt jedoch bereits Ansätze für Energieeinsparungen bei der Entwicklung und Nutzung digitaler Services. Green IT und Green Software Development ist an dieser Stelle ein Mittel für ressourcenschonendes und energieeffizientes Design und Entwicklung von Software sowie IT Lösungen

11 Innovationskultur – Der Schlüssel für erfolgreiche Innovation

I used to think the top environmental problems were biodiversity loss, ecosystem collapse and climate change. [...] But I was wrong. The top environmental problems are selfishness, greed and apathy [...] to deal with those we need a spiritual and cultural transformation.
Gus Speth

11.1 Transformation erfordert kulturellen Wandel

Ohne Change Management (dt. Veränderungsmanagement) wird auch das innovativste Geschäftsmodell oder die innovativste Technologie keine Zukunft haben. Sätze wie »Wir haben derzeit kein Budget für Nachhaltigkeit.«, »Wir haben keine Notwendigkeit etwas zu ändern bei dem hohen Auftragseingang.« »Haben wir schon immer so gemacht.« lassen einen immer wieder aufs Neue an die Grenzen kommen. Wie also können wir dieses Umdenken anstoßen?

Gelerntes Vergessen
Warum erneuern wir regelmäßig unseren Kleiderschrank, kaufen die neuesten Smartphones, aktualisieren aber kaum unsere Überzeugungen und Ansichten? Erinnern wir uns an Kapitel 6.2, bei dem es um die Fähigkeit, »Gelerntes zu vergessen« ging. Gewohnheiten und geistige Faulheit führen dazu, dass wir in der Regel die alten Routinen bevorzugen. Zudem sind die meisten stolz auf deren Wissen und Expertise und darauf, Überzeugungen und Meinungen treu zu bleiben (vgl. Grant, 2021). Das Problem besteht jedoch darin, dass wir in einer Welt leben, in der wir einiges dieser gelernten Inhalte nicht mehr verwenden dürfen, da es ansonsten schädlich für Gesellschaft und Umwelt ist. Das Bewusstsein, Umdenken zu müssen und Neues zu lernen ist notwendig, um neue Fähigkeiten in Organisationen aufzubauen.

Wie können wir es also nun schaffen, dieses Umdenken anzustoßen?

Führung durch Vorbild
Eine der größten Hürden von Geschäftsmodellinnovation und Transformation sind interne Hürden und Widerstände. Um die größten Herausforderungen zu meistern, müssen wir bei uns selbst beginnen. Menschen in Unternehmen, die gewisse Kulturen und Werte vorleben, ziehen ähnlich gesinnte Menschen an und führen zu höherem Engagement, vor allem bei jungen Menschen. Unternehmen müssen sich und Ihre Kultur

wandeln, um langfristig relevant und wettbewerbsfähig zu bleiben. Um die volle Wirkung von Nachhaltigkeit auszuschöpfen, müssen Führungskräfte ihre Organisationsstruktur, Prozesse und Governance neu gestalten. Wer sich jetzt nicht verändert, den verändern (oder verenden) die Entwicklungen. Nachhaltigkeit wirkt sich tiefgreifend auf die Art und Weise aus, wie Unternehmen intern aufgestellt sind, aber auch, wie sie Geschäfte machen. Stakeholder und Mitarbeiter lassen sich nicht mehr nur durch bloße Lippenbekenntnisse täuschen.

Um in einer Welt bestehen zu können, die ein ernsthaftes Engagement für Nachhaltigkeit erfordert, müssen Unternehmen ihren organisatorischen Ansatz vollumfänglich überdenken und Nachhaltigkeit von einer freiwilligen Bemühung zum festen Bestandteil im Kern des Geschäftsmodell vorantreiben.

Top-Management Commitment

Innovation und insbesondere Geschäftsmodellinnovation muss vom Top-Management getrieben werden, ansonsten ist es zum Scheitern verurteilt (vgl. Gassmann et al., 2014, S. 65). Das gleiche gilt für Integration von Nachhaltigkeit in deren Geschäftsmodell. Unternehmensführung, muss in einem Top-down-Ansatz die Implementierung verantworten und treiben. Das bedeutet nicht, dass das mittlere Management und die Mitarbeiter außen vor sind. Im Gegenteil: das mittlere Management und Mitarbeiter sind essenziell für die Implementierung in der breiten Fläche und als direkter Ansprechpartner der Belegschaft. Dazu mehr in Kapitel 10.2. Führungskräfte müssen Mitarbeitern den Rücken freihalten, die nachhaltige und zirkuläre Geschäftsmodelle und Innovationen vorantreiben. Wie wir bereits gelernt haben, ist die Veränderung stets mit Widerständen verbunden, umso wichtiger ist es, diejenigen, die dafür einstehen und Nachhaltigkeit vorantreiben, den Rücken zu stärken.

Systemischer Wandel

Um komplizierten Problemen wie dem Klimawandel mit adäquaten Mitteln zu begegnen, muss ein Verständnis über die komplexen Rückwirkungen im System geschaffen werden. Ein systemischer Ansatz soll dabei helfen. Traditionelle Herangehensweisen, wie das Herunterbrechen in Teilprobleme oder die Analyse von Ursache-Wirkungsbeziehungen sind oftmals nicht hilfreich zur Lösung systemischer Probleme. Vernetztes Denken kann Nachhaltigkeitsverantwortlichen helfen, auch indirekte Wirkungen im Wirtschaftssystem, der Natur und in der Gesellschaft zu erkennen und zu beurteilen und Rückschlüsse auf die Ursachen zu ziehen. Vernetztes Denken ist essenziell, um erfolgreiche Strategien zu entwickeln und sich selbst zu einer lernenden Organisation zu verändern. Auch Erkenntnisse aus der Sozialpsychologie können Nachhaltigkeitsverantwortlichen helfen, mit Ängsten und Bedenken von Mitarbeitern und anderen Stakeholdern adäquat umzugehen.

CSO als gleichwertiges Mitglied des Vorstands

Um die nachhaltige Transformation erfolgreich zu meistern, ist es notwendig, den CSO auf der gleichen Ebene im Topmanagement zu platzieren, wie etwa den CEO oder CFO. Neue Regularien und Berichtswesen machen es notwendig, interne Steuermechanismen einzuführen, wie bei den finanziellen KPIs und das entsprechende Mandat für notwendige und unternehmenskritische Entscheidungen zu treffen. Dafür ist eine enge Abstimmung und Kooperation mit der Unternehmensführung notwendig, auch insbesondere in Betracht auf Compliance, da diese Funktion relevanter denn je ist. Gleiches gilt auch in Bezug auf die Zusammenarbeit zwischen CSO und Vorstand. CSOs können eine wichtige Rolle bei der Aufklärung spielen und sollten sich aktiv an diesen Diskussionen beteiligen (Eccles, 2023).

Bildung von Allianzen

Wie bereits in Kapitel 7.3 beschrieben, können nachhaltige und zirkuläre Geschäftsmodellinnovationen nur durch Zusammenarbeit entstehen. Der Erfolg hängt oft von der Offenheit und Fähigkeit der Führungskräfte ab, neue Arten der Kollaboration für die Entwicklung von Produkten, deren Vertrieb und die Aufteilung der Einnahmen zu schaffen.

Etablierung einer Innovationskultur

Organisationskultur kann aktiv vom Management gesteuert werden. Eines der bekanntesten und sehr erfolgreichen Beispiele kommt von 3 M. Die einzigartige 15%-Regel von 3 M ermutigt Mitarbeiter dazu, 15 Prozent ihrer Arbeitszeit der Weiterentwicklung und -verfolgung innovativer Ideen zu widmen (vgl. 15%-Regel von 3 M, o. D.).

Weiterhin setzt 3 M neue Standards mit einer Plattform für Innovationsmanagement und -kultur. Dort werden die Erfahrungen der 3 M weitergegeben, aber auch der unternehmensübergreifende Dialog zum Thema im Sinne des »Open Innovation« Konzeptes. Partner wie Siemens und IBM sind mit auf dieser Plattform vertreten (vgl. 3 M weitet Initiative zur Förderung der Innovationskultur aus, 2010). Zur Innovationskultur gehört es, zu experimentieren, Fehler zu machen, aus diesen zu lernen und wieder aufs Neue zu testen. Dies ist bei der Entwicklung nachhaltiger Geschäftsmodellinnovationen notwendig, ganz nach dem Lean-Start-up-Prinzip von Eric Ries. Zuhören und Verstehen der Kundenbedürfnisse als Basis für die iterative, kundenzentrierte Entwicklung nach dem Motto »Learn« (dt. »Lernen«), Build (dt. »Bauen«), Measure »Messen«) bilden die Basis für den Ansatz.

Gelerntes zu vergessen, spielt auch eine Rolle in Bezug auf die Kultur des Unternehmens. In Zeiten von »New Work« wissen wir, dass impulsive, konformistische und leistungsorientierte Managementpraktiken zurückgehen oder zu Mitarbeiterfluktuation führen. Der Wandel hin zu pluralistischen Organisationen, bei denen Empowerment, eine werteorientierte Kultur und die Integration verschiedener Interessensgruppen im Vordergrund stehen, ist bei viele Organisationen im Gange. Eine neue Bewusstseinsstufe hin zu evolutionären Organisationen, nimmt gerade an Bedeutung zu (vgl. Laloux, 2015, S. 37). Patagonia ist eine der Organisationen, die nach dieser Organisationskultur handelt. Im Fokus stehen Selbstführung, Ganzheit, im Sinne der Möglichkeit, man selbst zu sein, und dem evolutionären Sinn, bei dem Organisationen als lebendiger Organismus gesehen werden, wie in der Natur. Die Natur hat sich schließlich Millionen Jahre lang eigenständig in eine Richtung bewegt, durch deren diverses und selbstorganisiertes Handeln war die Natur in der Lage, sich selbst zu innovieren.

Dies bringt uns zum nächsten Kapitel, in dem die Relevanz eines jeden Mitarbeiters zur erfolgreichen nachhaltigen Geschäftsmodellinnovation und Transformation beschrieben wird.

11.2 Nachhaltige Geschäftsmodellinnovation – die Aufgabe aller Mitarbeiter

In den vergangenen Monaten meldeten sich mehrfach frustrierte Mitarbeiter bei mir mit der Frage, wie sie es schaffen können, ihre Unternehmen und Führungskräfte davon zu überzeugen, deren Geschäftsmodell nachhaltig zu innovieren.

Was vielen Unternehmen noch immer nicht bewusst ist: Die Zukunft liegt in den Händen der Mitarbeiter und es stehen bereits eine Vielzahl an Menschen in den Startlöchern, die dafür brennen, für Unternehmen und Projekte mit einem höheren Purpose zu arbeiten und Veränderung voranzutreiben.

Ca. 83 Prozent der Millennials, die bis 2025 rund 75 Prozent der arbeitenden Bevölkerung ausmachen, sind Unternehmen gegenüber loyaler, die ihnen helfen, zu sozialen und ökologischen Belangen beizutragen (vgl. CONE Communication, 2016, S. 1).

Graswurzelinitiativen

Wenn sich Mitarbeiter:innen aus der Mitte einer Organisation selbstorganisiert in Bewegung setzen, um ihr Unternehmen zu verändern – dann nennt man das eine Graswurzelinitiative. Diese ist oft mehr als ein kurzer, einmaliger Impuls, denn sie hat das Potenzial, Organisationen tatsächlich zu verändern (vgl. Kluge & Kluge, 2020).

Bei BMW setzte eine Graswurzelinitiative das selbstorganisierte Lernprogramm um, bei Siemens rettete eine Graswurzelinitiative ein großes Turbinenprojekt.

Aber warum sind diese Bewegungen so wichtig? Graswurzelbewegungen, die von Mitarbeitern initiiert und angetrieben werden, fördern die Innovationskraft in Unternehmen, machen Unternehmen vielseitiger und belebter. Aus ihnen wachsen Ideen – und auch Menschen, die sich mit ihnen verbünden. Sie dienen somit auch der Weiterentwicklung der Kultur.

Doch was bedeutet dies konkret und was müssen wir dafür tun?

Intrapreneurship

Die Antwort liegt im Intrapreneuship. Intrapreneurship zielt darauf ab, Geschäftsmodelle von innen heraus zu verändern, um Wettbewerbsvorteile zu erzielen. Intrapreneurship ist eine der härtesten Disziplinen im Unternehmenskontext, da es darum geht Innovation und Veränderung in Unternehmen maßgeblich voranzutreiben. Intrapreneure sind somit für die unternehmensinterne Geschäftsmodellinnovation verantwortlich. Dabei können existierende Geschäftsmodelle maßgeblich verändert, neue Geschäftsmodelle entstehen oder gar ausgegründet werden, was dann zu externen Corporate Ventures führen kann. Für diese Art der Veränderung sind, wie wir bereits gelernt haben, jedoch die wenigsten offen. Das bedeutet wir benötigen mutige Menschen als Intrapreneure, die bereits sind, zu experimentieren, Fehler zu machen, wieder aufstehen und gegen Mühlen anzukämpfen.

Mandat

Genauso wichtig ist es jedoch, diesen Intrapreneure die offizielle Erlaubnis zu geben inklusive Top-Management Commitment, um an innovativen U-Boot-Projekten zu arbeiten, von denen vielleicht auch noch nicht alle in Kenntnis sind. Ein Beispiel ist auch die 15 Prozent »Zeit«, die Mitarbeiter von 3 M bekommen, um an Innovationen zu arbeiten. Weiterhin müssen Intrapreneure von ihren Führungskräften darauf vorbereitet werden, Fehler zu machen und zu scheitern. Es ist wichtig, Intrapreneuren stets den Rücken zu stärken, damit immer wieder der Mut und die Energie aufgebracht wird, für Veränderung einzustehen und sie voranzutreiben, auch bei Gegenwind.

Pre-Wiring

Nachhaltige Innovation entsteht oft durch Kommunikation. 90 Prozent der Geschäftsmodellinnovationen sind Kombinationen aus bestehenden Ideen, Konzepten und Mustern (vgl. Gassmann et al., 2014, S. 79). Dabei hilft es Personen, die gegenüber Veränderung aufgeschlossener sind als Botschafter auszuwählen, die die Unternehmen gehen dies auf unterschiedliche Art und Weise an. Das Unternehmen Henkel verteilt beispielsweise 27 Nachhaltigkeitsbotschafter über das gesamte Unternehmen, um sicherzustellen, dass jede Einheit Nachhaltigkeit in ihre Verantwortlichkeiten integriert.

Vielfalt

Ein essenzieller Aspekt für erfolgreiche nachhaltige und zirkuläre Geschäftsmodellinnovation ist Vielfalt. Unterschiedliche Perspektiven, Hintergründe, technisches Wissen und soziale Erfahrungen, Alter, Geschlecht und Nationalität führen zum bestmöglichen Ergebnis und treiben die nachhaltige Entwicklung maßgeblich voran. Sima

Bahous, Executive Director of UN Women wies bereits 2022 auf die Bedeutung von Frauen, vor allem jungen Frauen, als Lösungsmultiplikatoren im Zusammenhang mit der Bekämpfung der Klimakrise hin (vgl. Bahous, 2022). Dabei ist die volle und gleichberechtigte Beteiligung und Führung von Frauen an der Entscheidungsfindung, ihr Zugang zu nachhaltigen Arbeitsplätzen, der Blue Economy; und ihr gleichberechtigter Zugang zu Finanzmitteln und Ressourcen essenziell (vgl. Bahous, 2022).

Zusammenfassend lässt sich sagen, dass nachhaltige und zirkuläre Geschäftsmodellinnovationen dann eine Chance zur erfolgreichen Implementierung haben, wenn eine offene, vielfältige durch Eigeninitiative angetriebene Innovationskultur mit Top-Management Commitment dafür sorgt, Fehler als Quelle des Lernens zu sehen und darauf basierend Innovationen zu etablieren.

Im Gespräch mit Ute Zeller (Bund Deutscher Baumeister Baden-Württemberg, Bundesverband Berlin BDB, Zentralverband der Ingenieurvereine ZBI Berlin)

Ute Zeller ist Bauingenieurin, Mediatorin und beruflich bei einer oberen Landesbehörde. Sie ist Präsidentin des interdisziplinären Berufsverbands »Bund Deutscher Baumeister« in Baden-Württemberg und Präsidiumsmitglied auf Bundesebene. Sie unterstützt die Transformation des digitalen, klimagerechten und kreislauffähigen Planen und Bauens. Als Vizepräsidentin des Zentralverbands der Ingenieurvereine setzt sie sich für die Bedeutung und Anerkennung der Ingenieurleistungen ein. Sie ist in ständigem Austausch mit politischen Vertretern auf Landes- und Bundesebene und vertritt die Interessender der Berufspolitik.

Was bedeutet für dich Nachhaltigkeit als Innovationstreiber?
Nachhaltigkeit ist eines der wichtigsten Leitbilder für die Zukunft.

Nachhaltiges Handeln bedeutet ökologische, ökonomische und soziale Gesichtspunkte gleichberechtigt zu berücksichtigen, um nachfolgenden Generationen eine intakte Umwelt und gleiche Lebenschancen hinterlassen zu können.

Speziell der Bausektor verursacht rund 40 Prozent der Treibhausgasemissionen und rund 50 Prozent des Abfallaufkommens bundesweit. Aufgrund der in Anspruch genommenen Materialien und – des Ressourcen- und Flächenverbrauchs sowie der entstehenden Umweltwirkungen muss sich die Baubranche intensiv dem Thema annehmen.

Es stehen enorme Anstrengungen an, bei der Gebäudesanierung, der Modernisierung der Infrastruktur und im Ausbau der erneuerbaren Energien.

Dabei stellen Gebäude komplexe Systeme zur Erfüllung definierter Aufgaben und Funktionen dar. Sie sind unter anderem Lebensraum und Arbeitsumgebung und haben Einfluss auf Komfort, Gesundheit und Zufriedenheit der Nutzer sowie auf die Qualität des Zusammenlebens. Sie stellen einerseits sowohl im betriebs- als auch im volkswirtschaftlichen Sinne einen ökonomischen Wert dar und tragen zur Wertschöpfung bei. Andererseits verursachen sie Energie und Stoffströme mit entsprechenden Wirkungen auf die globale und lokale Umwelt.

Ziel unseres Handelns sollten deshalb möglichst nachhaltige Bauwerke sein, die damit auch energiesparende und ressourcenschonende Qualitäten aufweisen.

Wie wirkt sich dies auf Geschäftsmodelle der Zukunft in der Baubranche aus?
Eine wichtige Aufgabe der Baukultur ist, das Bauen mithilfe von Nachhaltigkeitsstrategien zukunftsfähig zu machen.

Der Gebäudebestand ist Schlüsselrolle für die Erreichung der Klimaziele. Dies betrifft vor allem die Nutzung und Wertschätzung der im Bestand gebundenen grauen Energie. Die Sanierungsrate muss deutlich ansteigen.

Der Neubau darf ab sofort nur noch klimaneutral, besser »klimapositiv«, sowie ressourcenschonend und nachhaltig erfolgen. Gesetzliche Bestimmungen müssen dazu die entsprechenden Rahmenbedingungen schaffen, um die Nachhaltigkeit, den CO_2-Fußabdruck, die Recycelbarkeit und die Müllvermeidung betrachtet wird.

Die Lebenszyklusbetrachtung als ganzheitlicher Blick auf alle Gebäude. Wirtschaftlichkeit muss lebenszyklusübergreifend betrachtet und die Vermeidung der Folgeschäden des Klimawandels mitkalkuliert werden. Das fertige Bauwerk darf nicht mehr als Ziel eines Prozesses gesehen werden, sondern der Bau mitsamt seiner Lebenszeit und seines Ablebens bis zur Wiederverwertung.

Die Nutzung nachwachsender, regenerativer und wiederverwertbarer Ressourcen bei Baustoffen hat Priorität. Das Prinzip der Kreislaufwirtschaft mit dem Ziel einer Recyclingquote von 100 Prozent der wiederverwertbaren Bau- und Abbruchmaterialien muss über allem stehen.

Es müssen Strategien entwickelt werden, um mit weniger Ressourceneinsatz, Energie- und Flächenverbrauch auszukommen und Zersiedelung entgegenzuwirken. Leerstand muss vermieden oder im Sinne des Klimaschutzes als Entwicklungspotenzial verstanden und zur effektiven Deckung des Wohnraumbedarfs genutzt werden.

Mit Umwandlung und Umnutzung die Mobilitätswende planerisch gestalten durch Ausbau der ÖPNV im Innenstadtbereich. Die Verbindungsfrequenz im ländlichen Raum muss im Zusammenhang mit der Verbesserung der Fahrradstreckenqualität erhöht werden. Die Umwandlung der urbanen Mobilität führt parallel zur möglichen Umnutzung von Flächenreservoirs wie Pkw-Stellplätzen zu Grünflächen oder zur Nachverdichtung.

Nachzulesen in unserem BDB-Klimabauplan.

Was bedeutet der zunehmende Fokus auf Nachhaltigkeit für Stakeholder – Partnern, Kunden und Mitarbeiter?
Verantwortung übernehmen, für Qualität und Nachhaltigkeit der gebauten Umwelt.

Bauplanende, Politik und Wirtschaft müssen handeln, um den Leben bedrohenden Klimaschaden durch die Branche zu verkleinern.

Die Politik muss unverzüglich zukunftsfähige Leitlinien aufstellen und Voraussetzungen für vergleichbare Bewertungsmodelle schaffen. Auch Anreize in Form von Förderungen sind bereitzustellen.

Öffentliche Bauherren müssen beim nachhaltigen Bauen ihre Vorbildfunktion ausüben. Qualitätsvoller und auf den Lebenszyklus betrachteter Standard muss leichter erreicht werden.

Nicht mehr, sondern weniger Aufwand an Bürokratie und Verwaltungsverfahren sind anzustreben.

Welche Fähigkeiten sind aus deiner Sicht essenziell, um neue Wege in der Baubranche zu gehen und die nachhaltige Transformation zu meistern??
Für die Transformation müssen neue Kompetenzen geschaffen werden. Absolventen der Hochschulen und Betriebe müssen am klimagerechten Planen und Bauen beteiligt und für diese Aufgaben geschult werden. Fachbereiche mit Schwerpunkt Nachhaltigkeit müssen an Hochschulen etabliert und gelebt werden.

Interdisziplinäres Zusammenwirken aller am Bau Beteiligten ist enorm wichtig, um wachsender Herausforderungen und die Transformation in der Baubranche effizient und nachhaltig zu meistern. Dabei sind die Bauherren ein wesentlicher Partner. Bauherren müssen aufgeklärt werden, denn Eigentum verpflichtet. Das Planen und Bauen ist eine Gemeinschaftsleistung.

Um neue Wege zu gehen, ist ein Austausch über Visionen der Grundstein für Innovationen.

Ein wachsender Teil von Planungsbüros, Handwerksbetrieben und die Bauwirtschaft zeigen bereits, dass Nachhaltigkeit ohne Probleme in den aktuellen Bau- und Planungsprozess integriert werden kann. Doch zur Erreichung der notwendigen Klimaziele ist das Aufbrechen von Strukturen in der Breite notwendig, um auch jungen Innovatoren die Möglichkeit zu geben, ihre Ideen und ihr Wissen einzubringen. Nur gemeinsam kann der Grundstein für einen nachhaltigen Bauprozess geschaffen werden. Fortbildungen und Wissenstransfer muss stärker ausgeprägt werden, um den Wandlungsprozess zu unterstützen.

Experimentierfreude ist erforderlich, um einfaches und ressourcenschonendes Bauen umzusetzen, sowie ökologische Baustoffe einzuführen.

Eine Steigerung der nachhaltigen Produktivität kann nur gelingen, wenn der Digitalisierung und der Innovationskraft der Baubranche eine deutliche Priorität eingeräumt wird, in der Forschungs- wie in der Wirtschaftspolitik.

Welche Rolle spielen neue Technologien oder Materialien in diesem Zusammenhang in deiner Branche?
Die Nutzung nachwachsender, regenerativer und wiederverwertbare Ressourcen für Baustoffe und Energieversorgung hat absolute Priorität. Nur so können die immer knapper werdenden Deponiekapazitäten dauerhaft geschützt werden.

Das Prinzip der Kreislaufwirtschaft mit dem Ziel einer Recyclingquote von 100 Prozent der wiederverwertbaren Bau- und Abbruchmaterialien muss über allem stehen.

Es müssen Strategien entwickelt werden, wie treibhausgasschädliche Baustoffe möglichst substituiert oder umweltfreundlicher hergestellt werden können.

Baustoffe und Bauteile müssen zukünftig beim Rückbau einfach stofflich trennbar sein. Alle Baustoffe sollten hinsichtlich des CO_2-Wertes und ihrer Up-, Re-, Downcycling- und Entsorgungseigenschaften bewertet werden.

Innovation für neue Fertigungsverfahren werden vielfach erprobt. So zum Beispiel das 3-D-Druckverfahren.

Gibt es Beispiele für Innovationen in deiner Branche (Bau), in denen Nachhaltigkeit oder Kreislaufwirtschaft der klare Treiber war/ist?
Die Holzbau-Offensive des Landes Baden-Württemberg unterstützt eine langfristige Entwicklung hin zum klimafreundlichen Bauen und Wohnraum. Gerade bei Aufstockungen und innerstädtischer Verdichtung bietet der Werkstoff aus nachwachsenden, regenerativen und wiederverwertbaren Ressourcen besonders viele Vorteile.

Die Initiative »Einfach Bauen« ist zu begrüßen und der Beginn einer Reform-Ära im Bauwesen, die sinnvoll vereinfacht, aber dabei die Qualität im Blick behält. Einfach Bauen heißt auch ressourceneffizientes Bauen. In Bad Aibling, Bayern läuft hierzu das bekannteste Forschungsprojekt.

Das serielle Bauen, mit vorgefertigten Modulen, um schneller und effizienter zu bauen. Baustoffe und Bauteile sollen zukünftig beim Rückbau stofflich trennbar sein.

Weitere Entwicklungen im Bereich Fertigungsverfahren finden im Bereich 3-D-Druck statt. Europas größtes Gebäude mit innovativem Baustoff aus dem 3-D-Drucker entsteht derzeit in Heidelberg.

Welche Strukturen und Prozesse (intern/extern) müssen auch auf politischer Ebene neu gedacht werden, um Nachhaltigkeit in die bestehenden Geschäfts- und Ausschreibungsprozesse zu verankern?

Welche Strukturen und Prozesse müssen auch auf politischer Ebene neu gedacht werden, um Nachhaltigkeit in die bestehenden Geschäfts- und Ausschreibungsprozesse zu verankern?
Auf politischer Ebene ist ein ressortübergreifendes Handeln notwendig.

Einfachere und digitale Verwaltungsverfahren sind das Ziel für Beschleunigung bei Planungs- und Genehmigungsprozessen.

Bauherren, insbesondere der öffentliche Auftraggeber muss bei der Vergabe von Bauleistungen weg kommen vom »günstigsten« Angebot. Auf Qualität, Nachhaltigkeit und Langlebigkeit bei Produkten ist wert zu legen, ebenso auf eine fachmännische Ausführung.

Was bedeutet der zunehmende Fokus in Sachen Nachhaltigkeit für langfristigen ökonomischen Erfolg, in Balance mit Gesellschaft und Natur?
Stadt und Land planen und bauen im überregionalen Zusammenhang.

Leerstand muss vermieden oder im Sinne des Klimaschutzes im Gebäudebereich als Entwicklungspotenzial verstanden und zur effektiven Deckung des Wohnraumbedarfs genutzt werden. Städte müssen belebbar und attraktiv gestaltet werden. Das Leben und Arbeiten muss mehr zusammengeführt werden.

Welche Herausforderungen gibt es noch zu meistern?
Klimaschutz bedeutet auch soziale Nachhaltigkeit auf allen Ebenen. Neben der technischen, ökologischen und ökonomischen gilt das auch für die soziale Ebene. Suffizienz und Reduktion sollten als positives und treibendes Merkmal für die Zukunft genutzt werden. Der ökologische Umbau darf zu keiner Vertiefung der sozialen Gräben in der Gesellschaft führen.

Was ist deine Botschaft an Führungskräfte und Innovatoren, die nachhaltige Transformation zu meistern?
Veränderungen annehmen und als Chance für Neues nutzen.

Neues ausprobieren und experimentieren.

Alle mitnehmen und als Gemeinschaft denken.

Zusammenfassung

Warum erneuern wir regelmäßig unseren Kleiderschrank, kaufen die neuesten Smartphones, aktualisieren aber kaum unsere Überzeugungen und Ansichten? Ohne die notwendige Innovationskultur und das dazugehörige Veränderungsmanagement wird auch das innovativste Geschäftsmodell oder die innovativste Technologie keine Zukunft haben. Eine der größten Hürden von Geschäftsmodellinnovation und Transformation sind unternehmensinterne Hürden und Widerstände. Um in einer Welt bestehen zu können, die ein ernsthaftes Engagement für Nachhaltigkeit erfordert, müssen Unternehmen ihren organisatorischen Ansatz vollumfänglich überdenken und Nachhaltigkeit von einer freiwilligen Bemühung als festen Bestandteil im Kern ihres Geschäftsmodells verankern.

Eine nachhaltige und zirkuläre Geschäftsmodellinnovation muss vom Top-Management getrieben werden und das Commitment muss entsprechend vorhanden sein, ansonsten ist die Innovation zum Scheitern verurteilt. Dabei ist es notwendig, den CSO auf der Ebene des Top-Management zu platzieren. Der Erfolg hängt oft von der Offenheit und Fähigkeit der Führungskräfte für neue Arten der Kollaboration ab. Nachhaltigkeit und Geschäftsmodellinnovation in diesem Zusammenhang ist die Aufgabe aller Mitarbeitenden. Wenn sich Mitarbeiter:innen aus der Mitte einer Organisation selbstorganisiert in Bewegung setzen, um ihr Unternehmen zu verändern – dann nennt man das eine Graswurzelinitiative. Graswurzelbewegungen, die von Mitarbeitern initiiert und angetrieben werden, fördern die Innovationskraft in Unternehmen, machen Unternehmen vielseitiger und belebter. Aus ihnen wachsen Ideen – und auch Menschen, die sich mit ihnen verbünden. Sie dienen somit auch der Weiterentwicklung der Kultur.

12 Kommunikation als Treiber für nachhaltige Innovationen

In order to communicate sustainability, you must do sustainability first.
World Economic Forum

12.1 Die Wichtigkeit von Kommunikation in der nachhaltigen Transformation

EU-Richtlinie »Green Claims« zum Aufbau von Vertrauen
Jeder kennt Floskeln wie »100 Prozent CO_2-kompensiert«, »kompostierbar«, »biologisch abbaubar« etc. Wenn man genauer hinschaut, entsprechen jedoch in den meisten Fällen solche Aussagen nicht der Realität.

Eine Studie der EU-Kommission fand heraus, dass Konsumenten den Aussagen, die auf Produkten zu finden sind, nicht vertrauen. 53 Prozent der sog. »Green Claims«, also der umweltbezogenen Aussagen, die auf Produkten zu finden sind, geben vage, irreführende und nicht fundierte Information. Für 40 Prozent der Green Claims gibt es keine unterstützenden Beweise und das Vertrauen von Konsumenten in sie ist sehr niedrig.

Fehlinformationen, Misstrauen und fehlende unmittelbare Vorteile für die Verbraucher machen es zu einer Herausforderung, Nachhaltigkeit erfolgreich zu kommunizieren.

Für Unternehmen ist mangelhafte Kommunikation nicht nur für deren Reputation schädlich, sondern künftig auch strafbar, jedenfalls nach der vorgeschlagenen »Green-Claims-Richtlinie« der EU. Häufig tauch in diesem Zusammenhang der Begriff »Greenwashing« auf. Darunter versteht man unklare, schlecht begründete oder fehlerhafte Behauptungen, die Verbraucher glauben lassen, dass Unternehmen, Produkte oder Dienstleistungen umweltfreundlicher seien, als sie tatsächlich sind. Greenwashing betreiben Unternehmen auf der ganzen Welt in allen Branchen.

Die EU-Richtlinie »Green Claims« umfasst die Verpflichtung, gegen falsche Umweltbehauptungen vorzugehen, um sicherzustellen, dass Verbraucher zuverlässige, vergleichbare und überprüfbare Informationen erhalten. Damit haben Verbraucher eine bessere Grundlage, um tatsächlich nachhaltige Entscheidungen zu treffen, und das Risiko verringert sich, auf Greenwashing Fallen hereinzufallen.

Kommunikation ist der erste Schritt für die Veränderung
Das Outdoor-Bekleidungs-Unternehmen Patagonia, das als Pionier für nachhaltige Produktion gilt, legte bereits 2011 mit dem folgenden Slogan den Grundstein für nachhaltige Kommunikation mit Wirkung: »Kaufen Sie diese Jacke nicht!« hieß es in einer Anzeige, die Patagonia 2011 in den USA veröffentlichte (vgl. Zacharias, 2015). Dabei rät Patagonia seinen Kunden, nicht zu kaufen. Damit ist Patagonia zur globalen Hipstermarke geworden.

Wie wir an diesen Beispielen erkennen können, haben solche Floskeln oder Slogans enorme Macht und Wirkung auf Gesellschaft, Umwelt und Unternehmen.

Kommunizieren bedeutet Ideen, Gedanken oder Gefühle zu übertragen, von einem Sender an einen Empfänger, verbal oder nonverbal. Gerade in der Wirtschaft hat Kommunikation einen hohen Stellenwert, da Menschen mit Menschen zusammenarbeiten. In jeder Initiative, in der es um Nachhaltigkeit geht, oder bei jeder Nachhaltigkeitsstrategie, spielt Kommunikation eine entscheidende Rolle, um die Initiative voranzutreiben. Denn Kommunikation ist der erste Schritt einer Handlung. Um eine effektive Kommunikation zu etablieren, müssen Verantwortliche in einer Organisation den Empfängern daher auf einfache, direkte und präzise Weise ihre Nachhaltigkeitsziele vermitteln, sei es mündlich oder schriftlich. Es ist wichtig unterschiedliche Perspektiven mit einzubeziehen. Um jede und jeden mit den Zielen zu erreichen, sollten Kommunikationsverantwortliche auch die geschlechterspezifischen und kulturellen Unterschiede in der Kommunikation berücksichtigen.

Nachhaltigkeit ist ein globaler Trend und Kommunikation bietet in diesem Rahmen immense Chancen, echte Nachhaltigkeit voranzutreiben. Kommunikation spielt somit in jeder Nachhaltigkeitsstrategie eine entscheidende Rolle. Wenn es an interner Kommunikation mit Mitarbeitern mangelt, ist es schwierig, die Änderungen, die im Hinblick auf die Verbesserung der Nachhaltigkeit einer Organisation erforderlich sind, umzusetzen. Darüber hinaus ist die externe Kommunikation mit Kunden, Partnern und der Community ein Muss.

Der externen Kommunikation kommt dabei eine Schlüsselrolle zu, um auf diesen aufkommenden Trends aufzubauen und Entwicklungen für Kunden und die Gesellschaft zugänglich, verständlich und nachhaltig zu gestalten. Mit Kommunikation beginnt Verständnis und Aufklärung. Menschen beginnen zu verstehen, welche Auswirkungen sie auf diese Welt haben, und dass jedem einzelnen eine Verantwortung zukommt, sich darum zu kümmern. Informierte, motivierte und engagierte Menschen können dabei helfen, die Nachhaltigkeitsziele zu erreichen.

Positive Kommunikation für intrinsische Motivation

Experten kommen zunehmend zu der Erkenntnis, dass traditionelle Botschaften von Regierungen und öffentlichen Gruppen oftmals zu bevormundend, anschuldigend oder missbilligend sind. Kommunikation kann aber auch aus Empfehlungen bestehen, aus denen gelernt werden kann. Ist der Kommunikationsstil positiv, authentisch und auf unterschiedliche Menschen zugeschnitten, spricht dies Konsumenten mehr an und Konsumentenmuster können damit tatsächlich verändert werden. Die Menschen müssen anders handeln wollen, aber sie brauchen auch die Werkzeuge, die es ihnen ermöglichen, es zu tun. Nachhaltige Produkte, Dienstleistungen und Infrastruktur sind Teil der Lösungen, die Regierungen und Unternehmen bereitstellen müssen. Gleichzeitig müssen die daraus resultierenden Mehrwerte kommuniziert werden und es muss eine attraktive Preisgestaltung vorliegen. Ansonsten werden solche Lösungen nicht gekauft und nachhaltige Veränderung kommt ins Stocken. Und selbst die nachhaltigsten Lösungen bringen keinen Impact, wenn sie nicht gekauft werden.

Authentizität für Vertrauen und Loyalität

Wenn Unternehmen über Nachhaltigkeit sprechen, müssen diese Botschaften auch im Geschäftsmodell verankert sein – mit konkreten, messbaren Zielen, mit einem Aktionsplan, wie und bis wann diese Ziele erreicht werden sollen. Dazu müssen alle diesbezüglichen Aktionen von denjenigen, die die Kommunikation steuern, auch vorgelebt werden, ansonsten fehlt es an Authentizität. Aber gerade daran mangelt es oftmals, weswegen die Kommunikation zu Misstrauen in der Belegschaft oder Gesellschaft führt (vgl. Shea & Montillaud-Joyel, 2005, S. 7). Wohingegen Kommunikation von Fakten und tatsächlich gelebter Nachhaltigkeit für Transparenz, Nachvollziehbarkeit und Vertrauen sorgt. Über kurz oder lang merken Kunden und Partner, ob die Kommunikation auf Basis authentischer Aktionen läuft. Ist dem nicht so, riskiert das Unternehmen seinen Ruf.

Doch die Herausforderungen, die in der Kommunikation von Nachhaltigkeit liegen, dürfen nicht abschrecken. Zu oft lernen wir Unternehmen kennen, die bereits zahlreiche nachhaltige und zirkuläre Geschäftsmodelle und Innovationen etablierten und vor Angst, des Greenwashings bezichtigt zu werden, dies lieber nicht kommunizieren. An dieser Stelle spielt jedoch Kommunikation eine wichtige Rolle. Sie ist Treiber von Motivation, Realität.

Kommunikation und die dafür Verantwortlichen haben somit eine enorme Verantwortung und einen enormen Hebel in der Hand.

Um Nachhaltigkeit in Organisationen voranzutreiben und zu entwickeln, ist es also notwendig, dass Menschen intern und extern kommunizieren. Wie dies am besten funktioniert, zeigen wir im folgenden Kapitel.

12.2 Guidelines professioneller, authentischer und nachhaltiger Kommunikation

Währen der Lektüre dieses Buchs dürfte immer deutlich geworden sein: Nachhaltigkeit ist ein hochkomplexes Thema, das oftmals unterschätzt wird. Daher fehlt es bei einer Reihe von Unternehmen auch an entsprechenden Kompetenzen. Dies betrifft auch das Thema Nachhaltigkeitskommunikation. Es bedarf der Zusammenarbeit von Fachabteilungen mit ausgebildetem Personal in Bezug auf Nachhaltigkeit und Kreislaufwirtschaft und man braucht Kommunikationsexperten, die sich mit den neuesten Richtlinien auskennen, um eine professionelle Nachhaltigkeitskommunikation zu etablieren. Dialog, Einbindung von Stakeholdern zur Verbreiterung einschlägiger Informationen sowie gesteigerte Informationsmengen sind der Schlüssel zum Erfolg.

Kommunikation spielt eine Schlüsselrolle für Strategie und Führung. Um Strategie erfolgreich auszuführen und Führungskräfte sowie Mitarbeiter erfolgreich bei der nachhaltigen Transformation mitzunehmen, bedarf es Leitlinien.

Anforderungen der EU Green Claims Direktive (vgl. McKenzie B., 2023, S. 1)
Einen Teil dieser Leitlinien gibt die EU Green Claims Direktive vor, die folgende Themen umfasst:

- Die Kommunikation von Green Claims sollte einer Überprüfung durch Dritte unterliegen, bevor diese öffentlich gemacht werden.
- Green Claims müssen unter Verwendung weithin anerkannter wissenschaftlicher Erkenntnisse und relevanter internationaler Standards begründet werden.
- Der Vergleich von Nachhaltigkeitsleistung eines Produkts mit den Leistungen eines Konkurrenten ist nur unter ganz bestimmten Voraussetzungen zulässig.
- Green Claims, die bestimmte Bemühungen eines Unternehmens hervorheben, welche die Zukunft zu verbessern versprechen, müssen einen klaren, festgelegten Zeitrahmen für das Erreichen dieser Ziele und Meilensteine definieren und veröffentlichen.
- Es sollte absolute Transparenz herrschen, wenn Green Claims auf CO_2-Kompensation angewiesen sind.
- Angaben zum Eigentum von Umweltkennzeichnungen, deren Aussteller, Ziele und Prüfungsverfahren sollten transparent, kostenlos zugänglich sowie leicht verständlich und ausreichend detailliert sein.
- Green Claims, die eine aggregierte Bewertung von Unternehmens- oder Produktwertungssystemen verwenden, sind verboten, es sei denn, sie basieren auf EU-Vorschriften oder EU-Kennzeichnungsschemata zur Berechnung von solchen aggregierten Wertungen.
- Informationen, auf die sich der Green Claim beruft, müssen der Öffentlichkeit in physischer Form zugänglich gemacht werden, sei es als Formular, über einen Weblink, über einen QR-Code oder auf andere gleichwertige Weise.

Doch wie können wir diese Vorgaben erreichen?

Zuhören und Verstehen

In jeder Kommunikation ist es wichtig, die aktuelle Situation und die Perspektiven der Beteiligten zu verstehen (vgl. Shea & Montillaud-Joyel, 2005, S. 11). Dazu gehört es, die richtigen Fragen zu stellen, um die volle Transparenz über das Vorhaben zu erhalten und hinter die Kulissen schauen zu können. Informationen aus der Impactevaluierung oder aus Nachhaltigkeitsberichten helfen dabei, eine Basis zu schaffen und Fakten transparent und professionell darzustellen.

Zielgruppe analysieren

Die Analyse der Zielgruppe und der Aufbau von Verständnis über deren Perspektiven und Bedürfnisse ist essenziell für eine effektive, zielgerichtete Kommunikation.

Klare Zielsetzung

Klare, erreichbare und messbare Ziele für die Kommunikation zu setzen, ist wichtig, um zu prüfen, ob die Kommunikationsziele erreicht wurden.

Definition des Nachrichteninhalts und des Kommunikationskanals

Neben der Definition der Zielgruppe und des klaren Kommunikationsziels gehört es zu den wichtigen Faktoren für eine erfolgreiche Kommunikation, den Inhalt zu gestalten, den Nachrichtenübermittler festzulegen, die Medien und den Tons zu wählen (vgl. Shea & Montillaud-Joyel, 2005, S. 6).

Planung von Kampagnen

Eine Form der Kommunikation sind Kampagnen. Erfolgreiche Kampagnen stehen oder fallen mit der erfolgreichen Implementierung. Die Definition der Verantwortlichkeiten, effektives Projektmanagement und Ressourcen in Form von Investitionen und Kapazitäten sind wichtig für den Erfolg der Kampagne. Die Präsenz der Nachhaltigkeitskompetenzträger, wie z. B. des Chief Sustainability Officers, der Nachhaltigkeits- und Kommunikationsverantwortlichen auf Kampagnen vor Ort oder online, ist äußert relevant, um für Vertrauen zu sorgen und Fragen der Kunden, Konsumenten oder Gesellschaft zu beantworten.

Messbarkeit und Evaluierung der Kommunikation

Was nicht gemessen werden kann, kann auch nicht gemanagt werden. Erfolg basiert auf ständigem Hinterfragen und Anpassen von Bestehendem. Um erfolgreich Anpassungen durchzuführen, ist es notwendig, zu wissen, an welcher Stellschraube diese Anpassung sinnvoll ist.

In diesem Kapitel haben Sie eine Reihe von Leitlinien kennengelernt, die die Nachhaltigkeitskommunikation verbessern und dazu beitragen sollen, dass Nachhaltigkeit Schritt für Schritt in die Welt getragen wird.

Abschließend möchte ich Ihnen noch die wichtigsten Eigenschaften nennen, die Nachrichten haben sollten, um auf effektive Weise Inhalte zu generieren, die Gehör finden:

- Sei transparent und ehrlich
- Nimm Mitarbeiter von Beginn an mit
- Sei ansprechend und emotional
- Halte es einfach
- Fokussiere dich auf Fakten
- Kommuniziere positiv und visuell
- Gestalte es anders und kreativ
- Nutze das Wort »nachhaltig« selten

Nachhaltige Kommunikation verbindet Chancen und Risiken zugleich. Kommunikation ist Macht, die wir nutzen können, um Gutes anzustoßen, für Veränderung zu sorgen und die Herausforderungen der Zukunft zu meistern. Genau dafür sollten wir Kommunikation nutzen, um eine lebenswerte Zukunft zu gestalten.

Im Gespräch mit Jasmin Heim (BOSCH Rexroth)

Jasmin Heim, Director Marketing im BOSCH-Konzern, absolvierte ihr Studium der Betriebswirtschaft & Recht an der TH Aschaffenburg als Diplom Betriebswirtin mit den Schwerpunkten Recht des Markenmanagements und Unternehmensführung. Seit 2007 positioniert sie Marken der B2B-Welt durch die Entwicklung von Markenstrategien, Employer Branding und die Transformation in die digitale Welt in Kleinunternehmen, dem Mittelstand sowie in Großkonzernen. Ihre berufliche Karriere startete sie in der Marketingabteilung der IT-Unternehmensberatung PASS Consulting Group in Aschaffenburg als Marketing Manager und leitete ab 2012 die Beratung der Werbeagentur B2 Communications, Aschaffenburg. Seit 2017 ist sie Director Marketing der Business Unit Automation des Industrieunternehmens Bosch Rexroth und verantwortet den Bereich der Fabrikautomation. Erfolgreich positioniert und vermarktet sie seit 2019 die revolutionäre Automatisierungsplattform ctrlX AUTOMATION.

Was bedeutet für dich Nachhaltigkeit als Innovationstreiber?

Nachhaltigkeit an sich ist nichts Neues, sondern seit vielen Jahrzehnten, jedoch nur in bestimmten Interessensgruppen, das Topthema. Dass es nun endlich gesellschaftsrelevant geworden ist, war mehr als überfällig und führt dazu, erneut alles auf den Prüfstand zu stellen. So, wie es einmal die Digitalisierung war, ist es heute die Nachhaltigkeit mehr denn je.

Für mich persönlich sollte Nachhaltigkeit kein Innovationstreiber sein, sondern die Basis jeder Innovation. Heute sollte man bei jeder Innovation in jeglichen Prozessschritten die Nachhaltigkeitsfrage stellen. Nur wenn dies gegeben ist, kann eine nachhaltige Lösung entwickelt werden, die schließlich auch als nachhaltig vermarktet werden kann.

Wie wirkt sich dies auf Marketing und Kommunikation aus?
Unternehmen, die in ihren Werten »Nachhaltigkeit« oder »Zukunftsorientierung« verzeichnen, mussten schon immer dem Aspekt der Nachhaltigkeit gerecht werden. Marketing-Assets wie Print-Produkte, Produktionen etc. mussten diesen Werten entsprechen, um authentisch zu kommunizieren. Somit ist das Thema an sich auch hier nichts Unbekanntes, wurde oftmals aber noch nicht konsequent gelebt.

Heute führt kein Weg daran vorbei und viele Bereiche des Marketings sind noch in den Kinderschuhen, wenn es darum geht, sich wirklich nachhaltige Lösungen einfallen zu lassen. Vor allem im Live-Marketing (Messen & Events) gibt es viel Potenzial, das nach meiner Erfahrung nun intensiv angegangen wird. Die Digitalisierung hat einen großen Beitrag geleistet, das klassische und nicht sehr nachhaltige Marketing abzulösen. Grundsätzlich gilt es, von der Strategie bis zur Umsetzung Nachhaltigkeit in den Fokus zu setzen – wie bei der Innovation.

Was bedeutet der zunehmende Fokus auf Nachhaltigkeit für Stakeholder – Partner, Kunden und Mitarbeiter?
Aktuell ist dies sicherlich noch eine Generationenfrage. Wenn man sich die nachfolgenden Generationen anschaut, dann ist Nachhaltigkeit neben Diversität ein entscheidendes Kriterium, sich für oder gegen einen Arbeitgeber zu entscheiden – sie wollen Fakten erleben, nicht nur Zeilen auf Websites lesen.

Weiterhin kommt es stark auf die Branche an, wie intensiv die Anforderungen sind. Im B2C-Bereich fordern Kunden und Regierung schon lange weit mehr von Produzenten als im B2B-Bereich. Aber auch im B2B-Bereich verändert sich der Fokus, wodurch Strategien entwickelt werden und neue Prozesse abgeleitet werden müssen.

Gibt es Beispiele für Innovationen in deinem Unternehmen, wann Nachhaltigkeit oder Kreislaufwirtschaft der klare Treiber war/ist?
Es gibt bereits zahlreiche Lösungen und Services bei Bosch Rexroth, die durch Nachhaltigkeit getrieben wurden. Ein perfektes Beispiel ist das Remanufactured Products-Programm, das 1:1 mit Refurbished-Programmen aus dem B2C-Bereich gleichzusetzen ist. Hier wurde die Frage gestellt, wie man bereits verkaufte und gebrauchte oder defekte Produkte zurück in den Kreislauf bringen kann, um sie zu erneuern und wieder einzusetzen.

Welche Chancen siehst du in der Nachhaltigkeitskommunikation (intern und extern)?

1. Aufklärung
2. Aufmerksamkeit
3. Positionierung
4. Imageverbesserung
5. Vertrauensbildung
6. Umsatzsteigerung

Welche Risiken siehst du in der Nachhaltigkeits-Kommunikation (intern und extern)?

1. Greenwashing (versteckte Kompromisse, fehlende Nachweise)
2. Mangelndes Nachhaltigkeitsmanagement
3. Imageschaden
4. Vertrauensverlust

Inwiefern stehen nachhaltige und zirkuläre Geschäftsmodellinnovation in direktem Zusammenhang mit der Marken- und Marketingstrategie eines Unternehmens?
Jede gute Markenstrategie setzt direkt auf der übergreifenden Unternehmensstrategie auf. Marketing steht in Abhängigkeit zu Unternehmenswerten, Vision, Mission, Leitplanken. Sofern ein Unternehmen Nachhaltigkeit in seiner Strategie verankert, ist es die Aufgabe der Markenverantwortlichen, diesen Wert in die gesamte Kommunikation aufzunehmen. Nur so kann Greenwashing vermieden werden: Was nicht in der Unternehmensstrategie zu finden ist und nicht gelebt wird, sollte auch nicht vermarktet werden.

Was bedeutet der zunehmende Fokus in Sachen Nachhaltigkeit für deinen langfristigen Geschäftserfolg?
Marketing & Kommunikation verantworten den ersten Eindruck, die Visitenkarte eines Unternehmens – das Erscheinungsbild, die Marke. Somit haben diese Be-

reiche eine gravierende Auswirkung auf den Geschäftserfolg. Die Integration der Nachhaltigkeit im ökologischen, ökonomischen und sozialen Sinne ist unabdingbar dafür.

Welche Herausforderungen gibt es noch zu meistern?
Wichtig ist, dass man top-down vorgeht:

1. Unternehmensstrategie
2. Markenstrategie
3. Marketingstrategie

Aus der Marketingstrategie lassen sich die entsprechenden Maßnahmen ableiten, die schließlich allumfassend auf den Prüfstand gestellt werden müssen, indem die Konzeption mit dem Nachhaltigkeitsgedanken startet und Prozesse neu definiert.

Es gibt viel zu tun, aber die Chancen sind groß.

Was ist deine Botschaft an Führungskräfte und Innovator:innen, damit sie die Nachhaltigkeitskommunikation und ein entsprechendes Branding meistern?
Grundsätzlich sollten wir Nachhaltigkeit nicht als Trend oder Pflicht betrachten, sondern als Selbstverständlichkeit, die viel zu lange vernachlässigt wurde. Es wäre wünschenswert, dass wir bei allem, was wir tun, ökonomische, ökologische und soziale Aspekte in den Vordergrund stellen.

Unternehmensbeschreibung
Bosch Rexroth sorgt als ein weltweit führender Anbieter von Antriebs- und Steuerungstechnologien für effiziente, leistungsstarke und sichere Bewegung in Maschinen und Anlagen jeder Art und Größenordnung. Das Unternehmen bündelt weltweite Anwendungserfahrungen in den Marktsegmenten Mobile- und Industrie-Anwendungen sowie Fabrikautomation. Mit intelligenten Komponenten, maßgeschneiderten Systemlösungen, Engineering sowie Dienstleistungen schafft Bosch Rexroth die Voraussetzungen für vollständig vernetzbare Anwendungen. Bosch Rexroth bietet seinen Kunden Hydraulik, Elektrische Antriebs- und Steuerungstechnik, Getriebetechnik sowie Linear- und Montagetechnik einschließlich Software und Schnittstellen ins Internet der Dinge/Internet of Things (IoT). Mit einer Präsenz in mehr als 80 Ländern erwirtschafteten über 32.000 Mitarbeitende 2022 einen Umsatz von rund 7,0 Milliarden Euro.

Zusammenfassung

Fehlinformationen, Misstrauen und fehlende unmittelbare Vorteile für Kunden, Verbraucher, Mitarbeiter und die Gesellschaft machen es zu einer Herausforderung, Nachhaltigkeit erfolgreich zu kommunizieren. Eine mangelhafte Kommunikation ist jedoch nicht nur für die Reputation von Unternehmen schädlich, sondern nach der vorgeschlagenen EU-Richtlinie »Green Claims« künftig auch strafbar. Unter Greenwashing versteht man unklare oder schlecht begründete Aussagen über Umweltbedingungen und Behauptungen, die Verbraucher möglicherweise glauben lassen, dass Unternehmen, Produkte oder Dienstleistungen umweltfreundlicher seien, als sie es tatsächlich sind. Dies betrifft Unternehmen auf der ganzen Welt in allen Branchen. Die EU-Richtlinie »Green Claims« umfasst die Verpflichtung, gegen falsche Behauptungen über die Umwelt vorzugehen, um sicherzustellen, dass Verbraucher zuverlässige, vergleichbare und überprüfbare Informationen erhalten. Damit können Verbraucher bewusster Entscheidungen treffen, die tatsächlich nachhaltig sind, und das Risiko verringern, auf Greenwashing-Fallen hereinzufallen. Kommunikation bedeutet, Ideen, Gedanken oder Vorhaben zu übertragen, und ist meist der erste Schritt für Veränderung. Der öffentlichen Kommunikation kommt dabei eine Schlüsselrolle zu, um auf diesen aufkommenden Trends aufzubauen und Entwicklungen zugänglich, verständlich und nachhaltig zu gestalten. Durch Kommunikation beginnt Verständnis und Aufklärung. Authentizität und faktenbasierte Kommunikation ist dabei von enormer Bedeutung für Vertrauen und Loyalität.

13 Ausblick

Wir sind uns darüber im Klaren, dass wir nicht in der Lage sind, alle Aspekte der nachhaltigen und zirkulären Geschäftsmodellinnovation und ihre Auswirkungen zu erforschen, zu analysieren und in unsere Arbeit einzubeziehen. Die Erforschung nachhaltiger und zirkulärer Geschäftsmodellinnovationen ist ein fortlaufender Prozess, der sich ständig weiterentwickelt. Unser Blick in die Zukunft zeigt, dass die Notwendigkeit, den Ball ins Rollen zu bringen, drängender ist als je zuvor. Die Herausforderungen, vor denen unsere Gesellschaft steht, erfordern nicht nur eine tiefgreifende Analyse, sondern auch konkrete Maßnahmen und die Umsetzung neuer Denkweisen. Unser Ziel ist es somit, einen Anstoß zu geben, zu starten und Inspirationen zu schaffen.

Die kommenden Jahre werden eine Zeit des Wandels sein, in der Unternehmen und Führungskräfte die Chance haben, sich als Vorreiter in nachhaltigen und zirkulären Geschäftspraktiken zu positionieren. Neue Geschäftsmodelle, Denkweisen, Technologien, Führung und Kompetenzen sind entscheidend für die Entwicklung einer Wirtschaft, die in Balance mit Gesellschaft und Natur ist. Das gegenwärtige Wirtschaftssystem übt einen enormen Druck auf den Planeten aus. Mit der steigenden Anzahl an Konsumenten und Produzenten werden traditionelle Geschäftsmodelle zusammenbrechen. Unternehmen, die innovative und regenerative Geschäftsmodelle entwickeln, werden gegenüber dem Wettbewerb massive Vorteile erzielen. Diejenigen, die sich nicht anpassen können, werden den steigenden Anforderungen und Erwartungen von Verbrauchern und Stakeholdern nicht gerecht werden.

Es wird entscheidend sein, dass Unternehmen nicht nur nachhaltige Praktiken einführen, sondern auch einen Kulturwandel fördern, der Innovation und Nachhaltigkeit miteinander verbindet. Führungskräfte müssen die einfache Wahrheit erkennen: Nachhaltigkeit und Innovation sind untrennbar miteinander verbunden. Diejenigen, die mutige Entscheidungen treffen und innovative Ansätze umsetzen, werden nicht nur ökologische und soziale Verantwortung übernehmen, sondern auch langfristige Wettbewerbsvorteile erzielen.

Technologische Entwicklungen werden eine Schlüsselrolle spielen, indem sie Unternehmen dabei unterstützen, effizienter und ressourcenschonender zu agieren. Gleichzeitig wird eine verstärkte Zusammenarbeit zwischen Unternehmen, Regierungen und der Zivilgesellschaft erforderlich sein, um die drängendsten Herausforderungen anzugehen.

In unserem Bemühen, einen Anstoß zu geben und Inspirationen zu schaffen, sehen wir die Zukunft als eine Zeit der Chancen und Herausforderungen. Es liegt an uns allen, aktiv an der Gestaltung dieser Zukunft teilzunehmen und die Weichen für eine Wirtschaft zu stellen, die im Einklang mit Gesellschaft und Natur steht. Das gelingt jedoch nur, wenn Führungskräfte erkennen:

Nachhaltigkeit = Innovation.

Literaturverzeichnis

15 % Regel von 3 M. (o. D.). 3 M. https://www.3mdeutschland.de/3 M/de_DE/karriere/kultur/15-prozent-regel/, abgerufen am 27.08.2023

3 M weitet Initiative zur Förderung der Innovationskultur aus. (2010, 6. Oktober). pressetext. https://www.pressetext.com/news/3 m-weitet-initiative-zur-foerderung-der-innovationskultur-aus.html, abgerufen am 27.08.2023

5 G und Nachhaltigkeit (2022). Zur Diskussion: 5 G und Nachhaltigkeit. https://5 g.nrw/zur-diskussion-5 g-und-nachhaltigkeit/#:~:text=Qualcomm%20prognostiziert%20in%20diesem%20Bericht,2021 %20zitiert%20nach%20Pal%202021, abgerufen am 02.08.2023

7 Innovators scaling the impact of nature-based solutions. (2022, 14. Dezember). World Economic Forum. https://www.weforum.org/agenda/2022/12/meet-the-7-innovators-equipping-nature-with-the-tools-to-fight-back/, abgerufen am 10.08.2023

About sustainable products. (o. D.). European Commission. https://commission.europa.eu/energy-climate-change-environment/standards-tools-and-labels/products-labelling-rules-and-requirements/sustainable-products/about-sustainable-products_en, abgerufen am 15.08.2023

Acaroglu, L. (2023, 27. April). Die Chance für Innovation – Nachhaltigkeit als Innovationschance: Von der Linear- zur Kreislaufwirtschaft [Video]. LinkedIn. https://www.linkedin.com/learning/nachhaltigkeit-als-innovationschance-von-der-linear-zur-kreislaufwirtschaft/die-chance-fur-innovation, abgerufen am 15.08.2023

Acaroglu, L. (2023b, April 27). Einführung in die Kreislaufwirtschaft – Nachhaltigkeit als Innovationschance: von der Linear- zur Kreislaufwirtschaft [Video]. LinkedIn. https://de.linkedin.com/learning/nachhaltigkeit-als-innovationschance-von-der-linear-zur-kreislaufwirtschaft/einfuhrung-in-die-kreislaufwirtschaft, abgerufen am 14.08.2023

Accenture. (2021, 25. Januar). European Companies That Accelerate Both Digital and Sustainability Transitions Will Recover Faster from the COVID-19 Crisis. Accenture. https://newsroom.accenture.com/news/european-companies-that-accelerate-both-digital-and-sustainability-transitions-will-recover-faster-from-the-covid-19-crisis-finds-research-from-accenture.htm, abgerufen am 27.08.2023

Addy C., Chorengel M., Collins M. & Etzel M. (2020, 30. November). Calculating the value of impact investing. Harvard Business Review, January-February 2019, S. 102–109. https://hbr.org/2019/01/calculating-the-value-of-impact-investing, abgerufen am 20.08.2023

Amler J. (2022, 14. Januar). Zur Diskussion: 5 G und Nachhaltigkeit. 5 G.NRW. https://5 g.nrw/zur-diskussion-5 g-und-nachhaltigkeit, abgerufen am 13.08.2023

Andreini D. & Bettinelli C. (2017). Business model innovation: From Systematic Literature Review to Future Research Directions. Springer.

Antonelli, P. (2020). Neri Oxman: Material Ecology. Museum of Modern Art.

Arbeitskreis des Fachausschusses Biomaterialien (o. D.). Biomimetische biomaterialien. DGM. https://dgm.de/de/netzwerk/fach-gemeinschaftsausschuesse/biomaterialien/biomimetische-biomaterialien, abgerufen am 14.08.2023

Ausschuss der ständigen Vertreter (2023, 15. Mai). Vorschlag für eine Verordnung des Europäischen Parlaments und des Rates zur Schaffung eines Rahmens für die Festlegung von Ökodesign- Anforderungen für nachhaltige Produkte und zur Aufhebung der Richtlinie 2009/125/EG. https://data.consilium.europa.eu/doc/document/ST-9014-2023-INIT/de/pdf, abgerufen am 14.08.2023

Aziz, A. (2020, 7. März). The Power of Purpose: the business case for purpose (All the data you were looking for Pt 2). Forbes. https://www.forbes.com/sites/afdhelaziz/2020/03/07/the-power-of-purpose-the-business-case-for-purpose-all-the-data-you-were-looking-for-pt-2, abgerufen am 09.08.2023

Bahous S. (2022, 3. März). Celebrating the solution multipliers. UN Women – Arab States. https://arabstates.unwomen.org/en/stories/statement/2022/03/celebrating-the-solution-multipliers, abgerufen am 03.08.2023

Baik S., Kim D. W., Park Y., Lee T., Bhang S. H. & Pang C. (2017). A wet-tolerant adhesive patch inspired by protuberances in suction cups of Octopi. Nature, 546(7658), 396–400. https://doi.org/10.1038/nature22382, abgerufen am 28.08.2023

BAM – Bundesanstalt für Materialforschung und -prüfung. (o. D.). Ökodesign/EU-Energielabel. BAM Netzwerke. https://netzwerke.bam.de/Netzwerke/Navigation/DE/Evpg/evpg_uebersicht.html, abgerufen am abgerufen am 28.08.2023

Bauer C., Buchgeister J., Hischier R., Poganietz W., Schebek L. & Warsen J. (2008). Towards a framework for life cycle thinking in the assessment of nanotechnology. Journal of Cleaner Production, 16(8–9), 910–926. https://doi.org/10.1016/j.jclepro.2007.04.022, abgerufen am 28.08.2023

Benner S. A. & Sismour A. M. (2005). Synthetic Biology. Nature Reviews Genetics, 6(7), S. 533–543. https://doi.org/10.1038/nrg1637, abgerufen am 28.08.2023

Bionik und Biomimikry – wenn die Natur als Vorbild dient (2022, April 14). Open Science. https://www.openscience.or.at/de/wissen/umwelt-technik-landwirtschaft/2019-12-23-bionik-und-biomimikry-wenn-die-natur-als-vorbild-dient/, abgerufen am 28.08.2023

Bloomenthal A. (2023). Value-Based pricing. Investopedia. https://www.investopedia.com/terms/v/valuebasedpricing.asp, abgerufen am 23.08.2023

Böhmann T., Warg M., Weiß P. (2013) Service-orientierte Geschäftsmodelle: Erfolgreich umsetzen. Springer Gabler.

Bringé A. (2023, 2. Januar). The state of sustainability in the fashion industry (And what it means for brands). Forbes. https://www.forbes.com/sites/forbescommunicationscouncil/2023/01/02/the-state-of-sustainability-in-the-fashion-industry-and-what-it-means-for-brands/?sh=d4faba61c827, abgerufen am 28.08.2023

Bundesumweltministerium. (o. D.). Ressourceneffizienz – Worum geht es? Bundesministerium für Umwelt, Naturschutz, nukleare Sicherheit und Verbraucherschutz. https://bmuv.de/themen/wasser-ressourcen-abfall/ressourceneffizienz/ressourceneffizienz-worum-geht-es, abgerufen am 22.08.2023

Bundesministerium für Umwelt (o. D.). Deutsches Ressourceneffizienzprogramm III – 2020 bis 2023 I Bundesministerium für Umwelt, Naturschutz, nukleare Sicherheit und Verbraucherschutz. https://www.bmuv.de/fileadmin/Daten_BMU/Pools/Broschueren/ressourceneffizienz_programm_2020_2023.pdf, abgerufen am 22.08.2023

Bundesregierung. (2023, 17. August). Die UN-Nachhaltigkeitsziele. Die Bundesregierung informiert | Startseite. https://www.bundesregierung.de/breg-de/themen/nachhaltigkeitspolitik/die-un-nachhaltigkeitsziele-1553514, abgerufen am 17.08.2023

Bundschuh C., Dresp M. & Emunds P. (2018, 15. Februar). Nachhaltigkeit lohnt sich – Gesellschaft und Unternehmen im Wandel. LBBW. https://www.lbbw.de/konzern/research/2018/blickpunkte/lb_studie_nachhaltigkeit_wandel_7ax8ein8q_m.pdf, abgerufen am 28.08.2023

Business Model Toolbox. (2021, 23. März). Social Business model Canvas – Business Model Toolbox. https://bmtoolbox.net/tools/social-business-model-canvas/, abgerufen am 21.08.2023

Candelon F., Gombeaud M., Stokol G., Patel V., Gourévitch A. & Goeldel N. (2022, 10. Februar). Synthetic biology is about to disrupt your industry. BCG Global. https://www.bcg.com/publications/2022/synthetic-biology-is-about-to-disrupt-your-industry, abgerufen am 24.04.2023

CASE Knowledge Alliance. (o. D.). Sustainable Business Model Canvas – CASE. CASE. https://www.case-ka.eu/index.html%3Fp=2174.html, abgerufen am 26.05.2023

Chesbrough Prof. H. W. (2007, 1. Januar). Why companies should have open business models. MIT Sloan Management Review. https://sloanreview.mit.edu/article/why-companies-should-have-open-business-models/, abgerufen am 17. August 2023

Christensen C. M., Ojomo E. & Dillon K. (2019). The prosperity paradox: How Innovation Can Lift Nations Out of Poverty. HarperBusiness.

Circular Design Guide (o. D.) https://www.circulardesignguide.com/, abgerufen am 24.03.2023

Circular Design: Turning ambition into action. (o. D.). Ellen MacArthur Foundation. https://ellenmacarthurfoundation.org/topics/circular-design/overview, abgerufen am 26.05.2023

Circular Economy Diagram. (2019). The butterfly diagram: visualizing the circular economy. https://www.ellenmacarthurfoundation.org/circular-economy-diagram, abgerufen am 26.05.2023

Circular Economy Introduction. (o. D.). Ellen MacArthur Foundation. https://ellenmacarthurfoundation.org/topics/circular-economy-introduction/overview, 27.05.2023

Circular Economy products. (2021, 15. Juni). Ellen MacArthur Foundation. https://ellenmacarthurfoundation.org/articles/circular-economy-products, abgerufen am 26.05.2023

Collins J. (2001). Good to great: Why Some Companies Make the Leap … And Others Don't. Harper Collins.

CONE Communication. (2016, 2. November). 2016 Cone Communication Millennial Employee Engagement Study. Cone. https://conecomm.com/2016-millennial-employee-engagement-study/

CSR Verantwortung Unternehmen. (2023). Corporate Sustainability Reporting Directive (CSRD). https://www.csr-in-deutschland.de/DE/CSR-Allgemein/CSR-Politik/CSR-in-der-EU/Corporate-Sustainability-Reporting-Directive/corporate-sustainability-reporting-directive-art.html, abgerufen am 26.05.2023

Culotta C., Brüning S., Schulte Dr. A., Gesmann-Nuissl Prof. Dr., Märkel C., Beck Prof. Dr. R. (2022, Januar). Nachhaltigkeit im Kontext der Blockchain-Technologie Anwendungsbeispiele, Herausforderungen und Handlungsfelder. Fachdialog Blockchain. https://www.bmwk.de/Redaktion/DE/Publikationen/Digitale-Welt/blockchain-nachhaltigkeit.pdf?__blob=publicationFile&v=4, abgerufen am 26.05.2023

Deloitte. (2021). Die Rolle des Chief Sustainability Officers im Finanzsektor im Wandel. Deloitte Deutschland. https://www2.deloitte.com/de/de/pages/trends/rolle-des-chief-sustainability-officers.html, abgerufen am 06.08.2023

Deters, J. (2022, 2. März). Sand: Hier verschwindet der wichtigste Rohstoff für den Bauboom. WirtschaftsWoche. https://www.wiwo.de/technologie/wirtschaft-von-oben-139-ressource-sand-dieser-raubbau-macht-den-bauboom-erst-moeglich/27977286.html, abgerufen am 06.08.2023

Deutschlandfunk (2021, 8. Dezember). *Landwirtschaft und Ernährung – was muss sich ändern?.* https://www.deutschlandfunk.de/klimawandel-und-treibhausgasemissionen-landwirtschaft-und-100.html, abgerufen am 06.08.2023

Die 10 »R-Strategien« der Kreislaufwirtschaft (o. D.). VDMA. https://www.vdma.org/viewer/-/v2article/render/79674274, abgerufen am 08.08.2023

Din. (2023, 22. Mai). Standard zum Remanufacturing erarbeitet. *konstruktionspraxis*. https://www.konstruktionspraxis.vogel.de/standard-zum-remanufacturing-erarbeitet-a-6c89dbfe6f51b7e2ebbdca8d9430cc1e/, abgerufen am 12.08.2023

Digital Competitiveness Ranking. (o. D.). IMD World Competitiveness Online. https://worldcompetitiveness.imd.org/countryprofile/DE/digital, abgerufen am 24.08.2023

Directive 2005/64/EC (2005). Re-use, recycling and recovery of vehicle parts and materials. https://eur-lex.europa.eu/EN/legal-content/summary/re-use-recycling-and-recovery-of-vehicle-parts-and-materials.html, abgerufen am 23.08.2023

Dull, D. (2021). Circular supply chain: 17 Common Questions, how Any Supply Chain Can Take the Next Step.

Eccles R. G. (2023, 19. Juli). The evolving role of chief sustainability officers. Harvard Business Review, 2023 (July-August). https://hbr.org/2023/07/the-evolving-role-of-chief-sustainability-officers, abgerufen am 27.08.2023

Eccles R., Mayer C. & Stroehle J. (2021, 20. August). The Difference Between Purpose and Sustainability (aka ESG). The Harvard Law School Forum on Corporate Governance. https://corpgov.law.harvard.edu/2021/08/20/the-difference-between-purpose-and-sustainability-aka-esg/, abgerufen am 27.08.2023

eco – Verband der Internetwirtschaft e. V., 2019. Abwärmenutzung im Rechenzentrum: Ein Whitepaper vom NeRZ in Zusammenarbeit mit eco – Verband der Internetwirtschaft e. V. https://www.eco.de/themen/datacenter/whitepaper-abwaermenutzung-im-rechenzentrum/#download, abgerufen am 27.08.2023

Economy, P. (2019, 15. Januar). The (Millennial) workplace of the future is almost here -- these 3 things are about to change big time. Inc.com. https://www.inc.com/peter-economy/the-millennial-workplace-of-future-is-almost-here-these-3-things-are-about-to-change-big-time.html, abgerufen am 22.08.2023

Einführung in die Ressourceneffizienz. (o. D.). https://www.ressource-deutschland.de/themen/ressourceneffizienz/, abgerufen am 02.06.2023

Elmqvist T. & Schultz L. (2020, 12. Dezember). Through resilience thinking towards sustainability and innovation. Stockholm Resilience Centre. https://www.stockholmresilience.org/publications/publications/2020-12-12-through-resilience-thinking-towards-sustainability-and-innovation.html, abgerufen am 02.06.2023

Enselme E., Leal-Ayala D. & Tantaoui El Araki A. (2023, Januar). The »No-Excuse« Framework to Accelerate the Path to Net-Zero Manufacturing and Value Chains. World Economic Forum. https://www3.weforum.org/docs/WEF_Industry_Net_Zero_Accelerator_2023.pdf, abgerufen am 23.02.2023

E.ON. (2022) Grünes Internet ist die Lösung. eon.com. https://www.eon.com/de/ueber-uns/green-internet.html, abgerufen am 02.08.2023

Ernst D. F. (2020). 30 Minuten Nachhaltigkeit. Gabal.

FedEx. (o. D.). Unser Nachhaltigkeitsansatz | FedEx Express. https://www.fedex.com/de-de/about/sustainability/our-approach.html, abgerufen am 23.08.2023

FfE München. (2023, 11. April). Info: Was ist eigentlich die Sustainable Finance Disclosure Regulation (SFDR)?. FfE. https://www.ffe.de/veroeffentlichungen/info-was-ist-eigentlich-die-sustainable-finance-disclosure-regulation-sfdr/, abgerufen am 16.07.2023

Fink L. (2022). Larry Fink's Annual 2022 Letter to CEOs. BlackRock. https://www.blackrock.com/corporate/investor-relations/larry-fink-ceo-letter, abgerufen am 22.06.2023

Fink L. (2019). Larry Fink's Annual 2019 Letter to CEOs. BlackRock. https://www.wlrk.com/docs/LarryFinksLettertoCEOsBlackRock.pdf, abgerufen am 11.08.2023

Firdaus A. (2023). Enterprise contribution. Impact Frontier. https://impactfrontiers.org/norms/five-dimensions-of-impact/enterprise-contribution/, abgerufen am 22.07.2023

Firdaus A. (2023a). How much. Impact Frontier. https://impactfrontiers.org/norms/five-dimensions-of-impact/how-much/, abgerufen am 22.07.2023

Firdaus A. (2023b). Norms. Impact Frontier. https://impactfrontiers.org/norms/, abgerufen am 24.08.2023

Firdaus A. (2023c). What. Impact Frontier. https://impactfrontiers.org/norms/five-dimensions-of-impact/what/, abgerufen am 22.07.2023

Firdaus A. (2023d). Who. Impact Frontier. https://impactfrontiers.org/norms/five-dimensions-of-impact/who/, abgerufen am 22.07.2023

Foss N. J. & Saebi T. (2017). Business models and business model Innovation: Between wicked and paradigmatic problems. Long Range Planning, 51(1), 9–21. https://doi.org/10.1016/j.lrp.2017.07.006, abgerufen am 22.08.2023

Frankenberger K., Weiblen T. & Gassmann O. (2013). Network configuration, customer centricity, and performance of open business models: a solution provider perspective. Industrial Marketing Management, 42(5), 671–682. https://doi.org/10.1016/j.indmarman.2013.05.004, abgerufen am 26.08.2023

Fraunhofer (2023). *Metalinsen.* https://www.int.fraunhofer.de/de/geschaeftsfelder/corporate-technology-foresight/trend-news/metalinsen.html, abgerufen am 26.08.2023

Frondel, M. (2021). Digitalisierung und Nachhaltigkeit im Haushalts-, Gebäude- und Verkehrssektor: ein kurzer Überblick. List-Forum für Wirtschafts- und Finanzpolitik, 46(4), 405–422. https://doi.org/10.1007/s41025-021-00222-7, abgerufen am 22.07.2023

Gassmann O., Frankenberger K. & Csik M. (2014). The business model navigator: 55 Models that Will Revolutionise Your Business. FT PUBLISHING INTERNATIONAL.

Gassmann O. & Sauer R. (2019, 29. März). *Geschäftsmodelle radikal innovieren: der St. Galler Business Model Navigator*. Haufe.de News und Fachwissen. https://www.haufe.de/finance/haufe-finance-office-premium/geschaeftsmodelle-radikal-innovieren-der-st-galler-business-model-navigator_idesk_PI20354_HI7506821.html, abgerufen am 13.06.2023

Gates B. (2021). How to avoid a climate disaster: The Solutions We Have and the Breakthroughs We Need. Random House Large Print.

German Deep Tech Institute GmbH. (2022, März 29). Deep Tech – 2021 Das Deep Tech Jahrzehnt | German Deep Tech Institute. German Deep Tech Institute. https://www.germandeeptech.institute/deep-tech/, abgerufen am 27.08.2023

Gimpl N. (2022, 25. Mai). Servitization – Wie sich produktzentrierte Unternehmen zum Service-Champion entwickeln können. Haufe.de News und Fachwissen. https://www.haufe.de/controlling/controllerpraxis/servitization_112_567208.html, abgerufen am 22.07.2023

Giordano V. & de Fontaine A. (2021). Drei Schritte zur Kreislaufwirtschaft. springerprofessional.de. https://www.springerprofessional.de/nachhaltigkeit/energie---nachhaltigkeit/drei-schritte-zur-kreislaufwirtschaft/19138736, abgerufen am 22.07.2023

Global bodies join forces to mainstream Impact Management (2018, 3. Oktober). GSG. https://gsgii.org/2018/10/global-bodies-join-forces-to-mainstream-impact-management/, abgerufen am 12.03.2023

Gordon-Harper G. (2021, 1. März). CDP Estimates Environmental Supply Chain Risks to Cost Companies USD 120 Billion by 2026. SDG Knowledge Hub. https://sdg.iisd.org/news/cdp-estimates-environmental-supply-chain-risks-to-cost-companies-usd-120-billion-by-2026/, abgerufen am 22.07.2023

Grant A. (2021). Think again: The Power of Knowing What You Don't Know. Penguin.

Halder-Schwarz U. (2022, 16. September). Kreislaufwirtschaft: Der Weg weg von der Wegwerfgesellschaft. Creative Region. https://creativeregion.org/2022/09/kreislaufwirtschaft-weg-von-der-wegwerfgesellschaft/, abgerufen am 23.08.2023

Hilti (o. D.). Flottenmanagement – mehr als ein Werkzeug-Leasing. Hilti Deutschland. https://www.hilti.de/content/hilti/E3/DE/de/business/business/equipment/fleet-management.html, abgerufen am 16.08.2023

Illner B. & von Steynitz G. (2017). Leitfaden Fit for Service. VDMA. https://www.vdma.org/c/document_library/get_file?uuid=69eee53a-7837-f7aa-cff1-7a97e6e1f678&groupId=34570, abgerufen am 16.08.2023

Impact Management Platform. (2023, 3. August). The Imperative for Impact Management — Clarifying the relationship between impacts, system-wide risk and materiality. Impact Management platform. https://impactmanagementplatform.org/imperative-for-impact-management/, abgerufen am 15.08.2023

Industrial Internet of Things (IIOT) (o. D.). Fraunhofer-Institut für Optronik, Systemtechnik und Bildauswertung IOSB. https://www.iosb.fraunhofer.de/de/geschaeftsfelder/automatisierung-digitalisierung/anwendungsfelder/iiot.html, abgerufen am 06.08.2023

Ingrao C., Messineo A., Beltramo R., Yigitcanlar T. & Ioppolo G. (2018). How can life cycle thinking support sustainability of buildings? Investigating life cycle assessment applications for energy efficiency and environmental performance. Journal of Cleaner Production, 201, 556–569. https://doi.org/10.1016/j.jclepro.2018.08.080, abgerufen am 06.08.2023

Inspiriert von der Natur – regeneratives Design jenseits von Nachhaltigkeit. (2021, 7. April). Haus von Eden. https://www.hausvoneden.de/urban-living/michael-pawlyn-inspiriert-von-der-natur-regeneratives-design-jenseits-von-nachhaltigkeit/, abgerufen am 02.08.2023

ISO – International Organization for Standardization. (2023, 21. August). ISO. https://www.iso.org/home.html, abgerufen am 21.08.2023

Joint-Venture für nachhaltige Seifenspender-Pumpen. (o. D.). K-Zeitung. https://www.k-zeitung.de/joint-venture-fuer-nachhaltige-seifenspender-pumpen, abgerufen am 01.08.2023

Jørgensen S. & Pedersen L. J. T. (2018). RESTART sustainable Business Model innovation. In Springer eBooks. https://doi.org/10.1007/978-3-319-91971-3, abgerufen am 01.07.2023

Kemp L. (2021, 20. Juli). Synthetic biology can meet decarbonization challenges – but at scale? Forbes. https://www.forbes.com/sites/leannekemp/2021/07/20/synthetic-biology-can-meet-decarbonization-challenges--but-at-scale, abgerufen am 11.08.2023

Kering. (2023, 21. Februar). Gucci, supported by Kering, invests in first circular hub to power a »Circular made in Italy«. Kering. https://www.kering.com/en/news/gucci-supported-by-kering-invests-in-first-circular-hub-to-power-a-circular-made-in-italy/, abgerufen am 21.08.2023

Klein R. (o. D.). Skalierbarkeit des Geschäftsmodells: wichtig für Investoren. Für Gründer. https://www.fuer-gruender.de/kapital/eigenkapital/private-equity/skalierbarkeit, abgerufen am 08.08.2023

Klimaschutz, B.-. B. F. W. U. (2023, 20. März). *Konsequenter Klimaschutz und vorsorgende Klimaanpassung verhindern Milliardenschäden*. https://www.bmwk.de/Redaktion/DE/Pressemitteilungen/2023/03/20230306-konsequenter-klimaschutz-und-vorsorgende-klimaanpassung-verhindern-milliardenschaeden.html, abgerufen am 28.08.2023

Klimaschutz, B.-. B. F. W. U. (o. D.). EU-Ökodesign-Richtlinie für eine umweltgerechte Gestaltung von Produkten. https://www.bmwk.de/Redaktion/DE/Artikel/Industrie/eu-oekodesign-richtlinie.html, abgerufen am 23.08.2023

Kluge S. & Kluge A. (2020). Graswurzelinitiativen in Unternehmen: Aus der Mitte, ohne Auftrag, mit Erfolg. Vahlen.

Koch M. & Rohr D. (o. D.). Globale Lieferketten – Kommt es zu einem Reshoring? Deloitte Schweiz. https://www2.deloitte.com/ch/de/pages/consumer-industrial-products/articles/globale-lieferketten-kommt-es-zu-einem-reshoring.html, abgerufen am 01.08.2023

Komarnicki P., Kranhold M. & Styczynski Z. A. (2021). Einführung – klimapolitische Ziele der nachhaltigen Energieversorgung. In Springer eBooks (S. 1–47). https://doi.org/10.1007/978-3-658-33559-5_1, abgerufen am 01.08.2023

Lacoste S. (2016). Sustainable value co-creation in business networks. Industrial Marketing Management, 52, 151–162. https://doi.org/10.1016/j.indmarman.2015.05.018, abgerufen am 01.08.2023

Laloux F. (2015). Reinventing organizations: Ein Leitfaden zur Gestaltung sinnstiftender Formen der Zusammenarbeit. Vahlen.

Lang M. (2020). Business Model Innovation Approaches: A Systematic Literature review. Acta Universitatis Agriculturae et Silviculturae Mendelianae Brunensis, 68(2), 435–449. https://doi.org/10.11118/actaun202068020435, abgerufen am 31.07.2023

Laricchia F. (2023, 21. Juli). Global Green Technology and Sustainability Market Size 2022-2030. Statista. https://www.statista.com/statistics/1319996/green-technology-and-sustainability-market-size-worldwide, abgerufen am 01.06.2023

Learn what makes Dunn-Edwards an Eco-Friendly paint company. (2023, 13. April). Dunn-Edwards Paints. https://www.dunnedwards.com/about/environment/, abgerufen am 25.05.2023

Leuenberger H. & Mehdi H. (2015). Sustainable production: Can industry go truly green? Development. https://doi.org/10.1057/s41301-016-0054-9, abgerufen am 01.06.2023

Life Cycle Initiative. (2016, 4. Mai). Life Cycle Approaches – Life Cycle Initiative. Life Cycle Initiative. https://www.lifecycleinitiative.org/starting-life-cycle-thinking/life-cycle-approaches/, abgerufen am 11.06.2023

Loetscher S. & Kreis L. (2018). Business Model Innovation for Sustainability: A whitepaper by WWF Switzerland and Impact Hub Zürich. WWF Schweiz. https://www.wwf.ch/de/search/all?search=business+model+innovation, abgerufen am 23.06.2023

Long J. (2022, 20. Mai). 7 Surprising facts about the circular economy for COP26. World Economic Forum. https://www.weforum.org/agenda/2021/10/7-surprising-facts-to-know-about-the-circular-economy-for-cop26/, abgerufen am 23.06.2023

Luca R., Christina B. W. & Monika W. (2020). Megatrends aus Sicht der Volkswirtschaftslehre. Springer Gabler Wiesbaden.

Mayer Prof. Dr.-Ing. W. & Krätschmer Dipl.-Ing. W. (2022). Umweltverträgliche Nanotechnologie für den Klimaschutz. Bayerisches Staatsministerium für Umwelt und Verbraucherschutz.

Mazzi A. (2020). Introduction. Life cycle thinking. In Elsevier eBooks (S. 1–19). https://doi.org/10.1016/b978-0-12-818355-7.00001-4, abgerufen am 23.07.2023

McKenzie B. (2023). So You Think You Want To… stay on top of greenwashing legislation in the EU. Baker McKenzie. https://www.bakermckenzie.com/en/-/media/restricted/cgr/sytywt----stay-on-top-of-greenwashing-legislation-in-the-eu.pdf

Meadows D. L. (1972). Die Grenzen des Wachstums: Bericht des Club of Rome zur Lage der Menschheit. Deutsche Verlags-Anstalt.

Menges A. & Ahlquist S. (2011). Computational design thinking: Computation Design Thinking. Wiley.

Meyer-Breitkreutz N. (2021). Klimaschutz. Bitkom e.V. https://www.bitkom.org/Klimaschutz, abgerufen am 26.08.2023

Millennial Employee Engagement Study (2016, 2. November). CONE. Cone Communications. https://conecomm.com/2016-millennial-employee-engagement-study, abgerufen am 16.07.2023

Millenniumsziele der Vereinten Nationen. (2020, 10. März). WWF. https://www.wwf.de/themen-projekte/fluesse-seen/wasser-politik-maerkte/un-millenniumsziele, abgerufen am 12.07.2023

Mit IoT zu optimierter Kreislaufführung. (2023, 30. Juni). REMONDIS AKTUELL. https://remondis-aktuell.de/service/industrieservices/mit-iot-zu-optimierter-kreislauffuehrung, abgerufen am 12.07.2023

Modell der R-Strategien – Normenrecherche Circular Economy (o. D.). din-de. https://www.din.de/de/forschung-und-innovation/themen/circular-economy/normenrecherche/modell-der-r-strategien, abgerufen am 12.07.2023

Morris S., Tödtling-Schönhofer H. & Wiseman M. (2012, Oktober). Entwicklung und Beauftragung von kontrafaktischen Wirkungsanalysen. Europäische Kommission. http://publications.europa.eu/resource/cellar/f879a9c1-4e50-4a7b-954c-9a88d1be369c.0002.04/DOC_1, abgerufen am 28.08.2023

Most H. (2021). Sei nicht der Spielball der Entwicklung. Holocene. https://www.holocene.de/leistungen, abgerufen am 21.08.2023

Most H. (2023). Wettbewerbsvorteile durch Responsible Business Model Innovation. Haufe. https://www.haufe.de/sustainability/strategie/responsible-business-model-innovation_575772_590322.html, abgerufen am 21.08.2023

Nachtigall, W. (2002). Bionik: Grundlagen und Beispiele für Ingenieure und Naturwissenschaftler. Springer.

Nature-based solutions. (2023, 10. Juli). Research and innovation. https://research-and-innovation.ec.europa.eu/research-area/environment/nature-based-solutions_en

Nature-based solutions for adaptation. (2022, 4. Mai). World Resources Institute. https://www.wri.org/initiatives/nature-based-solutions-adaptation, abgerufen am 12.07.2023

Nelles D. & Serrer C. (2021). Machste dreckig – machste sauber: Die Klimalösung.

Neufeld D. (2022, 9. Februar). *Long Waves: The History of Innovation Cycles*. Visual Capitalist. https://www.visualcapitalist.com/the-history-of-innovation-cycles/, abgerufen am 11.07.2023

Neufeld D. (2023, 27. Juli). Waves of Change: Understanding the driving force of innovation cycles. World Economic Forum. https://www.weforum.org/agenda/2021/07/this-is-a-visualization-of-the-history-of-innovation-cycles/, abgerufen am 10.07.2023

Newlight Technologies (o. D.). Newlight. https://www.newlight.com/, abgerufen am 12.07.2023

Nidumolu R., Prahalad C.K. & Rangaswami M.R. (2009). Why sustainability is now the key driver of innovation. Harvard Business Review, 2009 (September), S. 57–64. https://hbr.org/2009/09/why-sustainability-is-now-the-key-driver-of-innovation, abgerufen am 06.07.2023

Nordenbrock K. (2023, 27. Mai). Gen Z: 80 Prozent sind bereit, hart für die Karriere zu arbeiten – mit einer Bedingung. t3n Magazin. https://t3n.de/news/gen-z-studie-karriere-hart-arbeiten-bedingung-1554414, abgerufen am 11.07.2023

Ökodesign-Verordnung (2023). Ökodesign-Anforderungen für nachhaltige Produkte und zur Aufhebung der Richtlinie 2009/125/EG (COM(2022)0142 – C9-0132/2022 – 2022/0095(COD))(1)). https://www.europarl.europa.eu/doceo/document/TA-9-2023-07-12_DE.html, abgerufen am 27.09.2023

Ollagnier J.-M. (2021, 25. Januar). European Companies That Accelerate Both Digital and Sustainability Transitions Will Recover Faster from the COVID-19 Crisis. Accenture. https://newsroom.accenture.com/news/european-companies-that-accelerate-both-digital-and-sustainability-transitions-will-recover-faster-from-the-covid-19-crisis-finds-research-from-accenture.htm, abgerufen am 28.08.2023

Oxman N. (2015, März). Design at the intersection of technology and biology [Video]. TED Talks. https://www.ted.com/talks/neri_oxman_design_at_the_intersection_of_technology_and_biology, abgerufen am 27.07.2023

Oxman N. (o. D.). Project Aguahoja. https://oxman.com/projects/aguahoja, abgerufen am 27.07.2023

Pachauri R. K. & Meyer L. A (2015) Climate Change 2014: Synthesis Report. Contribution of Working Groups I, II and III to the Fifth Assessment Report of the Intergovernmental Panel on Climate Change. IPCC.

Fischer-Kowalski M. & Swilling M (2011). Decoupling natural resource use and environmental impacts from economic growth. UNEP/Earthprint.

Pawlik V. (2023, 28. Juli). Umfrage unter Millennials und GenZ zur Beschäftigungssituation 2022. Statista. https://de.statista.com/statistik/daten/studie/1339266/umfrage/umfrage-unter-millennials-und-genz-zur-beschaeftigungssituation/, abgerufen am 11.07.2023

Pawlik V. (2023b, 2. August). Anteil von Recycling-Material an der Neuproduktion in Deutschland 2018. Statista. https://de.statista.com/statistik/daten/studie/911258/umfrage/anteil-von-recycling-material-an-der-neuproduktion/, abgerufen am 17.08.2023

Planetary boundaries. (o. D.). Stockholm Resilience Centre. https://www.stockholmresilience.org/research/planetary-boundaries.html, abgerufen am 22.03.2023

Produktion auf Knopfdruck: Bahn lässt Ersatzteile im 3-D-Drucker herstellen. (2023, 20. Mai). n-tv.de. https://www.n-tv.de/wirtschaft/Bahn-laesst-Ersatzteile-im-3D-Drucker-herstellen-article24135175.html, abgerufen am 07.07.2023

Purpose Readiness Index Deutschland 2022. (2023, 6. März). Globe One. https://globe-one.com/german/lateststudies/purpose-readiness-index-deutschland-2022/, abgerufen am 06.03.2023

Rat der EU (2023, 22. Mai). Ökodesign-Verordnung: Rat legt Standpunkt fest. Europäischer Rat. https://www.consilium.europa.eu/de/press/press-releases/2023/05/22/ecodesign-regulation-council-adopts-position/, abgerufen am 11.08.2023

Raworth K. (2018). Doughnut Economics: Seven Ways to Think Like a 21st-Century Economist. Random House Business Books.

Recht auf Reparatur: Kommission führt neue Verbraucherrechte für einfache und attraktive Reparaturen ein. (2023, 22. März). Europäische Kommission. https://ec.europa.eu/commission/presscorner/detail/de/ip_23_1794, abgerufen am 11.07.2023

Redlich T., Moritz M. & Wulfsberg J.P. (2019). Co-Creation – Reshaping Business and Society in the Era of Bottom-up Economics. In Springer eBooks. https://doi.org/10.1007/978-3-319-97788-1

Remmen A., Jensen A.A. & Frydendal J. (2007) *Life Cycle management: A Business Guide to Sustainability*. UNEP/Earthprint.

Return on Sustainability Investment (ROSITM). (o. D.). NYU Stern. https://www.stern.nyu.edu/experience-stern/about/departments-centers-initiatives/centers-of-research/center-sustainable-business/research/return-sustainability-investment-rosi, abgerufen am 11.07.2023

Richter N. (2021). Neue CSR-Richtlinie der EU: Was schon jetzt zu tun ist. www.ey.com. https://www.ey.com/de_de/decarbonization/roadmap-zur-csr-richtlinie-der-eu, abgerufen am 16.04.2023

Ritchie H., Roser M. & Rosado P. (2020a, Mai 11). CO_2 and greenhouse gas emissions. Our World in Data. https://ourworldindata.org/co2-and-greenhouse-gas-emissions, abgerufen am 11.04.2023

Rockström J., Steffen W., Noone K. J., Persson Å., Chapin F. S., Lambin E. F., Lenton T. M., Scheffer M., Folke C., Schellnhuber H. J., Nykvist B., De Wit C. A., Hughes T. P., Van Der Leeuw S., Rodhe H., Sörlin S., Snyder P. K., Costanza R., Svedin U., ... Foley, J. A. (2009). Planetary Boundaries: Exploring the safe operating space for humanity. Ecology and Society, 14(2). https://doi.org/10.5751/es-03180-140232, abgerufen am 22.04.2023

Rödger J., Beier J., Schönemann M., Schulze C., Thiede S., Bey N., Herrmann C. & Hauschild M. Z. (2020). Combining life cycle assessment and manufacturing system simulation: evaluating dynamic impacts from renewable energy supply on Product-Specific environmental footprints. International Journal of Precision Engineering and Manufacturing-Green Technology, 8(3), 1007–1026. https://doi.org/10.1007/s40684-020-00229-z, abgerufen am 11.04.2023

Rosling H., Rönnlund A. R. & Rosling O. (2019). Factfulness: Wie wir lernen, die Welt so zu sehen, wie sie wirklich ist. Ullstein Taschenbuch.

Sachs J. D., Schmidt-Traub G., Mazzucato M., Messner D., Nakicenovic N. & Rockström J. (2019). Six transformations to achieve the sustainable development goals. Nature sustainability, 2(9), 805–814. https://doi.org/10.1038/s41893-019-0352-9, abgerufen am 18.04.2023

Scheel C., Aguiñaga E. & Bello B. (2020). Decoupling economic development from the consumption of finite resources using circular economy. A model for developing countries. Sustainability, 12(4), 1291. https://doi.org/10.3390/su12041291, abgerufen am 11.06.2023

Schätzl L. (2001). Wirtschaftsgeographie 1 Theorie. 8., überarbeitete Auflage. Schöningh.

Scheppe M. (2023, 22. Juli). Patagonia: Das plant Europachefin Nina Hajikhanian. Handelsblatt. https://www.handelsblatt.com/unternehmen/mittelstand/familienunternehmer/nina-hajikhanian-das-plant-die-neue-europachefin-von-patagonia/29239912.html, abgerufen am 11.07.2023

Selby D., Ngalle J., Sepehr J. & Sánchez E. (2018). Diese 5 umweltschädlichen Haushaltsprodukte könnte jede*r von uns meiden. Global Citizen. https://www.globalcitizen.org/de/content/household-detergent-wipes-tea-environment/, abgerufen am 11.04.2023

SEW-EURODRIVE. (o. D.). Condition-Monitoring. SEW-EURODRIVE. https://www.sew-eurodrive.de/dienstleistungen/life-cycle-services/nutzung/service-dienstleistungen/condition-monitoring/condition-monitoring.html, abgerufen am 16.07.2023

Shea L. & Montillaud-Joyel S. (2005). Communicating sustainability: How to Produce Effective Public Campaigns. UNEP/Earthprint.

Silva G. & Di Serio L. C. (2016). The sixth wave of innovation: Are we ready? RAI: Revista de Administração e Inovação, 13(2), 128–134. https://doi.org/10.1016/j.rai.2016.03.005, abgerufen am 12.07.2023

Sinek S. (2011). Start with why: How Great Leaders Inspire Everyone to Take Action. Penguin.

Sinek S. (2016). *Together is better: A Little Book of Inspiration.* Penguin.

Social Innovation Lab (2013) *Social Business model Canvas – Business Model Toolbox.* https://bmtoolbox.net/tools/social-business-model-canvas/, abgerufen am 26.04.2023

Sorescu A., Frambach R., Singh J., Rangaswamy A. & Bridges C. (2011). Innovations in retail business models. Journal of Retailing, 87, S3–S16. https://doi.org/10.1016/j.jretai.2011.04.005

Speth G. (o. D.) A New Consciousness and the Eight-fold Way towards Sustainability. Earth Charter. https://earthcharter.org/podcasts/gus-speth/. abgerufen am 28.08.2023

Stahel W. R. (2013). Policy for material Efficiency—sustainable taxation as a departure from the throwaway society. Philosophical Transactions of the Royal Society A, 371(1986), 20110567. https://doi.org/10.1098/rsta.2011.0567, abgerufen am 11.07.2023

Starc P. (2021, September). Case Studies in Closed-Loop Supply Chains: A systematic review and analysis of their suitability for teaching. https://unipub.uni-graz.at/obvugrhs/download/pdf/6712654?originalFilename=true, abgerufen am 22.05.2023

Stasinopoulos P. (2009). Whole system design: An Integrated Approach to Sustainable Engineering. Routledge.

Statistisches Bundesamt. (2023). Europäischer Green Deal: Ziele, Daten und Fakten 2023. Destatis. https://www.destatis.de/Europa/DE/Thema/GreenDeal/_inhalt.html, abgerufen am 21.08.2023

Steinacher H. (2022, 28. März). Der US-Markt für Nanotechnologie wächst rasant. Germany Trade & INvest. https://www.gtai.de/de/trade/usa/branchen/der-us-markt-fuer-nanotechnologie-waechst-rasant-819186, abgerufen am 23.08.2023

Steubel P. (2022, 28. Oktober). Was sind Stakeholder: Die Basics des Stakeholder-Managements!. Asana. https://asana.com/de/resources/what-are-project-stakeholders, abgerufen am 13.03.2023

Strategyzer. (o. D.) Business Model Canvas. https://www.strategyzer.com/library/the-business-model-canvas, abgerufen am 22.05.2023

Sustainable Product Design: Sustainable Design Principles. (o. D.). Illinois Library. https://guides.library.illinois.edu/c.php?g=347670&p=2344606, abgerufen am 23.08.2023

Tan G. (2022, 27. Juli). How sustainability can actually improve profitability. Forbes. https://www.forbes.com/sites/forbesbusinessdevelopmentcouncil/2022/07/27/how-sustainability-can-actually-improve-profitability/, abgerufen am 23.08.2023

Thelen F. (2021). 10 x DNA: Das Mindset der Zukunft – Aktualisierte und überarbeitete Ausgabe. Goldmann Verlag.

TIME (2023, 21. April). Earth Day 2023: Johan Rockström's quest for a healthy planet [Video]. YouTube. https://www.youtube.com/watch?v=QV-7HR3yBug, abgerufen am 23.06.2023

TNFD. (2023, 10. August). *TNFD – Taskforce on Nature-related Financial Disclosures*. https://tnfd.global/, abgerufen am 24.07.2023

Transparency to Transformation: a chain reaction. (o. D.). https://www.cdp.net/en/research/global-reports/transparency-to-transformation, abgerufen am 24.07.2023

Towards a circular economy (o. D.). Ellen MacArthur Foundation. https://www.werktrends.nl/app/uploads/2015/06/Rapport_McKinsey-Towards_A_Circular_Economy.pdf, abgerufen am 23.08.2023

Tsetsos K. (2020). Resilienz denken. Metis. https://metis.unibw.de/de/publications/21-resilienz-denken, abgerufen am 23.06.2023

Value balancing alliance. (o. D.). Home. https://www.value-balancing.com/, abgerufen am 22.06.2023

Value balancing alliance. (o. D.-b). Our work. https://www.value-balancing.com/en/our-work.html, abgerufen am 22.06.2023

Van Wesemael D., Vandaele L., Ampe B., Cattrysse H., Duval S., Kindermann M., Fievez V., De Campeneere S. & Peiren N. (2019). Reducing enteric methane emissions from dairy cattle: Two ways to supplement 3-nitrooxypropanol. Journal of Dairy Science, 102(2), 1780–1787. https://doi.org/10.3168/jds.2018-14534, abgerufen am 21.06.2023

VAUDE Klimabilanz (2023, 1. August). Nachhaltigkeitsbericht 2022. VAUDE. https://nachhaltigkeitsbericht.vaude.com/gri/umwelt/klimabilanz.php, abgerufen am 13.07.2023

Veldwijk J. (2020, 12. Oktober). The Role of Sustainability in Customer Loyalty. Customer Think. https://customerthink.com/the-role-of-sustainability-in-customer-loyalty, abgerufen am 20.06.23

Von Weizsäcker E. U., Hargroves K. & Smith M. (2010). Faktor fünf: die Formel für nachhaltiges Wachstum. Droemer HC.

Wäsche waschen in kaltem Wasser (o. D.). Wir drehen runter. https://www.wirdrehenrunter.de/waschen-in-kaltem-wasser, abgerufen am 23.05.2023

Was verstehen wir unter nachhaltiger Digitalisierung? (2018, 11. Februar). Baden-Württemberg.de. https://um.baden-wuerttemberg.de/de/umwelt-natur/nachhaltigkeit/nachhaltige-digitalisierung/was-verstehen-wir-unter-nachhaltige-digitalisierung, abgerufen am 11.06.2023

Watts J. (2021, 29. Oktober). Resource extraction responsible for half world's carbon emissions. the Guardian. https://www.theguardian.com/environment/2019/mar/12/resource-extraction-carbon-emissions-biodiversity-loss, abgerufen am 23.06.2023

We need to radically rethink how we design. (o. D.). Ellen MacArthur Foundation. https://ellenmacarthurfoundation.org/introduction-to-circular-design/we-need-to-radically-rethink-how-we-design, abgerufen am 24.04.2023

What is biomimicry? (2023, 21. Februar). Biomimicry Institute. https://biomimicry.org/what-is-biomimicry/, abgerufen am 23.04.2023

What is the circular economy? (o. D.). Circle economy. https://www.circle-economy.com/circular-economy/what-is-the-circular-economy, abgerufen am 23.04.2023

Whelan T. & Douglas E. (2021, 15. März). Warum sich nachhaltiges Wirtschaften auch finanziell lohnt. Harvard Business Manager, 04/2021. https://www.manager-magazin.de/harvard/strategie/warum-sich-nachhaltiges-wirtschaften-auch-finanziell-lohnt-a-43cb171a-0002-0001-0000-000176140191, abgerufen am 23.08.2023

Wiesböck J. (2017, 28. September). Schwarmintelligenz: Roboter, die sich wie Bienen verhalten. ELEKTRONIKPRAXIS. https://www.elektronikpraxis.de/schwarmintelligenz-roboter-die-sich-wie-bienen-verhalten-a-648397/, abgerufen am 02.08.2023

Wilts H. & Von Gries N. (2017). Der schwere Weg zur Kreislaufwirtschaft. Gegenwartskunde, 66(1), 23–28. https://doi.org/10.3224/gwp.v66i1.02, abgerufen am 02.08.2023

Winkler S., Günther J. & Pfennig R. (2023). Sustainable digitalisation or sustainability through digitalisation? HMD. Praxis der Wirtschaftsinformatik. https://doi.org/10.1365/s40702-023-00987-9, abgerufen am 04.08.2023

Wonglimpiyarat J. (2005). The nano-revolution of Schumpeter's Kondratieff cycle. Technovation, 25(11), 1349–1354. https://doi.org/10.1016/j.technovation.2004.07.002, abgerufen am 05.08.2023

World Bank. (2023). Services, value added (% of GDP). World Bank Open Data. https://data.worldbank.org/indicator/NV.SRV.TOTL.ZS, abgerufen am 11.02.2023

Yang S. (2020, 12. Juni). INSPIRE Track 2: Discovery and Development of Optimized Photonic Systems for High Volume, Low Surface Area Solar Energy Harvesting: Learning from Giant Clams. NSF. https://www.nsf.gov/awardsearch/showAward?AWD_ID=1343159&HistoricalAwards=false, abgerufen am 23.05.2023

Young D., Gerard M. (2021, 29. April). Four Steps to Sustainable Business Model Innovation. BCG. https://www.bcg.com/publications/2021/four-strategies-for-sustainable-business-model-innovation, abgerufen am 02.07.2023

Zacharias Z. (2015, 18. Dezember). Konsumkritik zum Anziehen. ZEIT. https://www.zeit.de/wirtschaft/unternehmen/2015-12/patagonia-outdoor-bekleidung-nachhaltigkeit-trend, abgerufen am 02.08.2023

Ziouvelou X. & McGroarty F. (2021). Emerging Ecosystem-Centric business models for sustainable value creation. Business Science Reference

Stichwortverzeichnis

Die Autorin

Helena Most, MBA, ist Gründerin und Geschäftsführerin von Resourcly, einem B2B Industrial ClimateTech Start-up zur Steigerung der Ressourceneffizienz in Unternehmen. Das von ihr mitbegründete Start-up Resourcly wurde von Techstars als eines von 12 Start-ups in deren renommierten US-Accelerator aufgenommen sowie vom European Institute of Technology and Innovation (EIT), ein von der EU gefördertes Programm mit Fokus auf Nachhaltigkeit und Innovation, als eines von 10 frauengeführten Start-ups für das EIT-Rocket-Up-Programm ausgewählt.

Zuvor gründete sie bereits Holocene, mit dem sie gemeinsam mit Kunden wie Bosch Rexroth, WAGO und Carl Zeiss nachhaltige und zirkuläre Geschäftsmodelle kokreierte. Davor war sie jahrelang international im Bereich digitaler, nachhaltiger und serviceorientierter Geschäftsprozess- und Geschäftsmodellinnovation bei einem Weltmarktführer des Maschinen- und Anlagenbaus, SEW-EURODRIVE, tätig. Helena Most studierte Wirtschaftsinformatik in Karlsruhe und absolvierte ihren MBA an der Mannheim Business School.